數學女孩物理筆記

波的疊加

数学ガールの物理ノート／波の重ね合わせ

日本數學會出版貢獻獎得主
結城浩——著
國立臺灣師範大學物理系教授
陸亭樺——審訂
陳朕疆——譯

給讀者

本書為由梨、蒂蒂、米爾迦與「我」討論數學及物理學的對話紀錄。

請仔細傾聽她們的一字一句。即使不明白她們在討論些什麼，或者不瞭解算式的意義，不妨先擱著這些疑問，繼續閱讀下去。

如此一來，您將在不知不覺中成為對話的一員。

登場人物介紹

「我」

高中生，故事的敘事者。

喜歡數學，尤其是數學式。

由梨

國中生，「我」的表妹，綁著栗色馬尾。

喜歡有條理的思路。

蒂蒂

全名為蒂德拉，「我」的學妹。高中生，充滿活力的「元氣少女」。

短髮，閃亮亮的大眼是她的一大魅力。

米爾迦

高中生，「我」的同班同學，對數學總是能侃侃而談的「數學才女」。

黑色長髮，戴著金屬框眼鏡。

瑞谷老師

在「我」就讀的高中管理圖書館的老師。

CONTENTS

序章

我獨自站在海邊，聆聽遠方的浪聲。
你一個人站在海邊，聆聽遠方的浪聲。

波浪此起彼落，此落彼起。

驀然回首，才發現原來自己不是一個人。
對了，讓我與你一起歌唱吧。

歌聲此起彼落，此落彼起。

我們的歌聲，能抵達天涯海角。
我們的歌聲，會持續到海枯石爛。

第 1 章

波是什麼

「知道X是什麼的話
就試著思考『是X的例子』與『不是X的例子』吧。」

1.1 我的房間

我是高中生。
正當我在房間讀書，表妹由梨來找我玩。

由梨「你好啊！咦？哥哥，難得看到你在讀書耶。」

由梨是國中生。
她住在我家附近，從小就常來找我玩，一直都叫我「哥哥」。

我「並不難得喔。因為我是認真的高中生啊。」

由梨「每次由梨來的時候你都在玩不是嗎？」

我「那是因為每次由梨來的時候都說：『我說哥哥啊，有沒有什麼好玩的事呢？來玩嘛！』要我和妳一起玩啊。」

由梨「先別管這個，有沒有什麼好玩的事呢？」

我「不能不管啊。因為我現在正在讀書。」

由梨「認真的高中生在讀什麼書呢喵？」

由梨一邊學貓叫，一邊偷看我的筆記本。

我「我在讀物理喔，這是和波動有關的計算。」

由梨「波動是什麼？」

我「波動就是波喔，像水波那樣。」

由梨「波？波是物理嗎？」

我「是啊。由梨在自然課上也有學過吧？」

由梨「有學過嗎？」

我「一定有啦。譬如**聲音**就是一種波。」

由梨「我知道聲音是一種波。」

我「由梨還記得[*1] sin 曲線[*2]吧。sin 曲線常用來表示波，我們之前也有練習過相關計算吧。」

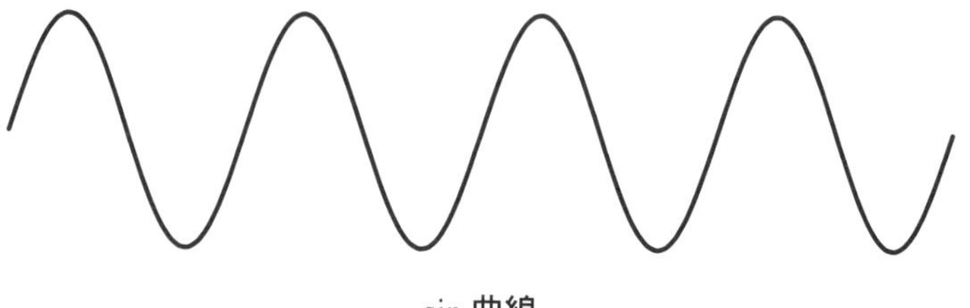

sin 曲線

*1 見參考文獻 [1]《數學女孩秘密筆記：圓圓的三角函數篇》。

*2 sin 曲線也叫做正弦波。

由梨「sin 曲線的計算練習……這不是物理而是數學吧！」

我「我們可以用數學來完美表示物理現象喔。」

由梨「所以說，波到底是物理學？還是數學啊？」

我「嗯，那我們就從最基礎的地方開始說明吧。」

由梨「交給你了。」

1.2　波是什麼

我「提到波——由梨會想到什麼呢？」

由梨「海！」

　　聽到我的問題後，由梨立刻回答。

我「原來如此，想到海的波浪嗎？」

由梨「也想到游泳池！」

我「嗯嗯，游泳池也有波浪。」

由梨「地震也是波對吧？新聞有提過地震波。」

我「突然來了個驚人的例子呢！沒錯，地震時會搖來搖去。」

由梨「還有聲音也是波對吧。剛才也有提到。」

我「沒錯。聲音是空氣的振動。所以在沒有空氣的宇宙中，聲音無法傳遞。如果宇宙某處發生爆炸，我們聽不到爆炸的聲音喔。」

由梨「可是電影裡面的宇宙戰爭場面，聲音很大耶。」

我「妳說電影嗎？那是虛構的嘛。要是少了聲音就沒有震撼感了啊。」

由梨「這樣啊。」

我「由梨舉了很多波的例子。海的波浪、游泳池的波浪、地震波、聲波。那麼這裡給由梨出個**小問題**吧。波究竟是什麼呢？」

由梨「什麼意思啊？」

我「就是問妳**波是什麼**喔。現在我們要討論關於波的事情，那就必須先弄清楚波是什麼才行喔。」

> **小問題**
> 波是什麼？

由梨「波是什麼——沒有想過這個問題耶！波就是……波嘛。一看就知道是波了。」

我「由梨看得到聲音嗎？」

由梨「呃，看不到喵……那波到底是什麼啊？」

我「試著描述波的特徵吧。譬如『波會如何』之類的。」

由梨「波會**晃動**，譬如這樣嗎？」

我「沒錯。波都有搖動、晃動的性質。也就是說，波與**振動**有關。」

由梨「嗯嗯。」

我「既然與『振動』有關，就表示有某個東西在振動。」

由梨「海的話就是海水囉。」

我「沒錯。海或游泳池的水波，是水在振動。地震波是地面在振動。聲波是空氣在振動。這裡的水、地面、空氣，稱做波的**介質**。」

由梨「介質。」

我「除了有介質傳遞振動之外，波還有什麼特徵呢？」

由梨「沒有囉。」

我「咦？」

由梨「你看嘛，水振動就會有波不是嗎？這樣還會有其他特徵嗎？」

我「那，這個也是波嗎？」

我伸出手指上下擺動。

由梨「你在幹嘛？」

我「我在振動我的手指啊，這個是波嗎？」

由梨「這當然不是波啊！嗯……波會傳遞到遠方！」

我「沒錯。不管是海的水波、地震波、聲波，都會**將振動傳遞至遠方**。這是波的重要特徵。因此，如果有人問妳波是什麼，應該要這樣回答。」

問題的答案
波是將振動傳遞至遠方的現象。

由梨「哦——……」

我「波是傳遞振動的現象。波的介質，就是傳遞振動的物質。」

由梨「……」

我「有時也會將振動視為一種波，不過一般提到波的時候，說的是『傳遞振動的現象』。」

由梨「等一下，哥哥。抱歉在你像老師一樣熱血教學的時候打斷你……波會『傳遞振動』不是很理所當然嗎？」

我「是很理所當然啊。不過，確定是否清楚理解這件事也很重要喔。」

由梨「清楚理解這件事？」

我「是啊。看到『波是傳遞振動的現象』這樣的說明時，我們可以試著舉出『是波的例子』，以及『不是波的例子』，幫助我們理解什麼是波。」

由梨「聽不懂。」

我「舉例來說，沒有在振動的東西，即使有傳遞到遠方也不算是波。」

由梨「更聽不懂了！」

我「假設由梨把球丟出去，這時傳遞出去的是球，那就不是波了。」

由梨「是這樣沒錯啦……」

我「也就是說，振動對波來說是很重要的特徵。如果只有物質本身在移動的話，就不是波了。」

由梨「傳遞的不是物質，而是振動……」

我「……」

由梨「可是哥哥！海浪的水波中，水不是有在移動嗎！？」

我「這就是我說的重點。海的水波可以將振動傳遞到遠處。不過海水本身並不會移動到遠方。不是海水在移動，而是振動被傳遞到遠方，這就是波的特徵。」

由梨「原來如此！」

我「聲音也一樣喔。聲音可以傳得很遠，但聲音傳遞的其實是空氣的振動，空氣本身並沒有像風一樣移動到遠方。」

由梨「這樣啊……」

我「想想看地震波的情況，應該就更好懂了。地震發生時，土壤與岩石並不會喀咚喀咚地移動，而是振動本身往外傳遞對吧？」

由梨「哦，對耶……」

我「假設有個很長的跳繩，兩人各持一端，一個人振動跳繩的一端，那麼這個振動會傳遞到另一端的人手上。這也是波對吧？此時，跳繩就是波的介質。而且傳遞過去的只有振動，跳繩本身不會打到對方。」

由梨「哦——確實如此！」

1.3　波的描繪

我「來畫畫看波的樣子吧。」

由梨「sin 曲線，根本和波沒兩樣嘛。」

我「嗯。可以把這個圖形想成『振動傳遞現象』的示意圖喔。」

由梨「波的示意圖？」

我「沒錯。如果這是波的示意圖，那麼橫軸與縱軸分別是什麼呢？」

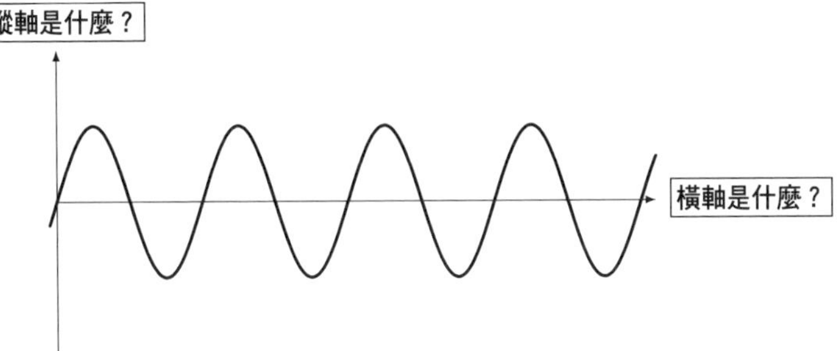

由梨「橫軸是 x 軸，縱軸是 y 軸不是嗎？」

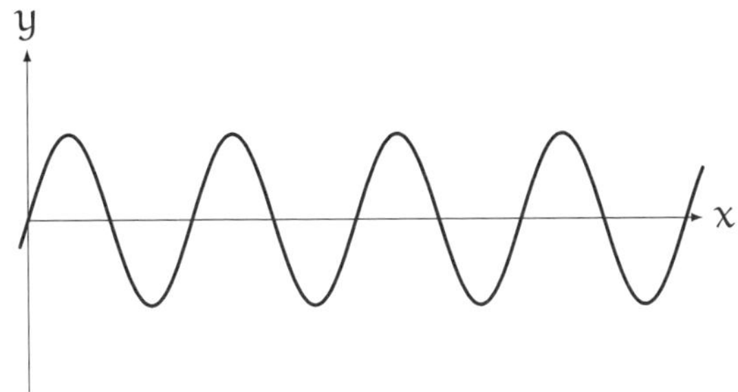

我「『由梨剛才命名的 x 與 y 分別代表什麼呢？』這才是我想問的喔。舉例來說，考慮海面傳遞的振動，此時由梨說的 x 與 y 分別代表什麼呢？」

由梨「我想想……我知道了！因為是『振動傳遞現象』的示意圖嘛，所以 x 就是**位置**！這裡的振動會傳遞到遠方，所以 x 就是海上的位置對吧？」

我「沒錯，答得很棒喔！」

由梨「然後，y 表示海水上升了多少幅度，對吧？」

我「是啊。y 表示那個位置的水上升了多少幅度，或是下降了多少幅度。一般會稱它為水位，不過討論波的時候會稱做位移。」

由梨「位移。」

我「現在，我們可以將這張圖視為表示海水波動的**『位移位置關係圖』**。考慮圖形的一點，假設該點 x 座標為 a，y 座標為 b。那麼波在位置 a 的位移可以表示成 b。」

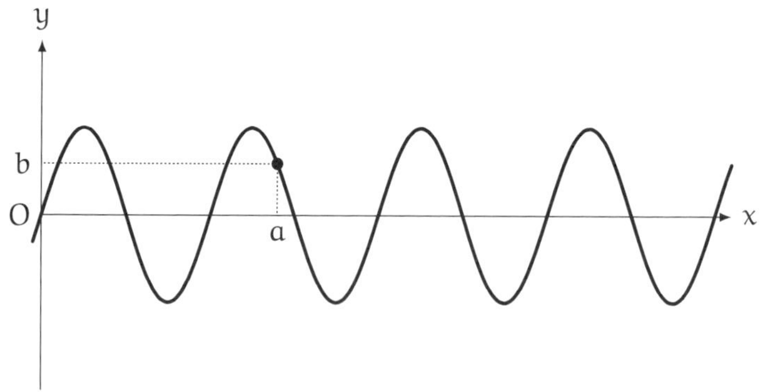

波在位置 a 的位移可以表示成 b

由梨「因為這個點是 $x = a$，此時 $y = b$ 嘛。」

我「沒錯。」

由梨「OK——」

我「話說由梨啊，照前面提到的概念，這個『位移位置關係圖』就像是某特定時間點下，拍到的海面照片不是嗎？不過呢，這張示意圖雖然能表示波的瞬間樣貌，卻無法表示波隨著時間經過的變化不是嗎？」

由梨「咦……？」

我「這張示意圖確實能表示『這個位置的位移』或『那個位置的位移』。卻無法表示『1 秒後的樣子』或『1 秒前的樣子』。或者說，這張圖無法表示任何與**時間**有關的資訊。」

由梨「是這樣沒錯啦……所以呢？」

我「依照由梨為這張圖選擇的 x 軸與 y 軸，確實可以說它是波的示意圖。不過這就像是某個時間點的瞬間畫面一樣。雖然這個『位移位置關係圖』可以表示位置 x 與位移 y，但也只能表示瞬間情況。換言之，『位移位置關係圖』無法表示波隨著時間經過會如何變化。」

「位移位置關係圖」

「位移位置關係圖」描述的是特定時間點下，波在不同位置 x 的位移 y。

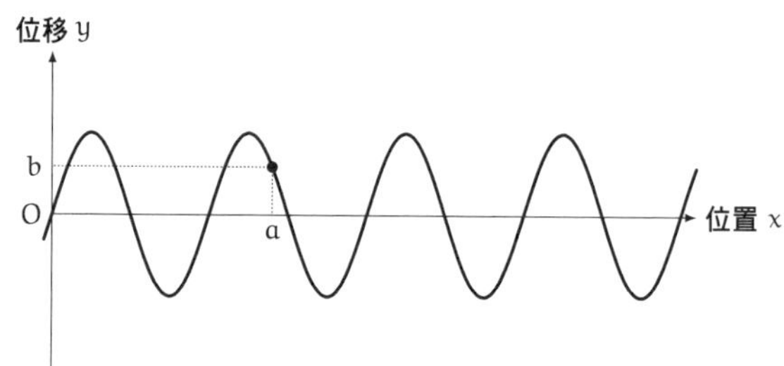

所以，無法表示波在其他時間點的樣子。

由梨「確實……」

我「看示意圖的時候，『確認軸的意義』很重要，如果是波的示意圖那就更重要了。」

由梨「不過，『位移位置關係圖』確實是波的示意圖沒錯吧？」

我「嗯，完全沒錯喔。我要說的是，這是在某個時間點拍下的波的照片。」

由梨「既然如此，如果把時間……把橫軸換成時間，會變怎樣呢？」

我「將橫軸改為時間 t 的『位移時間關係圖』，就像這個樣子。」

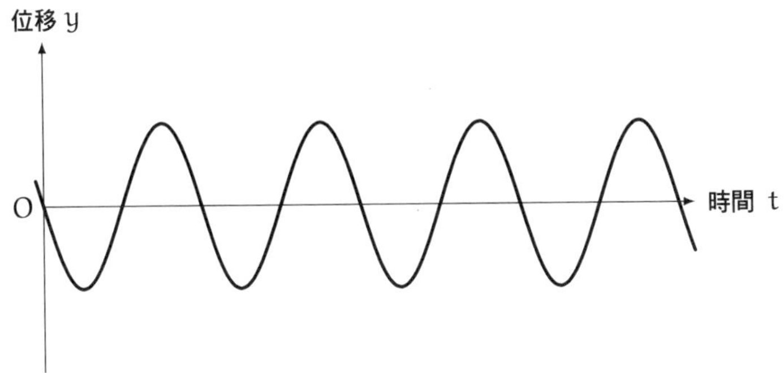

「位移時間關係圖」範例

由梨「……」

我「妳覺得這個『位移時間關係圖』可以表示什麼呢？」

由梨「等等，我正在思考啦！」

我「抱歉，慢慢想沒關係。」

由梨進入了思考模式。
她雖然很怕麻煩、常很快就厭倦，但不會隨便放棄。
她只是不喜歡無聊的東西而已。

由梨「……這個關係圖的橫軸是時間對吧，哥哥？」

我「是啊。『位移時間關係圖』的橫軸是時間 t。」

由梨「既然如此，這個關係圖就代表**不同時間的位移**對吧？」

我「嗯嗯，就是這樣。」

由梨「譬如，時間是 t 的時候，位移是 d 之類的。」

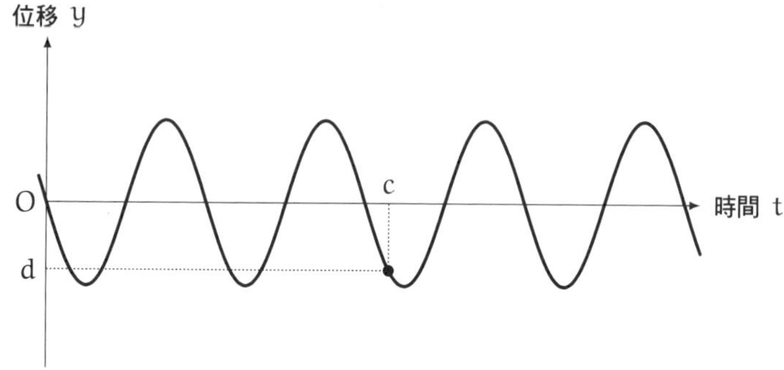

圖中時間是 c 的時候，位移是 d

我「沒錯！由梨說的對。」

由梨「『位移時間關係圖』是表示位移隨時間變化的關係圖嗎？」

我「嗯，就是這樣。」

由梨「嗯，但這樣一來就**只能表示一個位置**了啊！」

我「沒錯！就是這樣。畫出『位移時間關係圖』時，會先確定某個特定位置，然後畫出這個位置的位移隨時間的變化。」

「位移時間關係圖」

「位移時間關係圖」會先確定某個特定位置，然後以圖表示波在不同時間 t 下的位移 y。

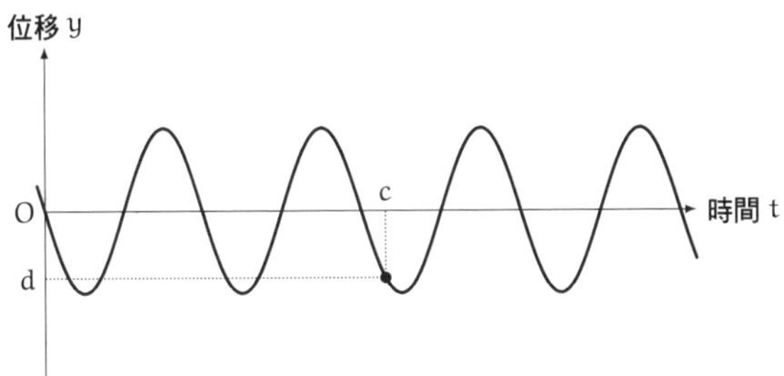

所以，無法表示波的其他位置的樣子。

由梨「所以『位移時間關係圖』也沒辦法表現出『波在前進』對吧？因為這只是緊盯某個特定的點而已不是嗎？就和剛才哥哥上下擺動手指一樣嘛！」

我「由梨的理解十分正確。『位移位置關係圖』是固定時間；『位移時間關係圖』則是固定位置。」

- 「位移位置關係圖」可以知道
  某特定時間下，位置與位移的關係。
- 「位移時間關係圖」可以知道
  對某特定位置而言，時間與位移的關係。

由梨「是啊！」

我「所以，不管是哪張關係圖，只靠一張圖都無法顯示出波在前進的樣子。若要呈現出波傳遞振動的樣子，就得同時呈現出每個時間點下，每個位置的位移分別是多少。」

由梨「根本做不到嘛！」

我「也就是說，要同時呈現出所有位置、所有時間的位移才行。」

由梨「沒錯！」

我「這裡讓我們試著用多張關係圖來呈現吧。」

由梨「多張？」

我「舉例來說，假設我們每次稍微改變一些時間，畫出各個時間點下的『位移位置關係圖』，就能表現出波前進的樣子囉。將過去到未來的各個關係圖，由上而下排列。並標註出位移最高的波峰，以及位移最低的波谷，僅關注其中一個波，就能清楚看出波前進的樣子了。」

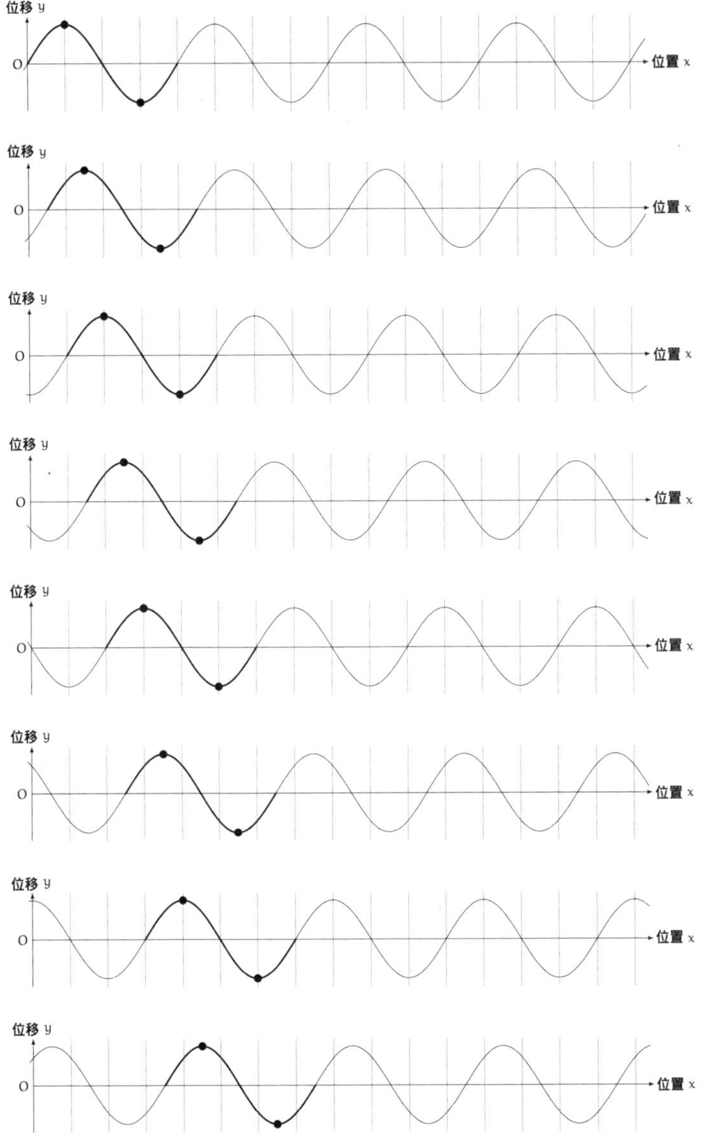
位移 y
O
位置 x
位移 y
O
位置 x
位移 y
O
位置 x
位移 y
O
位置 x
位移 y
O
位置 x
位移 y
O
位置 x
位移 y
O
位置 x
位移 y
O
位置 x

由梨「嗯，確實可以看出波正在往右前進耶！」

我「波正在往右前進沒錯。但如果只看一個位置，譬如①，可以知道介質只有上下振動而已喔。」

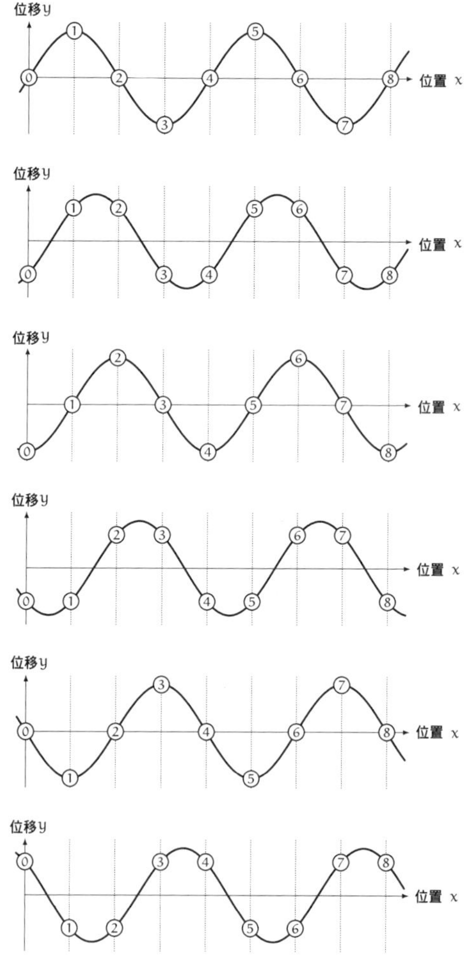

由梨「我懂我懂。」

我「從⓪到⑧，每個位置都只有上下振動而已。但如果我們看的是波，可以看到波正在往右移動。所以我們說——波是『傳遞振動的現象』。」

由梨「沒錯。」

1.4 波長與週期

我「『一個波的長度』稱做波長。」

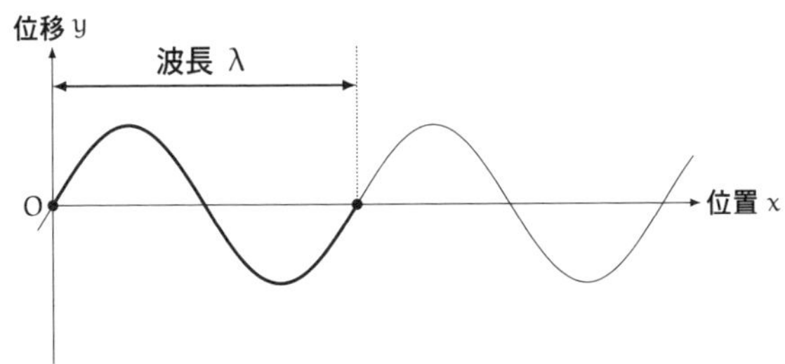

由梨「波長……這個怎麼念啊？」

我「念作 lambda 喔。」

由梨「lambda」

我「λ 是希臘字母，相當於英文字母的 l。物理學中，常會用 λ 來表示波長喔。」

由梨「這樣啊。」

我「『位移位置關係圖』中，波峰與波峰的距離，或者波谷與波谷的距離，都是波長。」

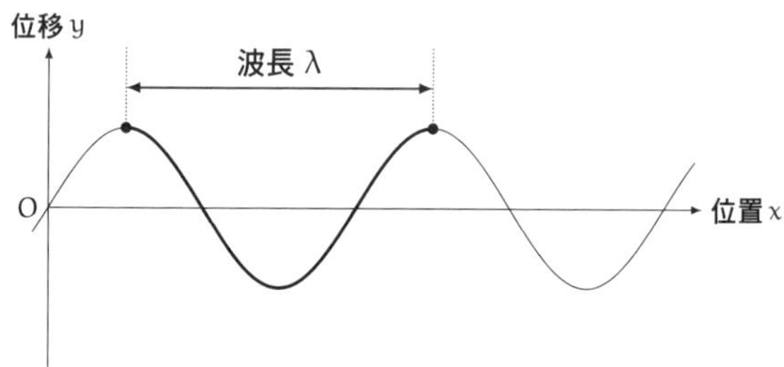

波峰與波峰的距離是波長

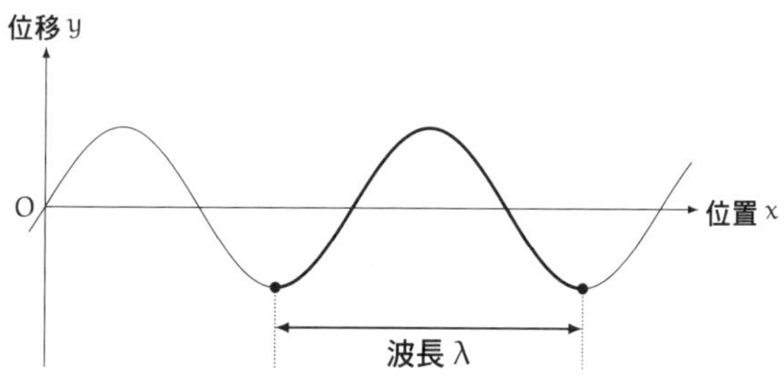

波谷與波谷的距離也是波長

由梨「這是當然。」

我「在『位移時間關係圖』中，同樣考慮一個波的情況。橫軸為時間 t，所以一個波的橫向跨距不是波長，而是『振動一次需要的時間』，稱做**週期**，以大寫字母 T 表示。」

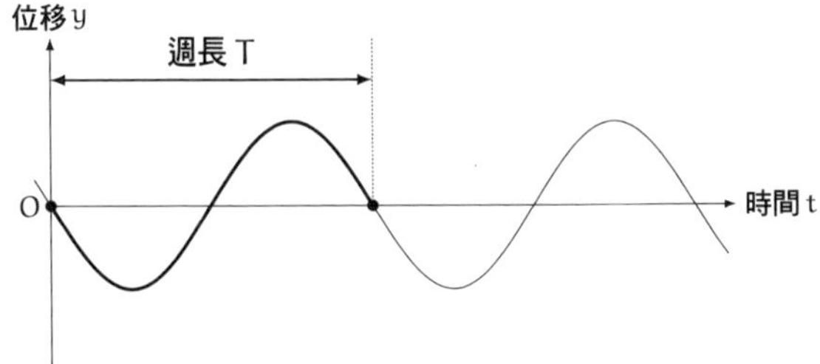

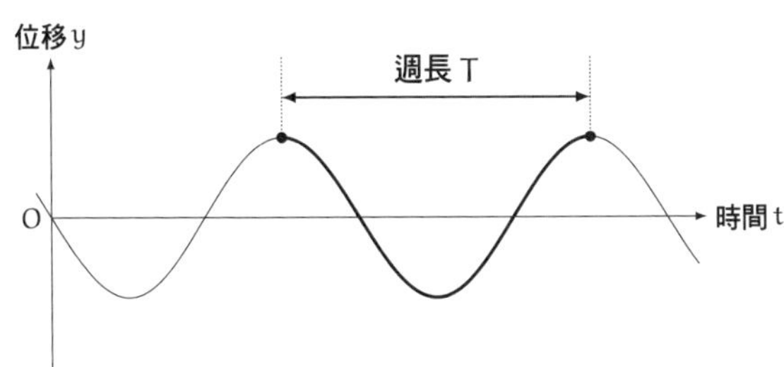

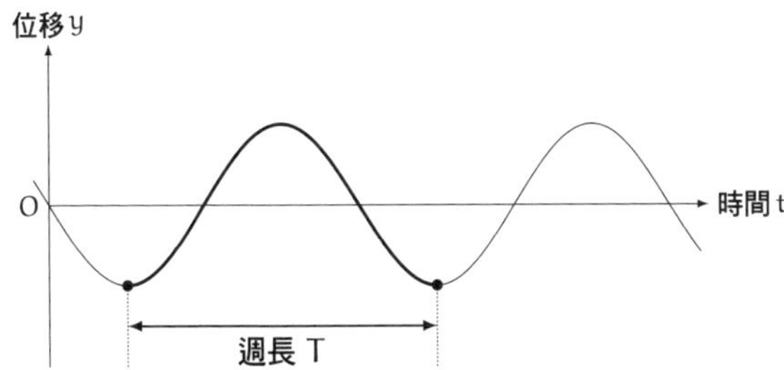

由梨「振動一次需要的時間……」

我「因為……」

由梨「等一下！讓我想想看！」

我「好好好，抱歉抱歉。」

由梨「……」

我「……」

由梨「……我知道了！我知道『振動一次需要的時間』是什麼意思了！」

我「哦！」

由梨「『位移時間關係圖』是盯著一個特定位置，觀察它的位移對吧？這個位置的位移會隨時間的經過而上上下下。而它來回一次花費的時間——就是『振動一次需要的時間』對吧？」

我「沒錯！這個『振動一次需要的時間』就是週期 T。因此，波長與週期都是指『一個波』的長度。」

- 波長是一個波走的距離。
  也就是空間上看到的一個波。
- 週期是一個波需要的時間。
  也就是時間上看到的一個波。

由梨「瞭解。感覺波長 λ 和週期 T 都很簡單嘛！」

我「那妳能回答出這個問題的答案嗎？」

問題 1-1（描繪關係圖）

一個波長為 λ，週期為 T 的波正在往右（x 軸的正向）前進。時間 $t=0$ 時，「位移位置關係圖」如下。

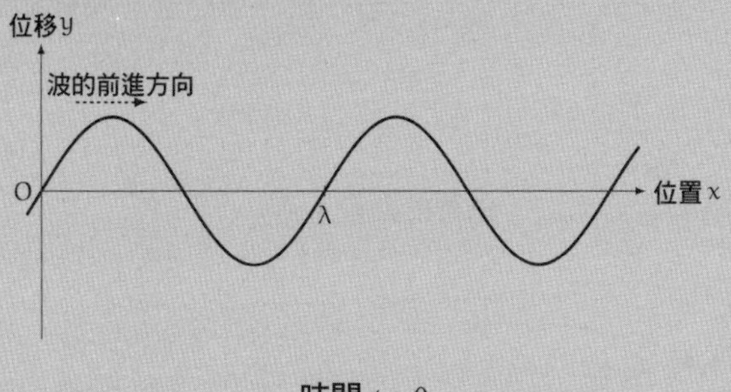

時間 $t=0$

請描繪出位置 $x=0$ 的「位移時間關係圖」。

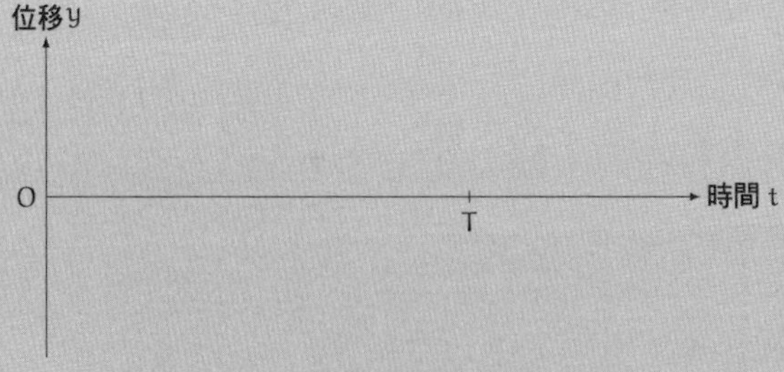

位置 $x=0$

由梨「因為是一個波，所以是這樣吧？」

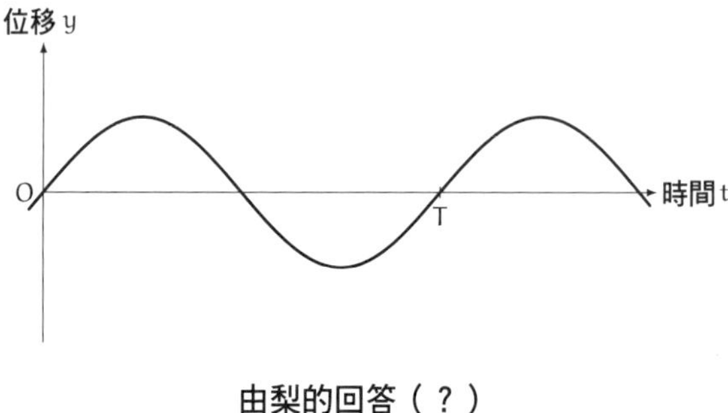

由梨的回答（？）

我「是這樣嗎？」

由梨「是啊！因為是『位移時間關係圖』，一個波的週期是 T，所以……咦？」

我「……」

由梨「不對不對！剛才的不算！這樣才對！」

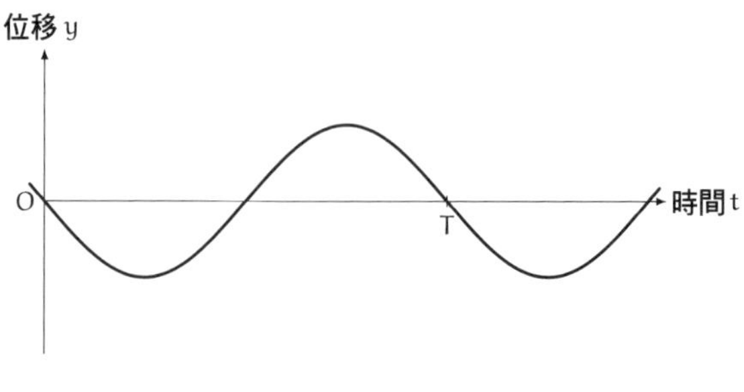

由梨再次回答

我「沒錯，這就是正確答案。妳是怎麼想到這個答案的呢？」

由梨「考慮稍後的情況囉。我們關注的是位置 $x = 0$ 處對吧？問題 1-1 的波往右前進，考慮 $t = 0$ 稍後的時間點，這時，位置 $x = 0$ 應該是往負向位移對吧？」

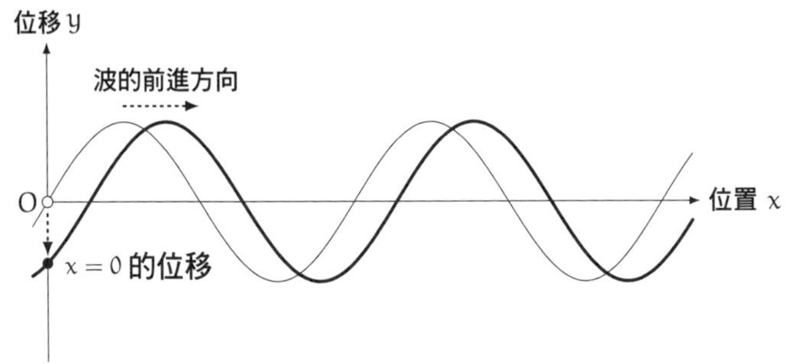

由「位移位置關係圖」，
考慮 $t = 0$ 稍後的時間點

我「嗯嗯。」

由梨「所以說，所求的『位移時間關係圖』中，須讓『位置 $x = 0$ 處，在 $t = 0$ 稍後的時間點往負向位移』才對！」

我「原來如此。這個說明很好懂喔！」

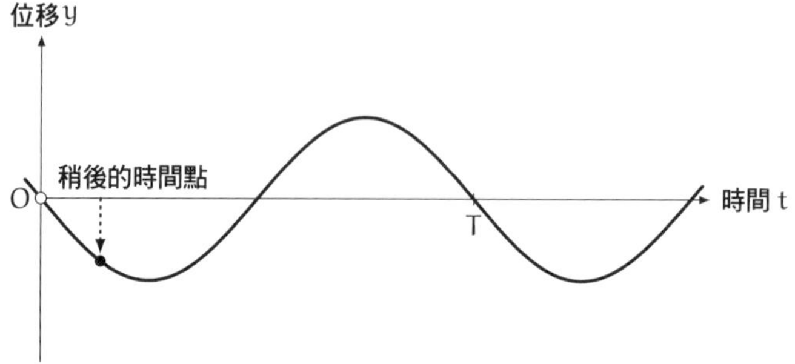

$x = 0$ 的「位移時間關係圖」中，
稍後時間點的位移

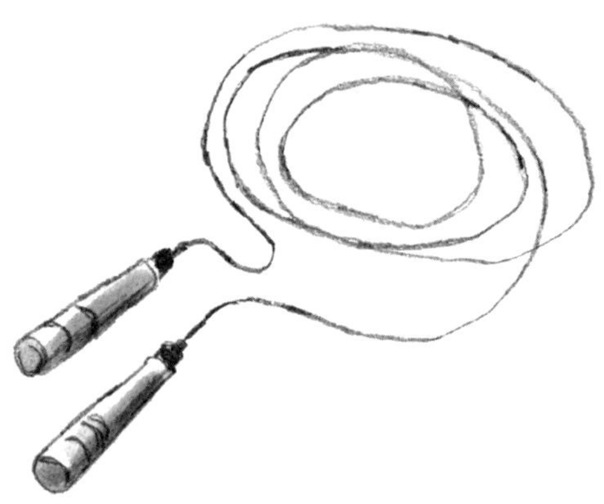

解答 1-1（描繪關係圖）

一個波長為 λ，週期為 T 的波正在往右（x 軸的正向）前進。時間 $t = 0$ 時，「位移位置關係圖」如下。

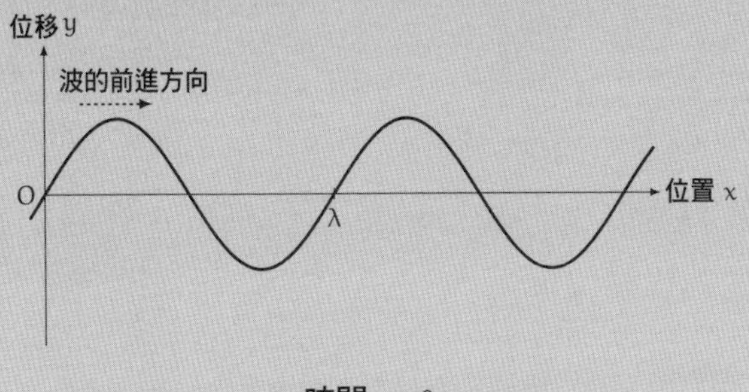

時間 $t = 0$

此時，位置 $x = 0$ 的「位移時間關係圖」如下。

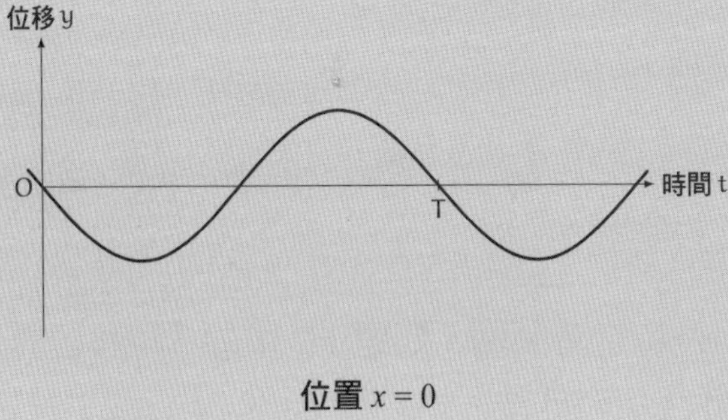

位置 $x = 0$

我「那再來一個問題吧。」

由梨「來吧來吧。」

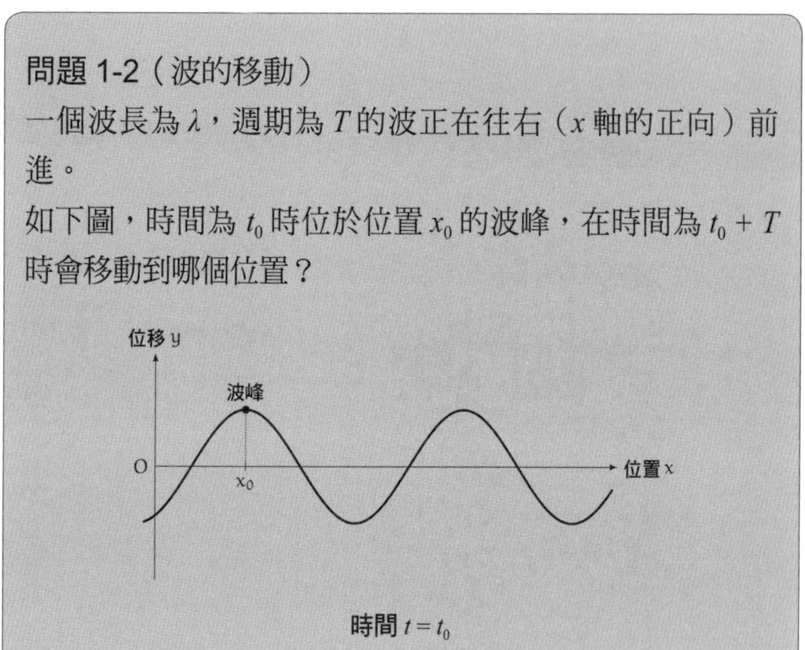

問題 1-2（波的移動）

一個波長為 λ，週期為 T 的波正在往右（x 軸的正向）前進。

如下圖，時間為 t_0 時位於位置 x_0 的波峰，在時間為 $t_0 + T$ 時會移動到哪個位置？

時間 $t = t_0$

我「t_0 指的是特定時間點。問題 1-2 中的『位移位置關係圖』為時間 $t = t_0$ 時的波。」

由梨「……」

我「圖中的 x_0 為波峰。所以說在時間 $t = t_0$ 時，位置 $x = x_0$ 為波峰。」

由梨「……」

我「那麼，時間 $t = t_0 + T$ 時，波峰會移動到哪個位置呢——問題 1-2 就是這個意思。」

由梨「$x_0 + \lambda$。」

我「哦！秒答耶！」

由梨「就是這樣嘛。因為經過了一個週期 T，所以波也會往右前進一個波的距離才對——那就表示波峰會前進一個波長 λ 吧？」

我「嗯，就像由梨說的一樣！」

解答 1-2（波的移動）

時間 $t = t_0$ 時位置 $x = x_0$ 的波峰，在時間 $t = t_0 + T$ 時，會移動到 $x = x_0 + \lambda$。

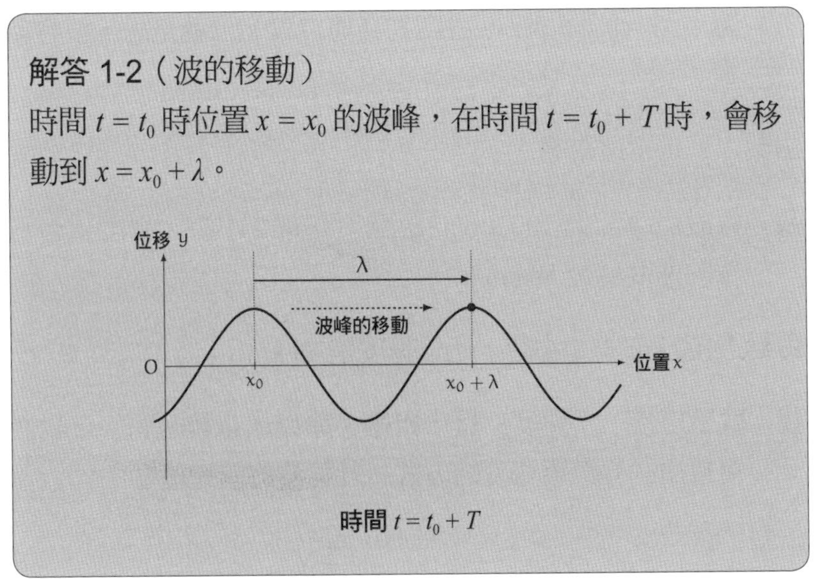

時間 $t = t_0 + T$

由梨「這很簡單嘛！下一個問題呢？」

我「接下來就會越來越有趣囉，由梨。」

由梨「你幹嘛捲起袖子啊。」

我「仔細想想，剛才的解答 1-2，其實可以推算出波的前進速度喔。」

由梨「波的前進速度？」

1.5 波的前進速度

我「波是『傳遞振動的現象』。波峰於某時間點時在這個位置，另一個時間點則會跑到其他位置。也就是說，波會前進。」

由梨「是這樣沒錯啊。」

我「假設汽車前進 100 km 的距離須花費 2 小時，那麼這台汽車的速度就是 50 km/h[*3]。」

由梨「100 km ÷ 2 小時，所以速度是 50 km。」

我「就是這樣。『速度』是『距離』除以『花費時間』。我們可以用計算汽車速度的方式，計算波的前進速度。」

由梨「嗯……」

*3 km/h 是「公里每小時」，為速度單位，表示每一小時前進多少 km 的距離。所以 50 km/h 就是時速 50 km。

我「波前進了一個波的長度，也就是一個『波長』。想想看波前進了一個『波長』的距離時，花費的時間是多少？當波剛好前進一個波長，介質也剛好振動一次。介質剛好振動一次所花費的時間是？」

由梨「……週期？」

我「沒錯。一個東西的前進速度為『距離』除以『花費時間』。假設波的前進速度為 v——」

由梨「等一下！由梨在剛才的解答 1-2 就算出來囉！經過時間 T 之後，波前進了波長 λ，所以——

$$v = \frac{\lambda}{T}$$

——沒錯吧。這就是波的前進速度嘛！」

我「沒錯！由梨推導出了『波的前進速度』『週期』『波長』的關係式囉！」

波的前進速度

波前進時，「波的前進速度」「波長」「週期」之間的關係如下。

$$\text{波的前進速度 } v = \frac{\text{波長 } \lambda}{\text{週期 } T}$$

由梨「原來如此！」

1.6 過去與未來

我「『位移位置關係圖』可表示波在某個瞬間的樣貌，但如果想像波前進的樣子，就可以看出『位移位置關係圖』中隱藏的過去樣貌與未來樣貌。」

由梨「哥哥你在說什麼啊？」

我「簡單來說，『位移位置關係圖』呈現出了各個位置 x 的位移 y 對吧？而位置 x 的位移之所以會是 y，是因為遠方傳來的波決定了 x 的位移。」

由梨「是沒錯啦。」

我「所以說，假設波往右前進，那麼『位移位置關係圖』中的右邊，就反映了過去的位移；左邊則反映了未來的位移。」

由梨「聽不懂你在說什麼。」

我「換個方式講。考慮『位移位置關係圖』。假設波往右前進，時間 $t = 0$ 時，我們在 $x = 0$ 的原點。」

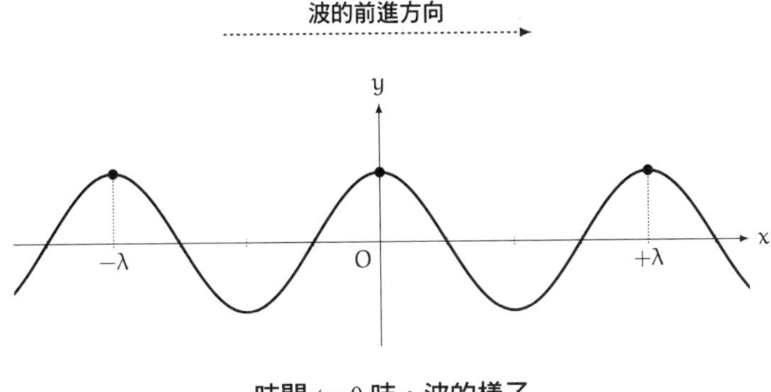

時間 $t = 0$ 時，波的樣子

由梨「嗯嗯？」

我「觀察與原點距離為波長 λ 的左右兩點。這兩點可以說是原點在時間差為週期 T 時的樣子。」

- 位置 $-\lambda$ 的波峰為，未來時間點 +T 時，抵達原點的波峰
- 位置 $+\lambda$ 的波峰為，過去時間點 –T 時，經過原點的波峰

由梨「嗯嗯！」

我「週期 T 為時間上看到的一個波，波長 λ 為空間上看到的一個波。」

由梨「嗯……」

我「所以可以說這張圖中隱藏了過去與未來的樣貌。」

由梨「很厲害耶喵！」

我「——所以說，做為一個認真的高中生，我有認真在學物理學喔。我們會用**三角函數** sin 的練習計算。」

由梨「學物理學時會用到數學？」

我「因為數學是語言。」

由梨「哦～」

我「數學是語言、數學式是語言。波是傳遞振動的現象，所以會有海水波、聲波、地震波……等現象。要準確描述這種物理現象時，須用到數學。借用數學的力量後，不僅能表現出『波正在振動』『波正在前進』，也能回答『位置 x 在時間 t 時的位移是多少？』等問題。數學式不只是描述數學事物的語言，也是描述物理學現象的語言喔！」

由梨「可是，聽起來好難喔喵……」

我「一點都不難喔，一起來試試看吧。」

由梨「好！」

「要回答什麼、如何回答，才能回答出『X是什麼』呢？」

附錄：希臘字母

小寫	大寫	讀法
α	A	alpha
β	B	beta
γ	Γ	gamma
δ	Δ	delta
ε　ϵ	E	epsilon
ζ	Z	zeta
η	H	eta
θ　ϑ	Θ	theta
ι	I	lota
κ　$\varkappa$	K	kappa
λ	Λ	lambda
μ	M	mu
ν	N	nu
ξ	Ξ	xi
o	O	omicron
π　ϖ	Π	pi
ρ	P	rho
σ	Σ	sigma
τ	T	tau
υ	Υ	upsilon
ϕ　φ	Φ	phi
χ	X	chi
ϕ	Ψ	psi
ω	Ω	omega

第 1 章的問題

未知物有哪些？

已知物有哪些？

——波利亞《怎樣解題》

●問題 1-1（波長與週期）

試求下圖正弦波的波長 λ 與週期 T。①表示位置 $x = 0$ cm 的介質於不同時間的位移 y。②表示同一個波在時間 $t = 5$ s 時，不同位置的介質位移 y。

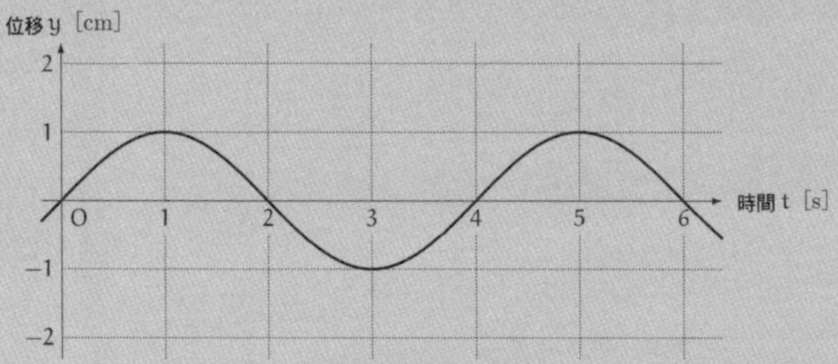

① 位置 $x = 0$ cm 的介質於不同時間的位移 y

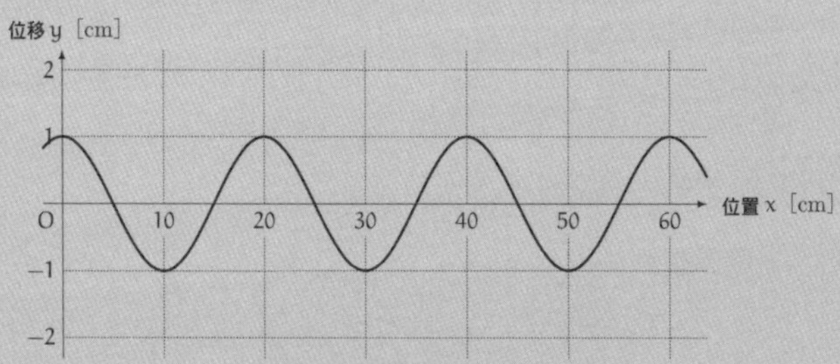

② 時間 $t = 5$ s 時，不同位置的介質位移 y

其中，5 s 表示 5 秒。s 來自秒的英語「second」的首字母。

（解答在 p.307）

●問題 1-2（波的前進速度）

試求下圖正弦波的前進速度 v。假設此波以一定速度前進。為明確表示波前進的樣子，圖中在一個波峰上標註●記號。①為時間 $t_1 = 12\ s$ 時，介質的位移 y。②為時間 $t_2 = 17\ s$ 時，介質的位移 y。

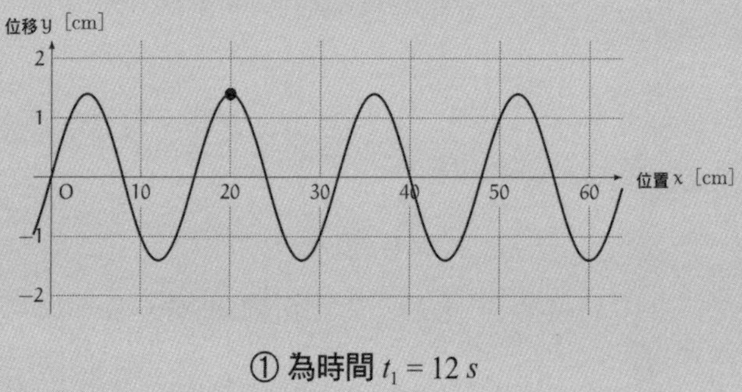

① 為時間 $t_1 = 12\ s$

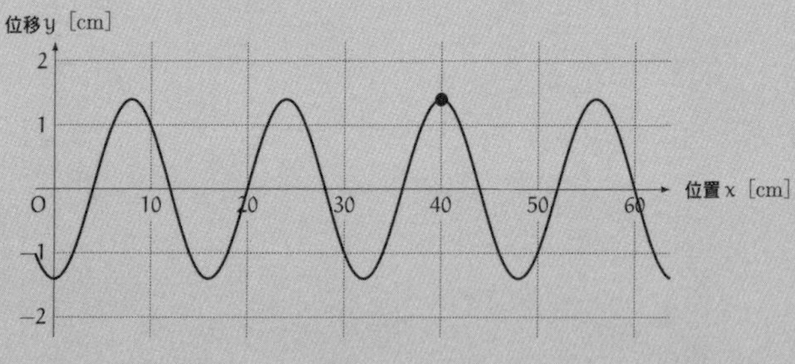

② 為時間 $t_2 = 17\ s$

（解答在 p.310）

●問題 1-3（位移時間關係圖）

設一正弦波以一定速度 $v = 5\ m/s$ 沿著 x 軸正向前進。時間 $t = 0\ s$ 時，「位移位置關係圖」如下，試求波的波長 λ 與週期 T。另外，試描繪出位置 $x = 5\ m$ 的「位移時間關係圖」。

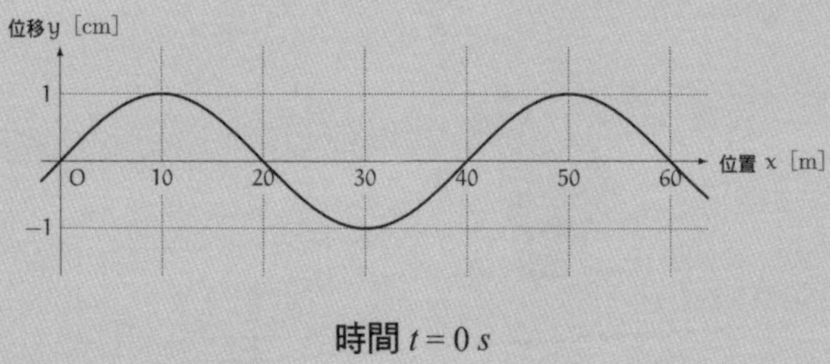

時間 $t = 0\ s$

（解答在 p.314）

第 2 章

以數學式及圖形表示波

「語言的意義，在於能將腦中描繪的事物傳達給他人。」

2.1 三角函數 sin

我與由梨正在討論什麼是波。

我「我們會用三角函數來表示波。三角函數有很多種，最基本的三角函數有兩種，分別是

$$\cos \text{ 與 } \sin$$

之前我們有聊過這兩個函數，還記得嗎？*1」

由梨「大概還記得吧。有討論到圓。」

我「沒錯。內容沒有很難，一定很快就能想起來囉。首先像這樣，以原點為圓心，畫一個半徑為 1 的圓，這叫做單位圓。假設單位圓的圓周上有一個點 P，連接圓心 O 與點 P 可得到半徑，假設線段 OP 與正向 x 軸的夾角為 θ。」

*1 見參考文獻 [1]《數學女孩秘密筆記：圓圓的三角函數篇》。

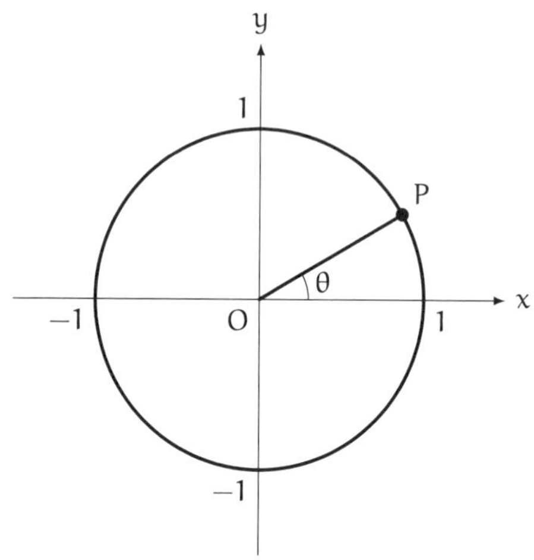

由梨「我記得 cos 是 x，sin 是 y，對嗎？」

我「沒錯。點 P 的 x 座標數值為 $\cos\theta$。」

由梨「$\cos\theta$。」

我「而點 P 的 y 座標數值為 $\sin\theta$。」

由梨「$\sin\theta$。」

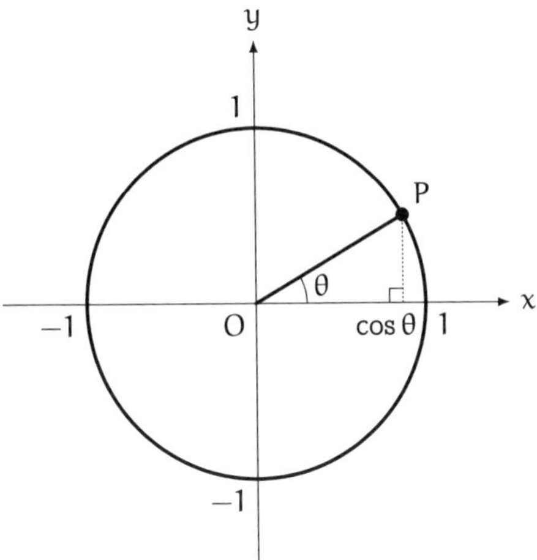

x 座標數值為 $\cos\theta$

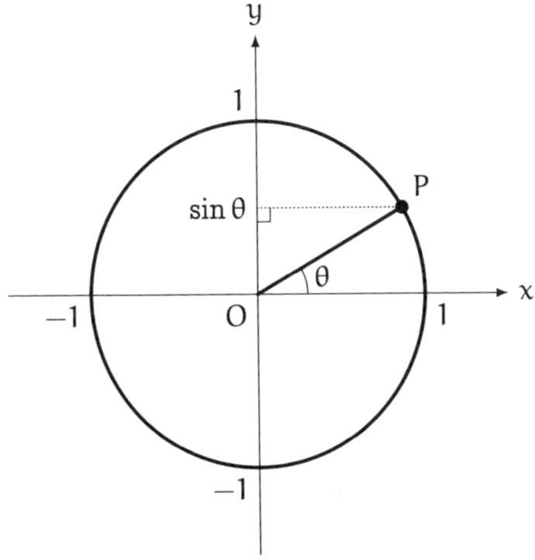

y 座標數值為 $\sin\theta$

我「這就是 $\cos\theta$ 與 $\sin\theta$ 的定義。怎麼樣，想起來了嗎？」

由梨「嗯，想起來了。不過，有件事我一直很在意，θ、$\cos\theta$、$\sin\theta$ 都是數嗎？」

我「沒錯，這些都是數。」

由梨「可是剛才你說這些是三角函數。**數**和**函數**一樣嗎？」

我「不，數和函數是不同的東西喔。」

由梨「啊，不一樣嗎。那 cos 和 sin 又是什麼？」

我「不然我們就用 sin 來說明吧。假設 θ 是一個具體的數，那麼 $\sin\theta$ 就同樣是一個具體的數喔。舉例來說，$\theta = 0$ 時，$\sin\theta = 0$ 對吧？」

由梨「因為 $\theta = 0$ 時，點 P 的 y 座標數值為 0 嘛。」

我「是啊。所以 $\sin 0 = 0$。」

由梨「那 $\sin 0$ 是一個數嗎？」

我「嗯，$\sin 0$ 是一個數喔。不過這裡我們想試著討論 $\sin\theta$。θ 數值改變時，與之對應的 $\sin\theta$ 數值也會跟著改變。」

由梨「因為當點 P 移動，y 座標數值也會改變。」

我「就是這樣。這裡有件事很重要，那就是

> 當 θ 固定為一個數值，
> 與之對應的 $\sin\theta$ 也固定為一個數值。」

由梨「……」

我「或者這樣說，

當某變數固定為一個數值，
與之對應的另一變數也固定為一個數值。

這種對應關係就叫做函數。」

由梨「對應關係是……函數？」

我「當 θ 固定為一個數值，點 P 也固定在圓周上的某個位置，這表示，與之對應的『點 P 的 y 座標』，也固定為一個數值。

當 θ 固定為一個數值，
與之對應的 y 也固定為一個數值。

這種由 θ 到 y 的對應關係，就命名為 sin。」

$$\theta \xmapsto{\sin} y$$

由梨「啊，那我大概懂了。θ 是數，y 也是數。從 θ 到 y 的對應關係是 sin 沒錯吧？所以 sin 是函數？」

我「沒錯。」

由梨「sin 是函數，不過 $\sin\theta$ 是數，對吧？」

我「沒錯。$\sin\theta$ 裡面有個具體的數 θ，所以 $\sin\theta$ 是一個數。」

由梨「這樣由梨就懂囉！」

2.2 度與弧度（rad）

我「對了，既然都聊到這裡了，不如再談談 rad 吧。」

由梨「*rad*？」

我「我們會用『度』來表示角度大小，譬如 0°、90°、180°。不過三角函數中，比較少用『度』做為角度單位，較常用『*rad*』來表示角度大小。到這裡聽得懂嗎？」

由梨「嗯。」

我「考慮『弧的長度為半徑的多少倍』，這個倍數可用來表示圓心角的角度，這就是 rad 這個單位的由來。以半徑為 r 的圓為例，弧長剛好為 r 的時候，圓心角為 1 *rad*。因為弧長為半徑的 1 倍，所以圓心角為 1 *rad*。」

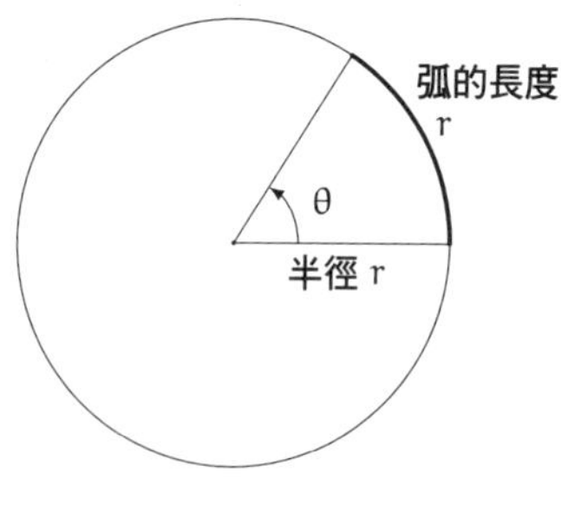

θ 為 1 *rad*

由梨「嗯……」

我「如果半徑為 r，弧長為 $2r$，那麼圓心角就是 $2\ rad$。」

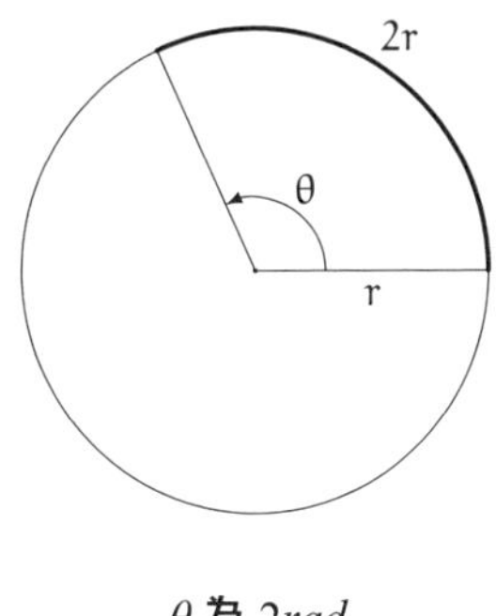

θ 為 $2rad$

由梨「弧的長度除以半徑後會得到 rad？」

我「沒錯。當弧的長度為半徑的 θ 倍，圓心角就是 $\theta\ rad$，所以弧長除以半徑就可以得到 rad。」

由梨「是啊！」

我「如果半徑為 r，弧長為 $3r$，那麼圓心角就是 $3\ rad$。」

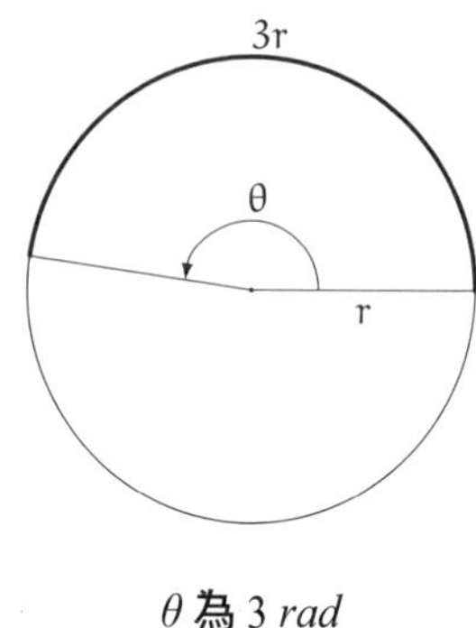

θ 為 3 *rad*

由梨「3 *rad* 看起來好不舒服。明明差一點點就 180° 了……」

我「如果不是 3 rad，而是 π rad，就剛好是 180° 囉。」

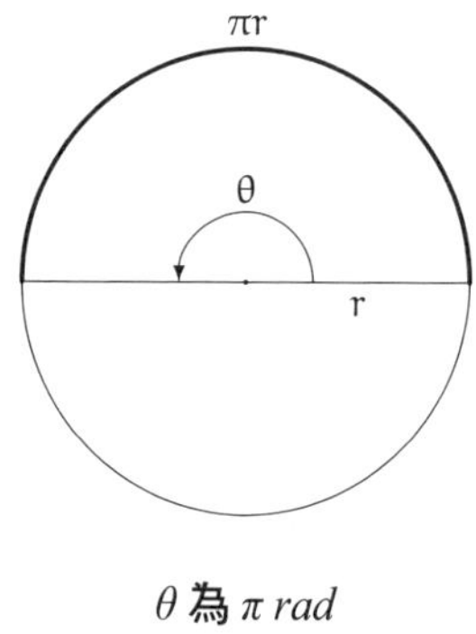

θ 為 π *rad*

由梨「π 是圓周率那個 π 嗎？ 3.14 多少多少那個。」

我「沒錯沒錯。」

$$\pi = 3.141592653589793\cdots$$

由梨「原來 π *rad* 就是 180° 啊……」

我「你看嘛，如果半徑是 r，那麼繞一圈就可以得到圓周長 $2\pi r$。半圓周的弧長為 πr，除以半徑 r 之後，就可以得到 π *rad*。」

由梨「原來如此、原來是這樣！3 *rad* 的角度還差 180° 一些些。但如果是 π *rad*，就剛好等於 180° 了。」

我「沒錯 π *rad* 比 3 *rad* 略大一些，因為 π *rad* 是 3.141592653589793…*rad* 嘛。」

由梨「這樣一來，2π rad 就是 360° 了對吧。」

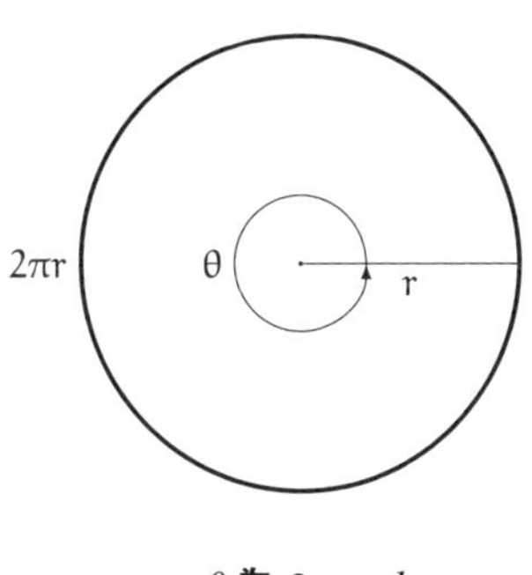

θ 為 2π *rad*

我「正是如此！0° 是 0 *rad*，90° 是 $\frac{1}{2}\pi$ *rad*，180° 是 π *rad*。不過我們通常不會寫出 *rad*。」

度	0°	90°	180°	270°	360°
2 *rad*	0	$\frac{1}{2}\pi$	π	$\frac{3}{2}\pi$	2π

由梨「嗯嗯。」

我「瞭解這些之後，就來確認 $\sin\theta$ 的數值吧。」

由梨「好！」

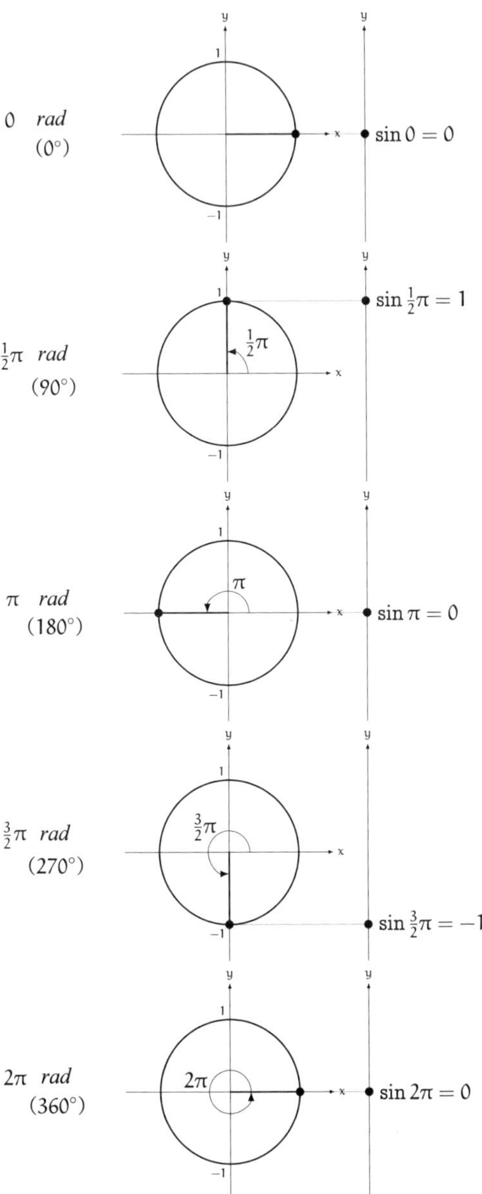

0 rad
(0°)
sin 0 = 0
½π rad
(90°)
sin ½π = 1
π rad
(180°)
sin π = 0
3/2π rad
(270°)
sin 3/2π = −1
2π rad
(360°)
sin 2π = 0

我「這些結果可整理成下表。」

θ	0	$\frac{1}{2}\pi$	π	$\frac{3}{2}\pi$	2π
$\sin\theta$	0	1	0	-1	0

由梨「照著 $0 \to 1 \to 0 \to -1 \to 0$ 的順序變化。」

我「如果角度改以 45° 為單位，也就是以 $\frac{1}{4}\pi$ 為單位改變角度，可以得到 θ 與 $\sin\theta$ 較詳細的對應關係。譬如 $\sin\frac{1}{4}\pi$ 的數值為 $\frac{1}{\sqrt{2}}$。」

$$\sin\frac{1}{4}\pi = \sin\frac{\pi}{4} = \frac{1}{\sqrt{2}}$$

由梨「為什麼你馬上就能寫出它的數值呢？」

我「因為我腦中有這樣的圖形啊。」

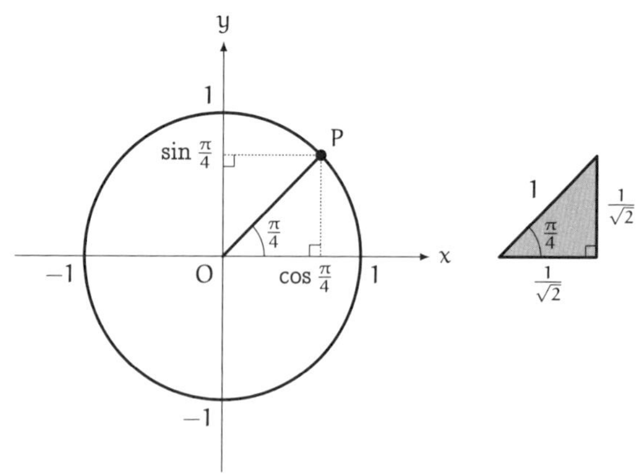

試求 $\sin\frac{\pi}{4}$

由梨「對角線為 1 之正方形的邊長。」

我「沒錯。也可以說 $\sin\frac{\pi}{4}$ 是斜邊為 1 之等腰直角三角形的一股。」

由梨「$\frac{1}{\sqrt{2}}$是多少呢？感覺應該比 0.5 大一些吧。」

我「$\sqrt{2} = 1.414\cdots$再用 1 除以它就可以了。」

$\sqrt{2} = 1.41421356\cdots$　　（意思意思而已參悟了）

由梨「1 除以 1.414……想要計算機。」

我「只要分子與分母同乘上$\sqrt{2}$，就不用計算機囉。

$$\begin{aligned}\frac{1}{\sqrt{2}} &= \frac{1}{\sqrt{2}} \times \frac{\sqrt{2}}{\sqrt{2}} \\ &= \frac{1 \times \sqrt{2}}{\sqrt{2} \times \sqrt{2}} \\ &= \frac{\sqrt{2}}{2} \\ &= \frac{1.414\cdots}{2} \\ &= 0.707\cdots\end{aligned}$$

最後就會看到七・零・七妹妹了！」

由梨「誰啊。」

我「$\frac{\sqrt{2}}{2}$ 的**暱稱**[*2]。」

*2 見參考文獻 [6]《數學女孩秘密筆記：數列廣場篇》

由梨「這樣啊。」

我「結果可整理成下表。」

θ	0	$\frac{1}{4}\pi$	$\frac{1}{2}\pi$	$\frac{3}{4}\pi$	π	$\frac{5}{4}\pi$	$\frac{3}{2}\pi$	$\frac{7}{4}\pi$	2π
$\sin\theta$	0	$\frac{1}{\sqrt{2}}$	1	$\frac{1}{\sqrt{2}}$	0	$-\frac{1}{\sqrt{2}}$	-1	$-\frac{1}{\sqrt{2}}$	0

由梨「整理成表之後反而亂七八糟的。」

我「閱讀這張表時，可以想像點 P 每次移動 $\frac{1}{4}\pi$……也就是 45°，y 座標也跟著變動。對了，若是不約分，讀起來應該比較好懂吧。當 θ 為 $\frac{2}{4}\pi$，不要約分成 $\frac{1}{2}\pi$，而是保留原本的 $\frac{2}{4}\pi$。」

θ	$\frac{0}{4}\pi$	$\frac{1}{4}\pi$	$\frac{2}{4}\pi$	$\frac{3}{4}\pi$	$\frac{4}{4}\pi$	$\frac{5}{4}\pi$	$\frac{6}{4}\pi$	$\frac{7}{4}\pi$	$\frac{8}{4}\pi$
$\sin\theta$	0	$\frac{1}{\sqrt{2}}$	1	$\frac{1}{\sqrt{2}}$	0	$-\frac{1}{\sqrt{2}}$	-1	$-\frac{1}{\sqrt{2}}$	0

由梨「哦，這樣就能明顯看出 θ 每次增加 $\frac{1}{4}\pi$ 了。」

我「沒錯，就是這樣。若把焦點放在 $\sin\theta$ 的正負會很有趣喔。$0 < \theta < \pi$ 時，$\sin\theta$ 為正；$\pi < \theta < 2\pi$ 時，$\sin\theta$ 為負。想像圓周上的動點 P，應該就知道為什麼會這樣了。」

θ	$\frac{0}{4}\pi$	$\frac{1}{4}\pi$	$\frac{2}{4}\pi$	$\frac{3}{4}\pi$	$\frac{4}{4}\pi$	$\frac{5}{4}\pi$	$\frac{6}{4}\pi$	$\frac{7}{4}\pi$	$\frac{8}{4}\pi$
$\sin\theta$	0	$+$	$+$	$+$	0	$-$	$-$	$-$	0

由梨「啊……因為點 P 在 x 軸上方，所以是正數嗎？」

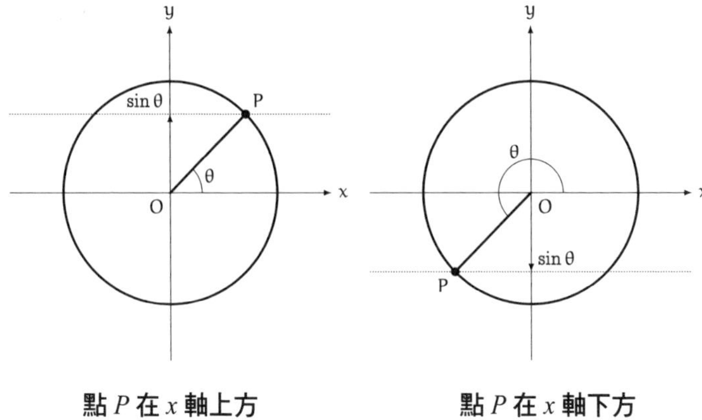

點 P 在 x 軸上方　　點 P 在 x 軸下方

我「沒錯。接著讓我們回到原本的問題，試著畫出

$$y = \sin\theta$$

的圖形吧。將 sin 函數的數值對應關係畫成圖後，再觀察這個圖的特徵。」

2.3　$y = \sin\theta$ 的圖形

我與由梨試著用電腦描繪出三角函數的圖形。網路上可以搜尋到適當的應用程式，讓我們在輸入方程式後能馬上看到它的圖形。

由梨「y、等於、sin、θ。輸入數學式後就能看到圖形，這很棒耶。」

我「嗯。假設橫軸是 θ，那麼 $y = \sin\theta$ 的圖形就長這樣。順便把單位圓放在圖形的左邊吧。」

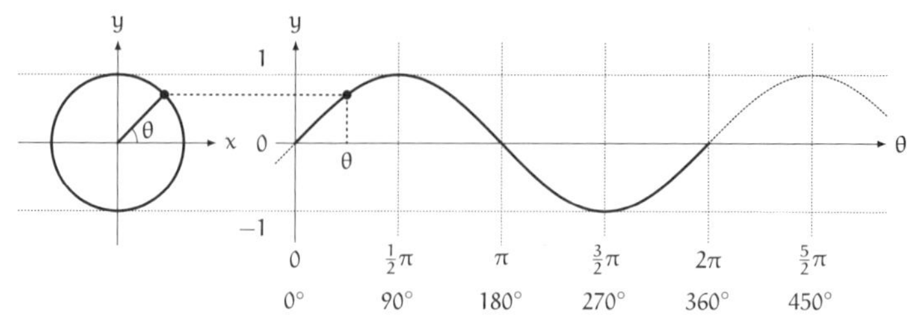

單位圓與 $y = \sin\theta$

由梨「嗯嗯。」

我「在左邊的圖，點在圓周上旋轉時，隨著角度 θ 的變化，y 座標的數值也會跟著變化。也就是說，一個 θ 值可對應或決定一個 y 值。這種對應關係就是 sin。

$$\theta \xmapsto{\sin} y$$

右圖則是這個 θ 與 y 的對應關係。橫軸為 θ，縱軸為 y。而這條曲線上的任一點 (θ, y) 皆滿足

$$y = \sin\theta$$

這個等式。」

由梨「這樣啊⋯⋯」

由梨看著 $y = \sin\theta$ 的圖形思考了好一陣子。我靜靜在一旁等待，不去打擾她。

我「⋯⋯」

由梨「這樣啊⋯⋯**這個東西**就是 sin 曲線啊。對了，當 θ 從 0 移動到 2π，點轉了一圈是嗎？」

我「是啊。單位圓周上的點轉了一圈。」

由梨「也就是說——

- 單位圓上的點轉一圈時，
- 可得到圖中的一個波

——是這樣沒錯吧！？」

我「沒錯！就是這樣喔，由梨。」

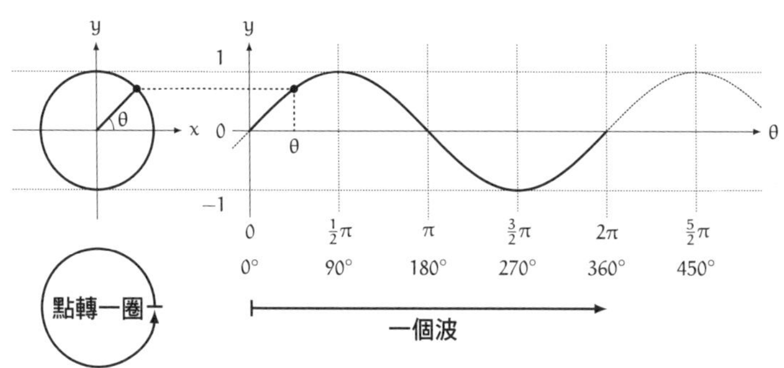

點轉一圈時為一個波

由梨「點如果一直轉下去，波就會重複出現！」

我「是啊！當 θ 越來越大，圓周上的點就會持續旋轉下去，而點的 y 座標會時而變大、時而變小，反覆振動。如果把這個振動的樣子畫成圖，就可以得到 sin 曲線般的波！」

由梨「這樣啊……」

我「所以說，如果想建構一個波，只要讓 sin ♡ 式子中的 ♡ 部分越來越大即可。每多 2π，點就會轉一圈，並產生一個波。」

由梨「我懂我懂。因為 2π *rad* 就是 360°，剛好就轉了一圈。」

我「sin ♡ 式子中的 ♡ 叫做**相位**。」

由梨「相位。」

我「相位表示點轉到了圓的哪個位置。如果相位每增加 2π，就轉了一圈，會得到一個波。」

由梨「一直轉下去就會得到 sin 波是嗎……」

我「所以說，談到旋轉或振動的時候，常會用到三角函數喔。用數學處理旋轉、振動、波動時，三角函數是相當重要的工具。」

由梨「懂了！瞭解！」

我「接著來畫畫看其他圖形吧。譬如——

$$y = \sin 2\theta$$

——妳覺得它的圖會長什麼樣子呢？」

2.4 $y = \sin 2\theta$ 的圖形

由梨「從 θ 變成 2θ，所以會變成 2 倍！」

我「沒錯！……那麼，是什麼東西變成 2 倍呢？」

由梨「啊，嗯……我知道了，$y = \sin \heartsuit$ 的 ♡ 換成了 2θ，所以 θ 從增加到 π 時，點就轉了一圈。」

我「嗯嗯。」

由梨「所以說，θ 從 0 增加到 2π 時，會轉兩圈，有兩個波……會變得比較密嗎？」

我「與 $y = \sin \theta$ 相比，$y = \sin 2\theta$ 的波的數量會變成 2 倍喔[*3]。」

由梨「快輸入數學式秀出圖吧。」

我「嗯，試著畫出 $y = \sin 2\theta$ 吧。」

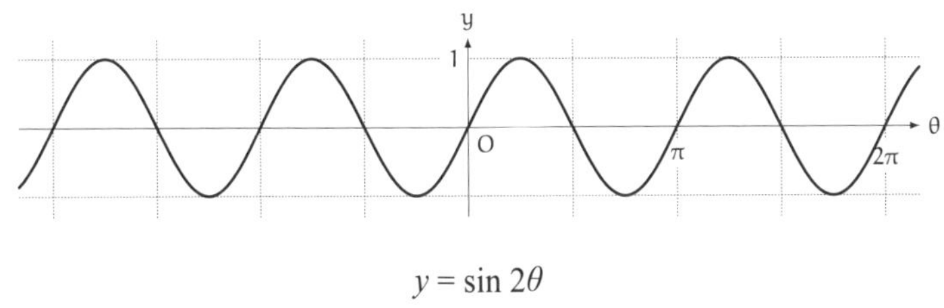

$y = \sin 2\theta$

由梨「沒錯，變成 2 倍了！」

我「嗯，剛才的圖中，到 2π 之間只有一個波；現在的圖中，到 2π 之間有兩個波。」

---

*3 波理應有無數個才對。這裡的「波的數量變成 2 倍」，應改成「固定區間內的波的數量變成 2 倍」會比較正確。這裡如果把 θ 想成時間，那麼「週期會變成 $\frac{1}{2}$ 倍」；如果把 θ 想成位置，那麼「波長會變成 $\frac{1}{2}$ 倍」。

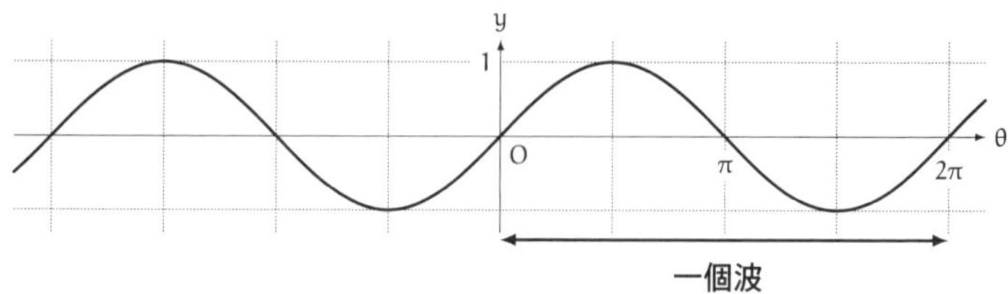

$y = \sin\theta$

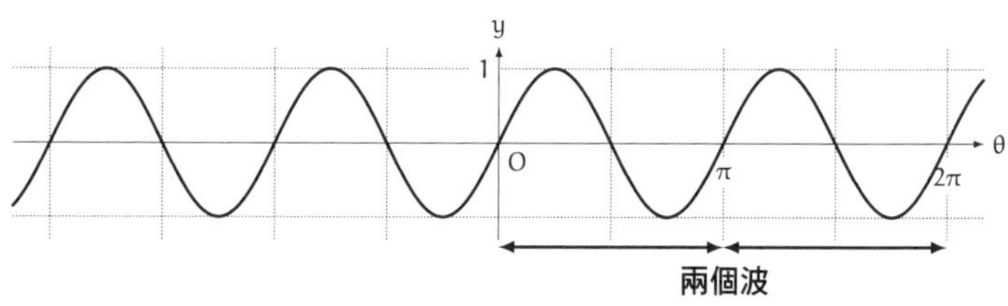

$y = \sin 2\theta$

由梨「嗯嗯。

- 如果 $y = \sin\theta$，那麼 θ 從 0 增加到 2π 的過程中，會產生一個波
- 如果 $y = \sin 2\theta$，那麼 θ 從 0 增加到 2π 的過程中，會產生兩個波

就是這樣吧？」

我「沒錯。因為當 $y = \sin 2\theta$，θ 從 0 到 π 之間有一個波，從 π 到 2π 之間還有一個波。」

由梨「OK ～」

我「所以說

sin ♡

這種形式的式子中，須注意♡的來源，這會影響到波的數目。」

由梨「吶吶，也讓由梨輸入看看數學式嘛，人家也想畫圖。只要把數學式輸入應用程式，就可以畫出圖了吧？」

我「妳想畫什麼圖？」

由梨「想畫 $y = \sin 3\theta$。這樣應該會有三個波吧？」

2.5　$y = \sin 3\theta$ 的圖形

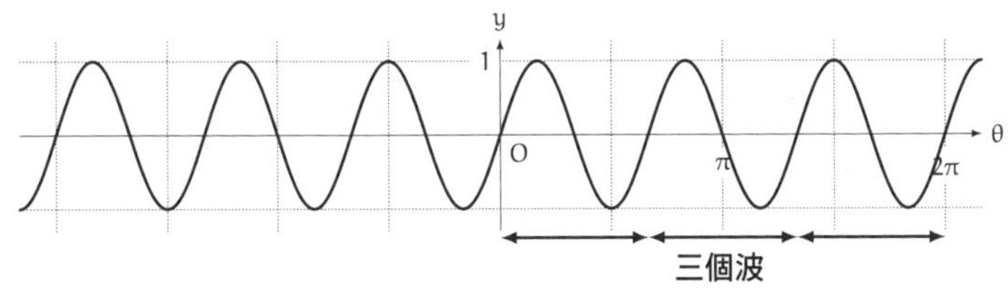

$y = \sin 3\theta$

我「嗯，就像妳說的一樣。」

由梨「波的數量是要多少有多少嗎喵？」

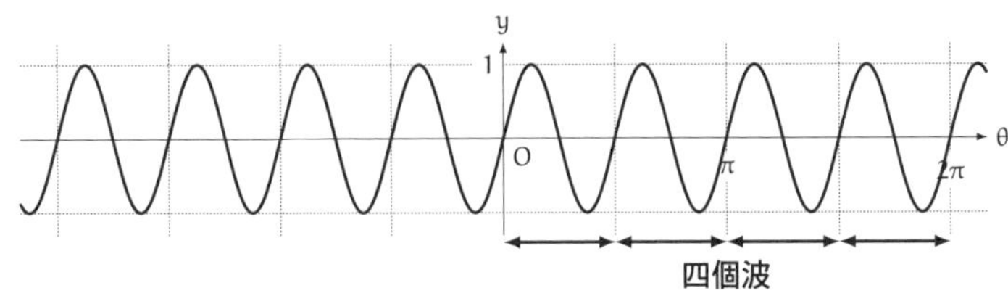

$y = \sin 4\theta$

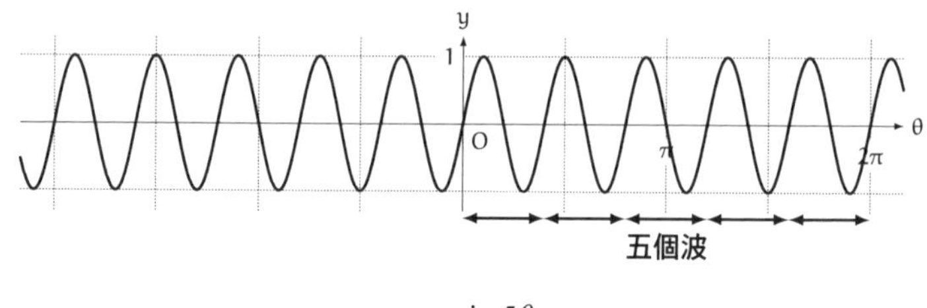

$y = \sin 5\theta$

我「是啊。當然，我們可以把它一般化。$n = 1, 2, 3, \cdots$時，畫出

$$y = \sin n\theta$$

的圖形，會發現 θ 從 0 到 2π 之間，有 n 個波。」

由梨「這是當然。因為 θ 從 0 增加到 2π 的過程中轉了一圈，那麼 $n\theta$ 就會轉 n 圈——就是這樣對吧？」

我「沒錯！」

由梨「我想用數學式來畫圖。這樣改變數學式的同時，圖形也會跟著改變。啊不對，當然會改變嘛。」

我「很有趣吧。接著來畫畫看另一種圖形吧。舉例來說，妳覺得 $y = 2\sin\theta$ 會長什麼樣子呢？」

由梨「縱向拉長成 2 倍？」

我「沒錯。波的**振幅**會變成 2 倍。振幅指的是振動的幅度。」

2.6　$y = 2\sin\theta$ 的圖形

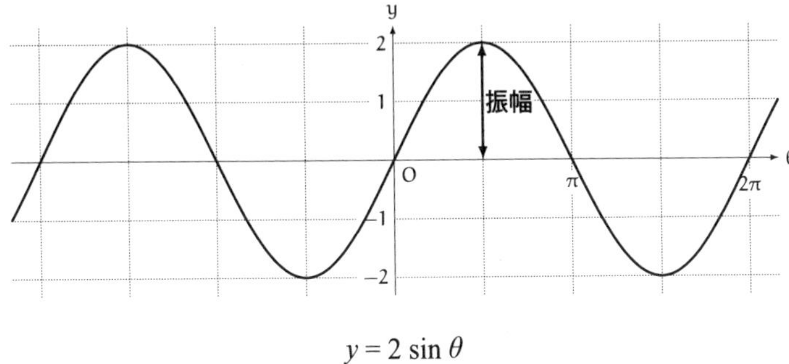

$y = 2\sin\theta$

由梨「這當然囉。把 sin θ 變成 2 倍，所以振幅就會變成 2 倍嘛。最高的地方變成 2，最低的地方變成 −2，0 的地方還是 0。」

我「$y = \sin 2\theta$ 與 $y = 2\sin\theta$ 這兩條式子看起來很像但圖形完全不同喔。」

由梨「因為 2 的位置不一樣嘛！」

我「sin 2θ 是將 θ 的 2 倍數值代入 sin 函數求值。2 sin θ 則是求算 θ 對應的 sin 值，再將這個值乘上 2 倍。」

$$y = \sin\boxed{2\theta}$$

$$y = 2\boxed{\sin\theta}$$

2.7　以數學式表示波

我「用三角函數的 sin 可以建構出各種形狀的波喔。」

由梨「是啊——」

我「接著就讓我們試著用數學式寫出——

- 振幅為 A
- 波長為 λ
- 週期為 T

的波吧。」

由梨「數學式魔人出現了。剛才我們不是寫出 $\dfrac{\lambda}{T}$ 了嗎？」

我「那是波的前進速度（參考 p.31）。

$$\text{波的前進速度 } v = \frac{\text{波長 } \lambda}{\text{週期 } T}$$

這個式子雖然也沒錯，不過我們現在想表達的不是波的前進速度，而是整個波。」

由梨「整個波是什麼意思？」

我「就是想要寫出一個『當已知位置 x 與時間 t，代入計算後可得到位移 y』的數學式。」

$$\text{位移 } y = \text{「以位置 } x \text{ 與時間 } t \text{ 表示的數學式」}$$

由梨「哦——？」

我「想想看，試著畫出波的時候，可以畫出以下兩種關係圖對吧。

- 『位移 y 與位置 x 的關係圖』
- 『位移 y 與時間 t 的關係圖』

我們想把這兩種圖整合成一條式子。」

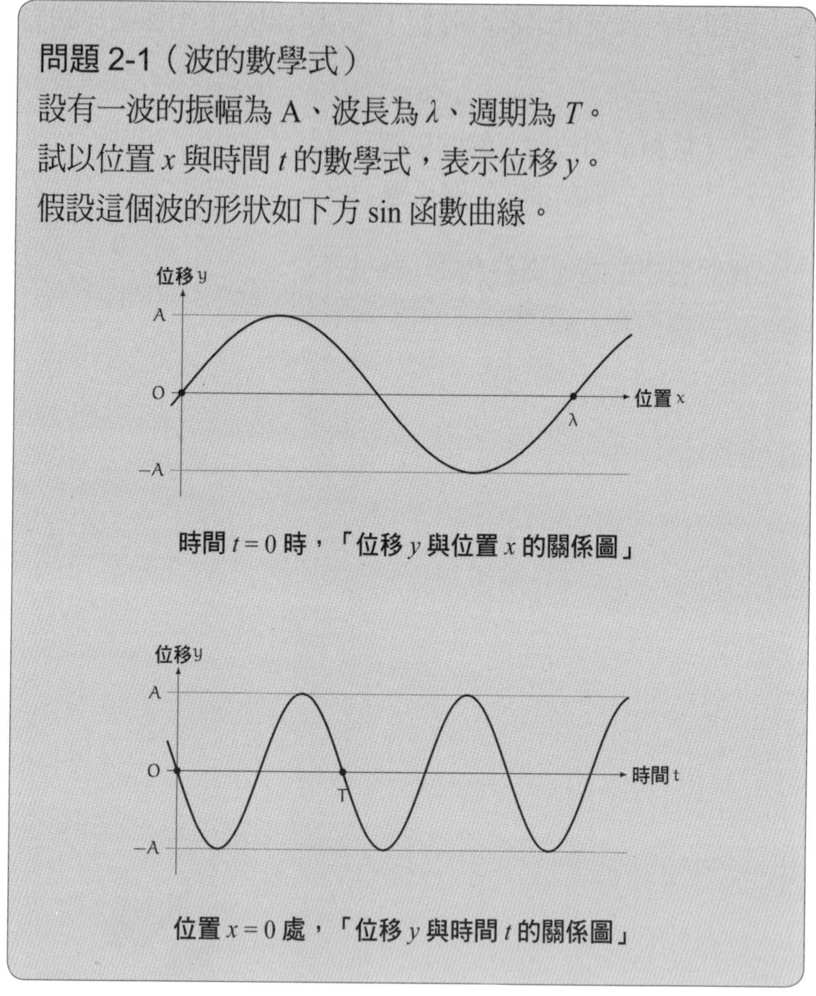

問題 2-1（波的數學式）

設有一波的振幅為 A、波長為 λ、週期為 T。

試以位置 x 與時間 t 的數學式，表示位移 y。

假設這個波的形狀如下方 sin 函數曲線。

時間 $t=0$ 時，「位移 y 與位置 x 的關係圖」

位置 $x=0$ 處，「位移 y 與時間 t 的關係圖」

由梨「不用規定這個波是往左或往右前進嗎？」

我「只要有這兩張圖，就能確定波的樣子囉。先看位置 $x=0$ 的『位移時間關係圖』。稍後時間點的位移為負對吧？」

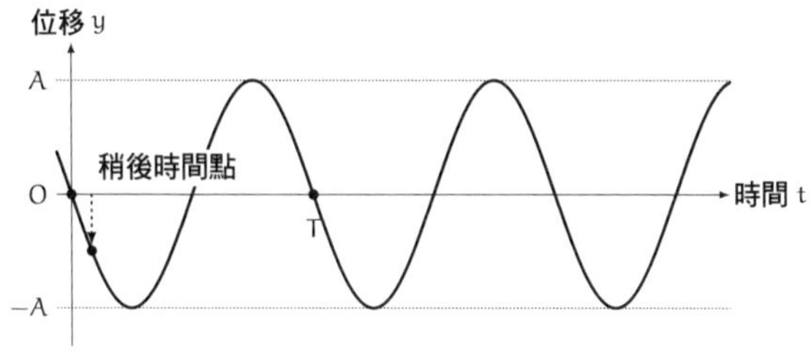

位置 $x=0$ 的「位移時間關係圖」
稍後時間點的位移為負

由梨「真的耶！既然如此，這個波就是往右前進對吧！因為稍後的位移一定得是負的才行！」

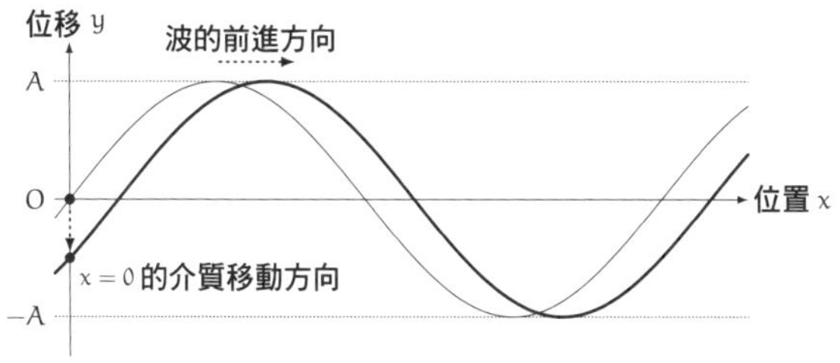

時間比 $t=0$ 稍微往後一些的「位移 y 與位置 x 關係圖」

我「是啊。接下來，就讓我們把 $y=\sin\theta$ 的圖形，變形成我們想要的形狀吧。」

由梨「變形？」

我「若改變 $y=\sin\theta$ 這個數學式，圖形形狀也會跟著改變。所以我們接下來要試著調整數學式，使波的形狀符合『波長為 λ、週期為 T、振幅為 A』。」

2.8 以 A 表示振幅

由梨「調整數學式是什麼意思啊？」

我「舉例來說，$y = \sin\theta$ 的振幅是多少？」

由梨「是 1 吧？因為是半徑為 1 的圓。」

我「沒錯。

$$y = \sin\theta$$

生成的波，振幅為 1。那麼，如果要讓這個波的振幅變為 A，該如何修改數學式呢？」

由梨「嗯……把它乘上 A 倍嗎？」

我「沒錯！把 $\sin\theta$ 乘上 A 倍，得到

$$y = A\sin\theta$$

生成的波的振幅就是 A。」

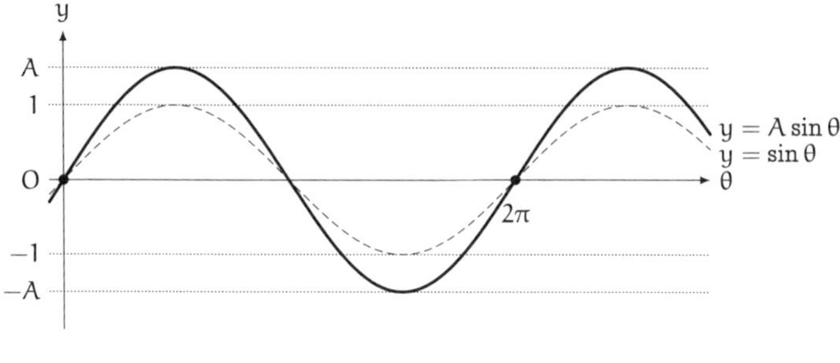

$y = \sin\theta$ **與** $y = \mathrm{A}\sin\theta$

由梨「原來圖的變形是這麼回事啊！」

我「就是這麼回事喔。這樣我們就成功寫出『振幅為 A 的波』的數學式了。」

由梨「我懂了！接下來呢？」

2.9 以 λ 表示波長

我「接下來要寫出『波長為 λ 的波』的數學式。」

由梨「一樣乘上波長 λ 嗎」

我「不不，不是這麼做。在思考怎麼加入 λ 之前，先來看看 $y = \sin\theta$ 的圖形。」

由梨「我盯——」

我「如果我們想將 $y = \sin\theta$ 轉變成這種形狀的圖形，該怎麼修改數學式呢？」

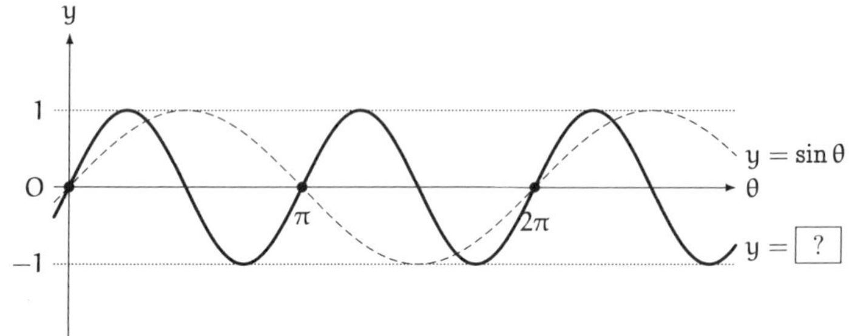

以 $y = \sin\theta$ 為模板，修改數學式

由梨「改成 $y = \sin 2\theta$ 吧。這樣當 θ 為 π，2θ 就會變成 2π。」

θ	$0 \to \pi$
2θ	$0 \to 2\pi$

我「沒錯，正確答案！」

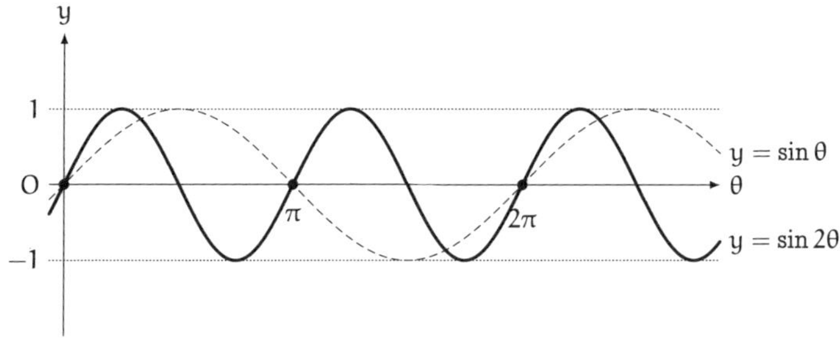

$y = \sin\theta$ **與** $y = \sin 2\theta$

由梨「剛才也有做過一樣的事嘛（參考 p.58）。」

我「我們可以用相同的概念，寫出波長為 λ 的數學式。試著想想看，在『位移位置關係圖』中，如果我們希望當 x 從移

動到 λ，$y = \sin \heartsuit$ 中的相位 $\heartsuit$ 從 0 移動到 2π，該怎麼做才好呢？」

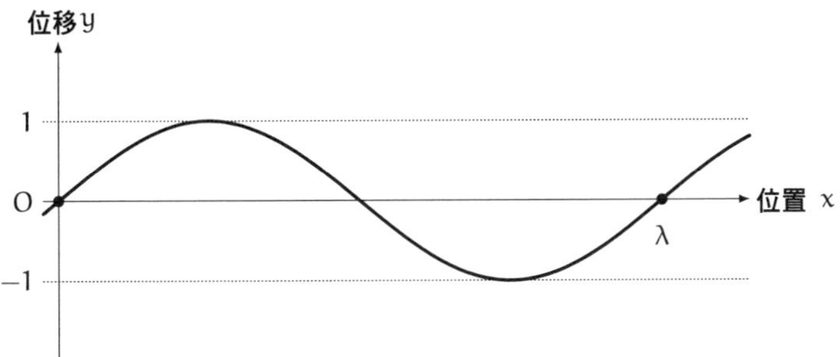

$y = \sin \heartsuit$ 的圖形（波長為 λ）

x	$0 \to \lambda$
$\heartsuit$	$0 \to 2\pi$

由梨「唔……」

由梨認真思考著。

由梨「我想到的答案可能不對……答案不對也沒關係嗎？」

我「當然，就算沒答對也沒人會生氣。」

由梨「就是啊，波會一直連續下去對吧？$x = \lambda$ 的時候，$\heartsuit = 2\pi$；2λ 的時候是 4π；3λ 的時候是 6π 沒錯吧？」

我「嗯嗯，沒錯。」

由梨「這樣的話，除以 λ 再乘上 2π 不就行了嗎？」

$$\heartsuit = \frac{x}{\lambda} \times 2\pi = 2\pi\frac{x}{\lambda}$$

我「太棒了！由梨真的懂了耶。只要將 x 除以 λ 再乘上 2π 就可以了。就是這樣！也就是說，這個數學式

$$y = \sin\left(2\pi\frac{x}{\lambda}\right)$$

生成的波，波長就是 λ ！」

- 當 x 從 0 移動到 λ，
- $\dfrac{x}{\lambda}$ 會從移動到 1。此時
- $2\pi\dfrac{x}{\lambda}$ 會從 0 移動到 2π。

由梨「這樣就畫出一個波了。」

我「沒錯，這樣就畫出一個波了！」

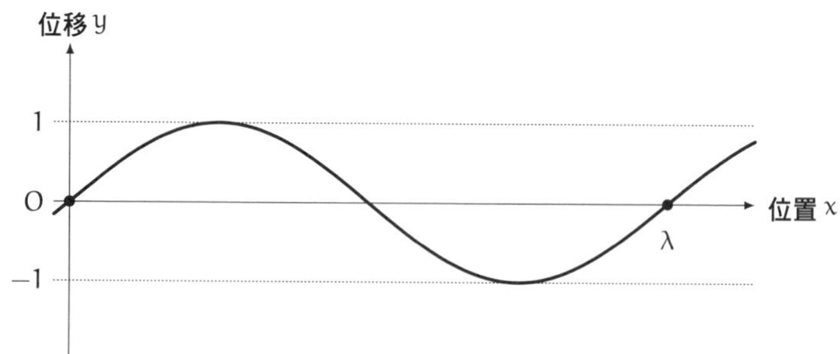

$y = \sin\left(2\pi\dfrac{x}{\lambda}\right)$ 的圖形（波長為 λ）

由梨「哥哥！如果希望這個圖形的振幅為 A，只要把式子改成

$$y = \boxed{A} \sin\left(2\pi\frac{x}{\lambda}\right)$$

　　就可以了吧？」

我「沒錯！」

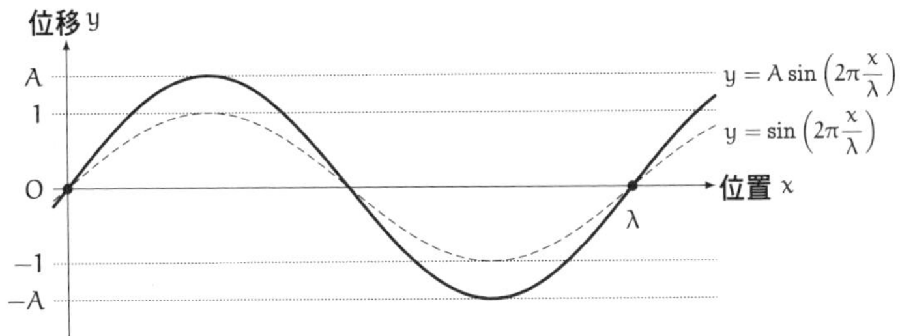

$y = A\sin\left(2\pi\frac{x}{\lambda}\right)$ **的圖形（振幅為 A，波長為 λ）**

由梨「這樣由梨就懂囉！」

2.10　以 T 表示週期

我「前面我們成功寫出了『振幅為 A 的波』與『波長為 λ 的波』的數學式，就像這樣。」

$$y = A\sin\left(2\pi\frac{x}{\lambda}\right)$$

由梨「嗯！」

我「再來只剩下『週期為 T 的波』囉。用同樣的思路思考就可以了。」

由梨「嗯，我來我來！再來要用到時間 t 對吧？當時間 t 從 0 增加到 T，相位要從 0 增加到 2π ！所以把相位的部分加起來就好了吧？也就是……

$$y = A\sin\left(2\pi\frac{x}{\lambda} + 2\pi\frac{t}{T}\right) \qquad (?)$$

這樣對吧！！」

我「嗚哇……可惜。」

由梨「咦，這樣沒錯吧？」

我「不不，想想看 $x = 0$ 時的情況。當 $x = 0$，

$$y = A\sin\left(2\pi\frac{x}{\lambda} + 2\pi\frac{t}{T}\right)$$

會變成這樣。

$$y = A\sin\left(2\pi\frac{t}{T}\right)$$

但這麼一來，$x = 0$ 處的『位移時間關係圖』就會是這樣不是嗎？」

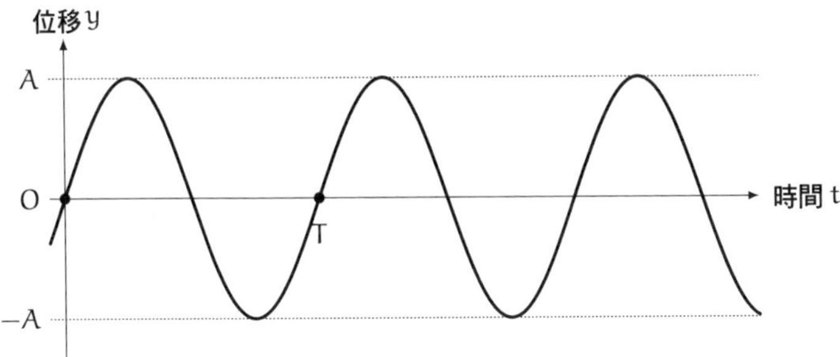

$y = \mathrm{A}\sin(2\pi\frac{t}{T})$ 的圖形

由梨「啊，剛好上下顛倒……」

我「是啊。我們想畫出來的波（p.66）在 $x = 0$ 處的『位移時間關係圖』應該是這樣才對。」

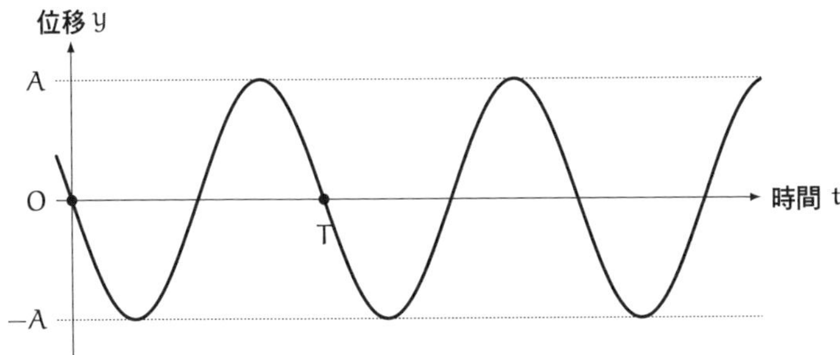

$x = 0$ 處的「位移時間關係圖」

由梨「不然改成 $-2\pi\frac{t}{T}$？這就是答案了吧？」

$$y = \mathrm{A}\sin\left(2\pi\frac{x}{\lambda} - 2\pi\frac{t}{T}\right)$$

我「沒錯！真的只差一點點。如果剛才由梨有想到要考慮 $x=0$ 處，於時間 $t=0$ 稍後的情況的話就好了呢。若把焦點放在 $x=0$ 上，原式可計算如下。

$$
\begin{aligned}
y &= A\sin\left(2\pi\frac{x}{\lambda}-2\pi\frac{t}{T}\right) \\
&= A\sin\left(2\pi\frac{0}{\lambda}-2\pi\frac{t}{T}\right) \qquad \text{令位置 } x=0 \\
&= A\sin\left(-2\pi\frac{t}{T}\right)
\end{aligned}
$$

由這個結果可以知道，時間 $t=0$ 時，若 t 稍微增加一些，則 $y<0$。位移 y 會是負數。」

由梨「唔……」

我「把前面得到的結果整理一下，可以知道振幅為 A、波長為 λ、週期為 T 的圖形，數學式如下。

$$
y = A\sin\left(2\pi\frac{x}{\lambda}-2\pi\frac{t}{T}\right)
$$

」

由梨「只差一點點了……」

我「不過由梨還是很厲害喔。這樣由梨就完全理解要如何寫出『振幅為 A』『波長為 λ』『週期為 T』的波的數學式了！」

解答 2-1（波的數學式）

設有一波的振幅為 A、波長為 λ、週期為 T。

假設這個波的形狀如下方 sin 函數曲線。

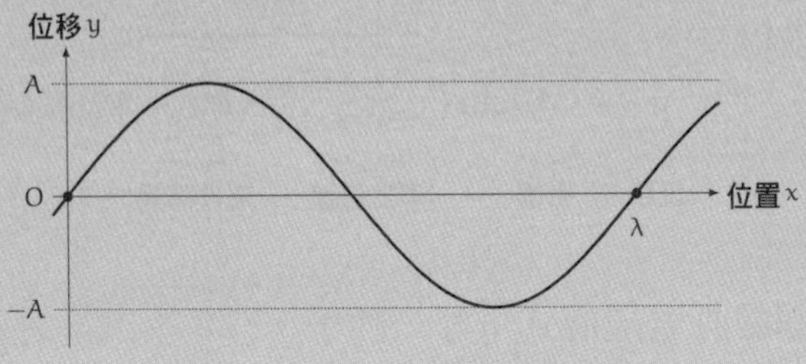

時間 $t = 0$ 時的「位移位置關係圖」

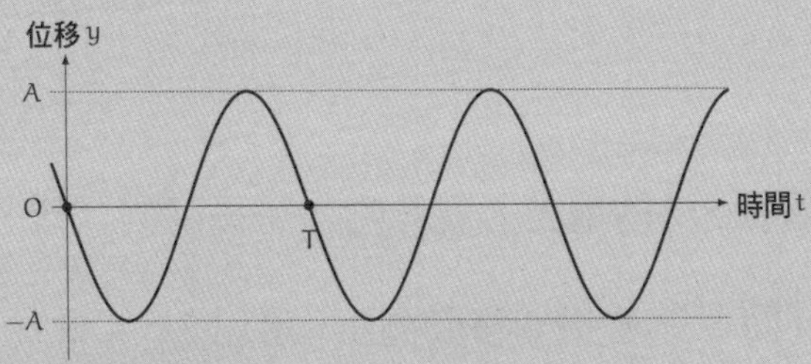

位置 $x = 0$ 處的「位移時間關係圖」

欲以位置 x 與時間 t 的數學式，表示位移 y，可寫成下式。

$$y = A\sin\left(2\pi\frac{x}{\lambda} - 2\pi\frac{t}{T}\right)$$

由梨「……」

我「這個波的數學式的相位部分，包含了來自位置 x 的部分，以及來自時間 t 的部分喔。」

$$\underbrace{y}_{\text{位移}} = \underbrace{A}_{\text{振幅}} \sin\Bigl(\overbrace{\underbrace{2\pi\frac{x}{\lambda}}_{\text{來自位置}} - \underbrace{2\pi\frac{t}{T}}_{\text{來自時間}}}^{\text{相位}}\Bigr)$$

由梨靜靜盯著這個式子好一陣子。

由梨「……哥哥，這個數學式很有趣耶！波長是波長，週期也是週期！」

我「哦哦？」

由梨「你看嘛，$\frac{x}{\lambda}$的地方。就像剛才哥哥講的一樣，x 從 0 移動到 λ 時，$\frac{x}{\lambda}$ 會從 0 移動到 1。所以 $2\pi\frac{x}{\lambda}$ 會從 0 移動到 2π——剛好是一個波！」

x	$0 \to \lambda$
$\frac{x}{\lambda}$	$0 \to 1$
$2\pi\frac{x}{\lambda}$	$0 \to 2\pi$

我「嗯，是這樣沒錯。$2\pi\frac{x}{\lambda}$可以把位置轉換成相位。」

由梨「而且，當 t 從 0 增加到 T，$\frac{t}{T}$ 會從 0 增加到 1。和剛才一樣，$2\pi\frac{t}{T}$ 會從 0 增加到 2π——這也剛好是一個波！」

t	$0 \to T$
$\frac{t}{T}$	$0 \to 1$
$2\pi\frac{t}{T}$	$0 \to 2\pi$

我「沒錯。$2\pi\frac{t}{T}$ 可改變時間的相位。不過由梨真的很厲害耶！把數學式看得很仔細。」

由梨「嘿嘿嘿。」

我「由梨妳看，三角函數確實是描述物理現象時的語言對吧？因為我們可以用波的數學式，描述位置為 x、時間為 t 時位移是多少。」

由梨「哦，確實如此！」

我「而且啊，sin 的相加可以用來表示波的**疊加**喔。」

由梨「波的疊加是什麼意思？」

我「當兩個波抵達同一個位置，波會彼此疊加。疊加時的波，位移會是兩個波的位移相加。這就是波的疊加。如果妳會算三角函數的加法，就能計算出波在疊加後的形狀。」

由梨「聽不懂啦。」

2.11 $y = \sin x + \sin x$ 的圖形

我「舉例來說，假設有兩個波，數學式可寫成 $y = \sin x$ 與 $y = \sin x$。那麼這兩個波疊加後得到的波，就能寫成這個數學式

$$y = \sin x + \sin x$$

妳能想像這個數學式的圖形長什麼樣子嗎？」

由梨「$y = \sin x$ 與 $y = \sin x$ 的疊加？嗯……咦 $\sin x + \sin x$ 不就是 $\sin x$ 的 2 倍嗎？這樣形狀就和我們剛才畫的圖形（p.63）一樣不是嗎？」

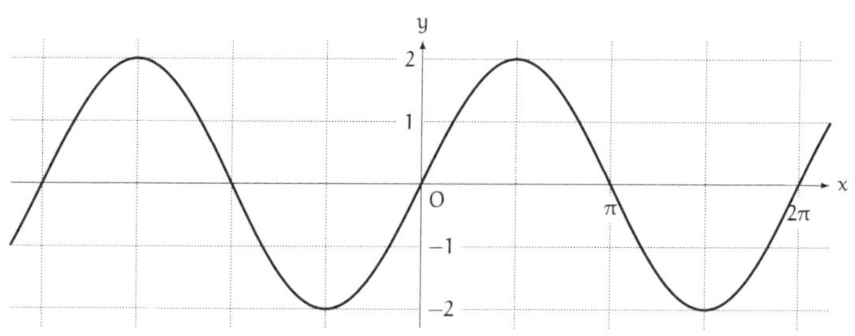

$y = \sin x + \sin x$（與 $y = 2\sin x$ 的圖形相同）

我「是啊。$y = \sin x + \sin x$ 與 $y = 2\sin x$ 的圖形相同。因為是將兩個 $\sin x$ 疊加起來，所以所有點的位移都是 $\sin x$ 的 2 倍。」

由梨「簡單啦～」

我「那麼來想想看稍微複雜一些的疊加問題吧。」

2.12　$y = \sin x + \sin 2x$ 的圖形

由梨「什麼樣的問題啊？」

我「舉例來說

$$y = \sin x + \sin 2x$$

　它的圖形會長什麼樣子呢？」

由梨「原來如此喵。sin 曲線加上波數為兩倍的 sin 曲線……唔唔，想像不出來！」

我「若要想像 $\sin x$ 加上 $\sin 2x$ 的樣子，可以先列出它們的特殊值再加起來，試著來算算看吧。」

由梨「哦，還能這樣啊。」

我與由梨試著以表格方式列出 $y = \sin x + \sin 2x$ 的數值。

◎　◎　◎

x	0	$\frac{1}{4}\pi$	$\frac{1}{2}\pi$	$\frac{3}{4}\pi$	π
$2x$	0	$\frac{1}{2}\pi$	π	$\frac{3}{2}\pi$	2π
$\sin x$	0	$\frac{1}{\sqrt{2}}$	1	$\frac{1}{\sqrt{2}}$	0
$\sin 2x$	0	1	0	-1	0
$\sin x + \sin 2x$	0	$\frac{1}{\sqrt{2}}+1$	1	$\frac{1}{\sqrt{2}}-1$	0

$\dfrac{1}{\sqrt{2}}=\dfrac{\sqrt{2}}{2}=0.707\cdots$，所以

- 當 $x=\dfrac{1}{4}\pi$，$\sin x+\sin 2x=\dfrac{1}{\sqrt{2}}+1=1.707\cdots$
- 當 $x=\dfrac{3}{4}\pi$，$\sin x+\sin 2x=\dfrac{1}{\sqrt{2}}-1=-0.293\cdots$

接著可整理出下表。

x	0	$\frac{1}{4}\pi$	$\frac{1}{2}\pi$	$\frac{3}{4}\pi$	π
$\sin x + \sin 2x$	0	$1.707\cdots$	1	$-0.293\cdots$	0

此外，因為

$$\sin(-x)+\sin(-2x)=-\sin x-\sin 2x=-(\sin x+\sin 2x)$$

所以當 $x<0$，只要取其相反數即可。

x	0	$-\frac{1}{4}\pi$	$-\frac{1}{2}\pi$	$-\frac{3}{4}\pi$	$-\pi$
$\sin x + \sin 2x$	0	$-1.707\cdots$	-1	$0.293\cdots$	0

◎　◎　◎

我「圖會長什麼樣子呢？讓我們先標出點的位置吧。」

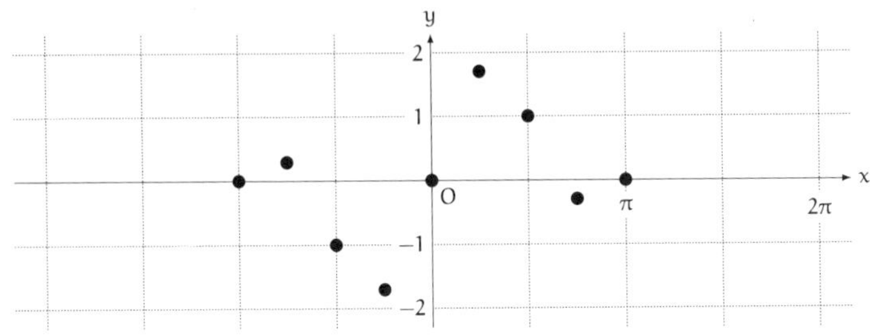

$y = \sin x + \sin 2x$ **的圖長什麼樣子呢？**

由梨「這會長什麼樣子啊？」

我「試著輸入至應用程式，讓它畫出圖形吧。」

由梨「讓由梨來輸入！」

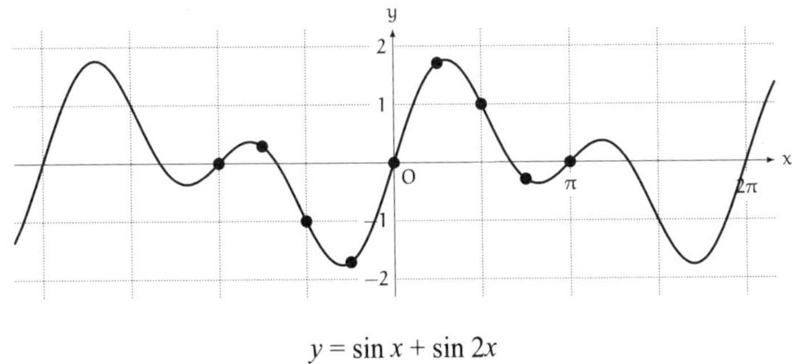

$y = \sin x + \sin 2x$

由梨「啊，長這樣啊……我還以為會是 sin 曲線的樣子！沒想到會是這種形狀！」

我「這形狀很有趣吧。讓我們放大來仔細看看吧。」

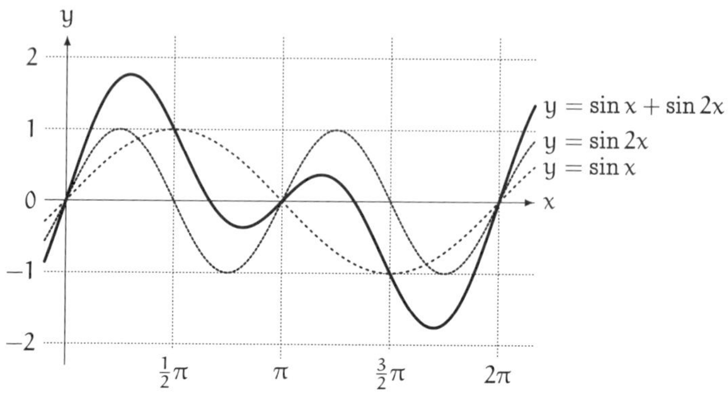

仔細觀察 $y = \sin x + \sin 2x$ **的圖形**

我與由梨默不作聲地盯著這個圖形好一陣子。

我們試著想像兩條曲線彼此糾纏，得到疊加後的樣子。

由梨「……我說哥哥啊。」

我「……嗯？」

由梨「這個波會與 x 軸交於 0、π、2π 等處對吧？」

我「是啊。所以 $\sin x + \sin 2x$ 在這些地方數值都是 0。」

由梨「因為這些位置的 $\sin x$ 與 $\sin 2x$ 都是 0 嗎？」

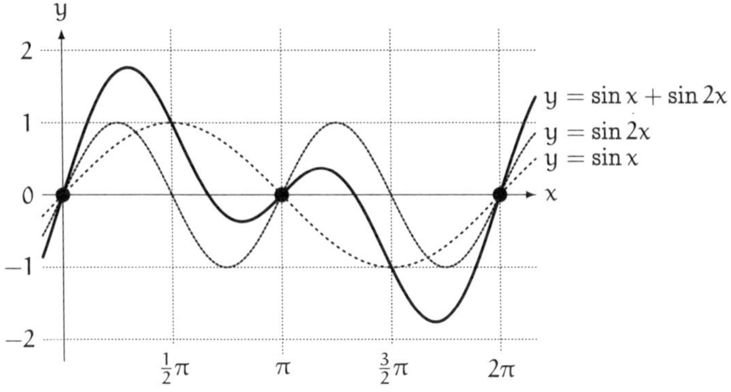

$\sin x$ 與 $\sin 2x$ 兩者皆等於地點。

我「沒錯。不過，滿足 $\sin x + \sin 2x = 0$ 的解，不是只有這些位置喔。只要 $\sin x$ 與 $\sin 2x$ 的絕對值相等、正負號相反，那麼兩者相加也會是 0。」

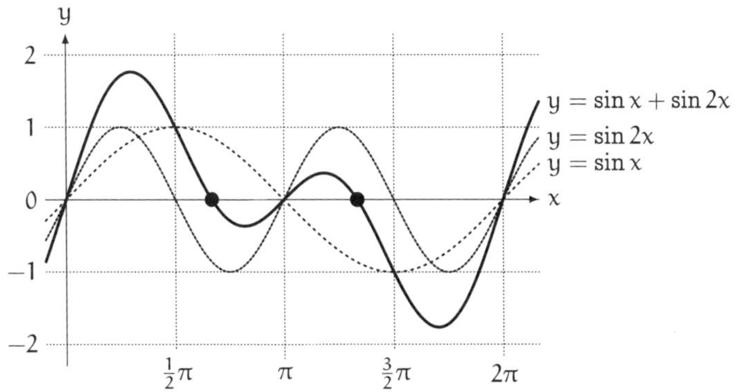

使 $\sin x$ 與 $\sin 2x$ 絕對值相等、正負號相反的點

由梨「啊，真的耶。也就是剛好達到平衡的地方？」

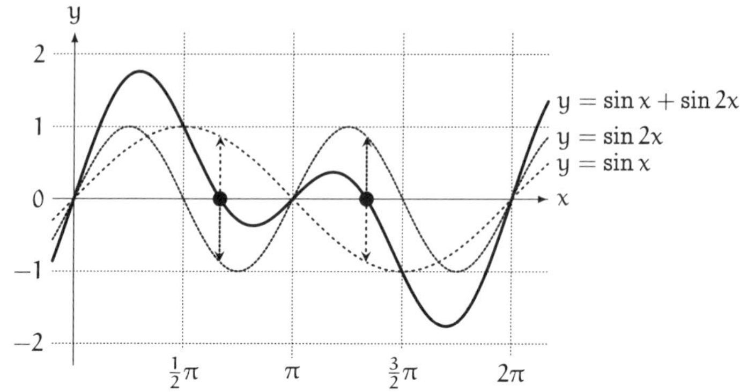

使 $\sin x$ 與 $\sin 2x$ 絕對值相等、正負號相反的點

我「是啊。」

由梨「……」

我「由梨先注意到的是使 $\sin x + \sin 2x = 0$ 的 x，我先注意到的則是使 $\sin x + \sin 2x$ 為最大值的 x 喔。」

由梨「最大值？」

我「妳看，$\sin x$ 最大值為 1，$\sin 2x$ 最大值也是 1。不過，兩者相加的 $\sin x + \sin 2x$ 最大值卻不是 $1 + 1 = 2$。圖中可以清楚看到，曲線不會高過 2 對吧？也就是說，兩個波的振幅直接相加後，不一定會等於疊加波的振幅。」

由梨「這當然嘛。因為最大值的地方錯開了啊！舉例來說，$\sin x$ 在 $x = \dfrac{1}{2}\pi$ 的地方是最大值，但 $\sin 2x$ 在 $x = \dfrac{1}{4}\pi$ 的地方是最大值，兩個波錯開了。」

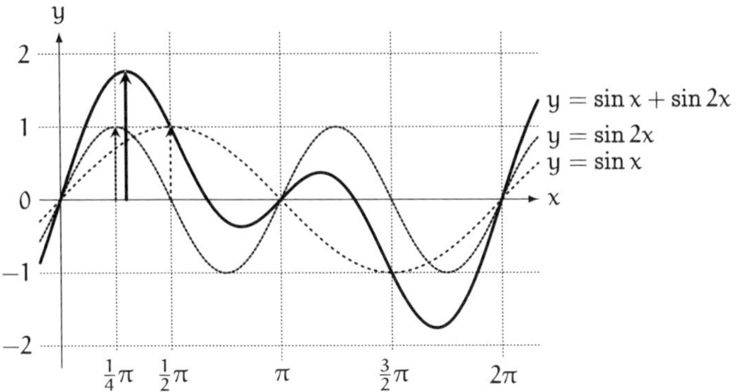

使 $\sin x$ 為最大值的 x，與使 $\sin 2x$ 為最大值的 x 彼此錯開

我「嗯嗯，就是這樣！」

2.13　由梨的猜想

由梨「我說哥哥啊。$y = \sin x + \sin 2x$ 的圖形，整體而言是 $y = \sin 2x$ 吧？」

我「咦？什麼意思？」

由梨「你看嘛，這兩個在到 2π 之間的變化都是這樣。

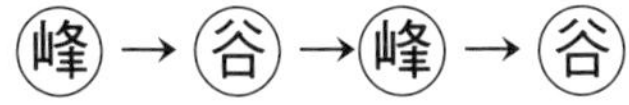

」

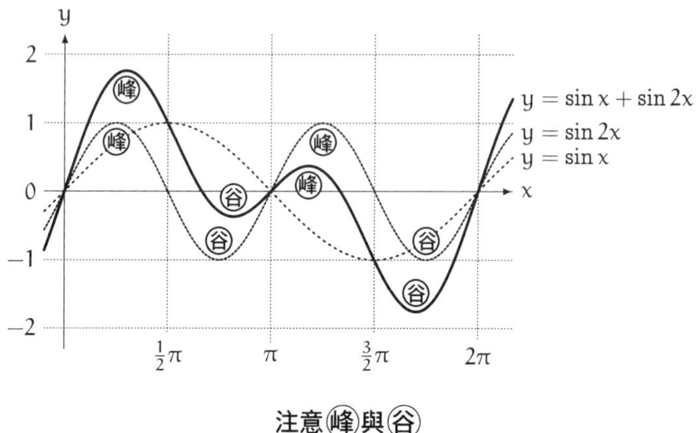

注意㊏峰與㊏谷

我「是這樣沒錯。兩個波的波形會影響到疊加波的波形。疊加波整體而言比較像 $\sin 2x$，但因為 $\sin x$ 的關係而有些歪掉的感覺。」

由梨「對了！哥哥！ $\sin x + \sin 3x$ 會長什麼樣子呢？」

我「為什麼突然這麼問呢？」

由梨「就是先把

$$y = \sin x + \sin 2x$$

擺一邊，看看

$$y = \sin x + \sin 3x$$

長什麼樣子啦。我在想，它的圖形會不會也是整體而言比較像 $\sin 3x$，但也因為 $\sin x$ 的關係而有些歪掉？」

我「原來如此，也就是『由梨的猜想』對吧？那我們來確認看看吧。

$$y = \sin x + \sin 3x$$

的圖形，實際上會長什麼樣子呢……」

2.14　$y = \sin x + \sin 3x$ 的圖形

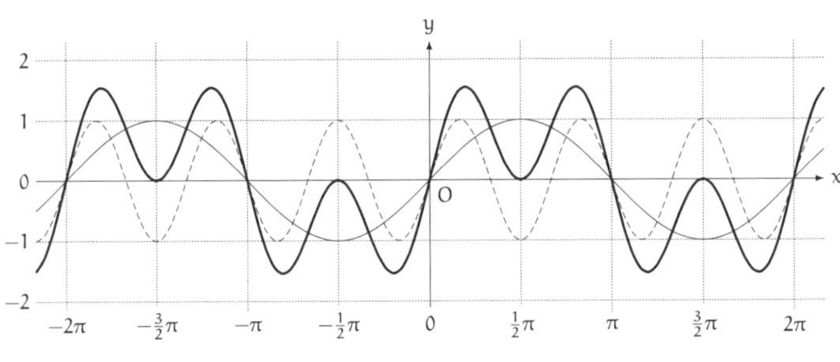

$y = \sin x + \sin 3x$

由梨「……咦？和我想像的形狀不太一樣！」

我「不過，就像由梨說的一樣，整體而言比較像 sin 3x 對吧。
你看，在到 2π 之間的變化是

㊌→㊍→㊌→㊍→㊌→㊍」

由梨「咦——可是剛才的 sin x + sin 2x 不是有種往右下傾斜的感覺嗎？但 sin x + sin 3x 就沒有傾斜感，而是明確分成了 x 軸上下兩部分啊！」

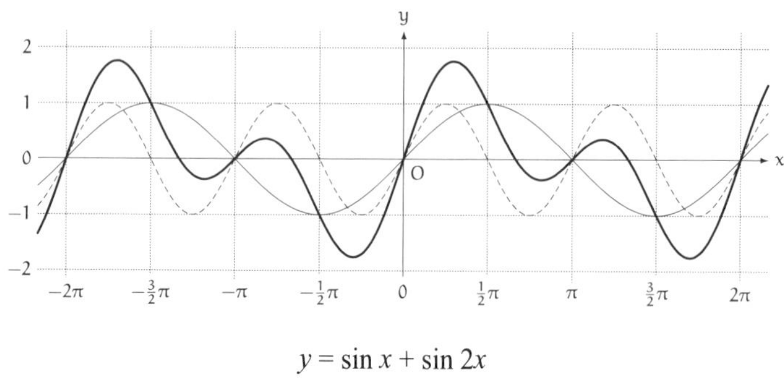

$y = \sin x + \sin 2x$

（往右下傾斜？）

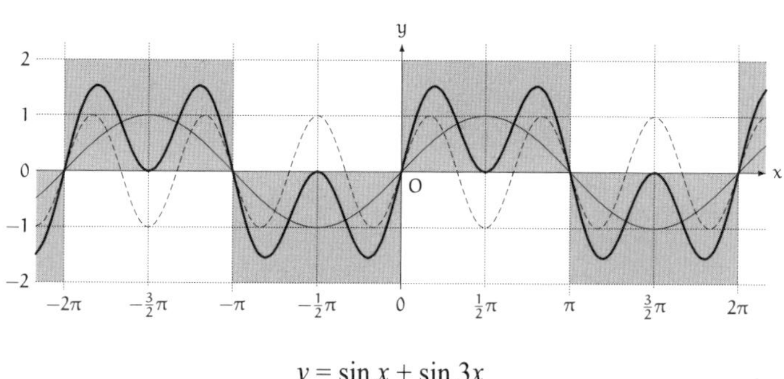

$y = \sin x + \sin 3x$

（明確分成上下兩部分？）

我「原來如此，由梨是這樣想的啊。那由梨覺得，為什麼這兩個圖形會有這種差異呢？」

由梨「盯⋯⋯」

由梨仔細比較著 $y = \sin x + \sin 2x$ 與 $y = \sin x + \sin 3x$ 的差異。

由梨「我知道了！$y = \sin x + \sin 2x$ 的『峰與谷彼此錯開』，不過 $y = \sin x + \sin 3x$ 卻是『峰與谷剛好對上』！」

我「是啊。由梨說的『峰與谷彼此錯開』，指的是像 $x = \frac{1}{2}\pi$ 或 $x = \frac{3}{2}\pi$ 的地方對吧？」

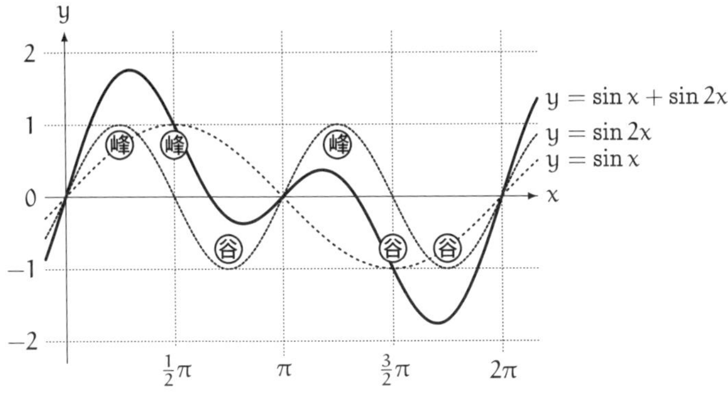

$y = \sin x + \sin 2x$ **中，峰與谷彼此錯開**

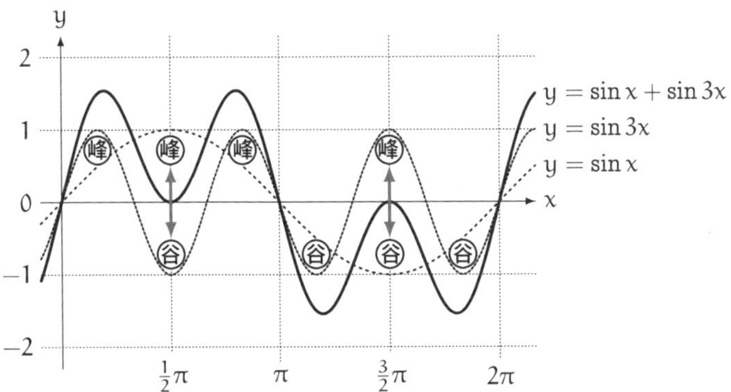

$y = \sin x + \sin 3x$ **中，峰與谷剛好對上**

由梨「……這有點像節奏遊戲耶。」

我「節奏遊戲？」

由梨「一個人啪、啪、啪、啪的拍手時，另一個人每隔一拍拍一次手，所以是啪……啪……」

啪	啪	啪	啪	啪	啪	啪	啪
啪	……	啪	……	啪	……	啪	……

我「這是遊戲嗎？」

由梨「另一個人可能會每隔一拍拍一次，或者在兩拍之間拍三次，有很多種節奏啦！如果是一堆朋友一起玩，就容易被其他人的節奏拉走。嗚……光用聽的會覺得很無聊吧，實際玩過就知道很好玩了啦！而且節奏還會越來越快！」

我「原來如此。這個節奏遊戲中，不同人拍手的時機有時要剛好對上，有時要彼此錯開，這個部分和波的疊加很相似……確實如此。」

2.15　三個波的疊加

由梨「三個波疊加後又是什麼樣子呢？」

我「來試試看吧。」

我們試著描繪各種不同數學式的圖形，得到了出乎我們意料之外的形狀。

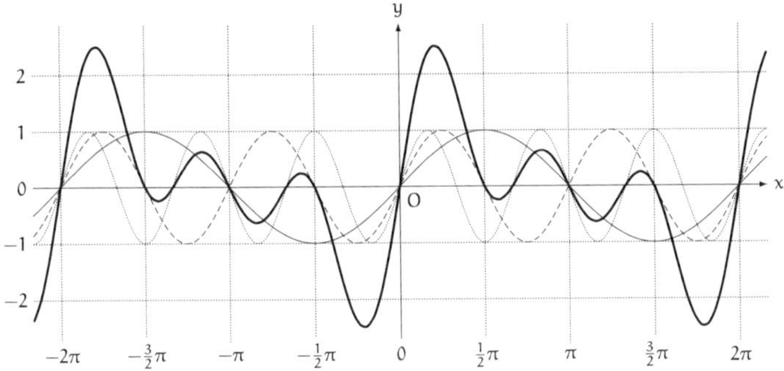

$y = \sin x + \sin 2x + \sin 3x$

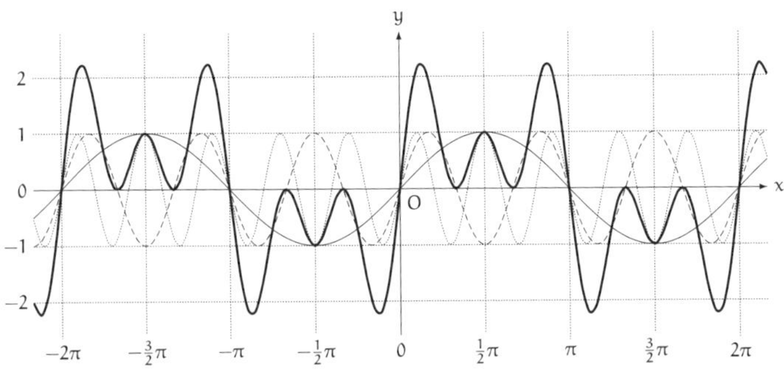

$y = \sin x + \sin 3x + \sin 5x$

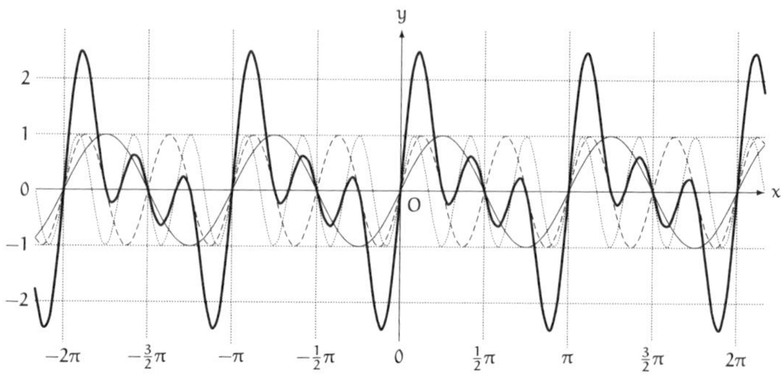

$y = \sin 2x + \sin 4x + \sin 6x$

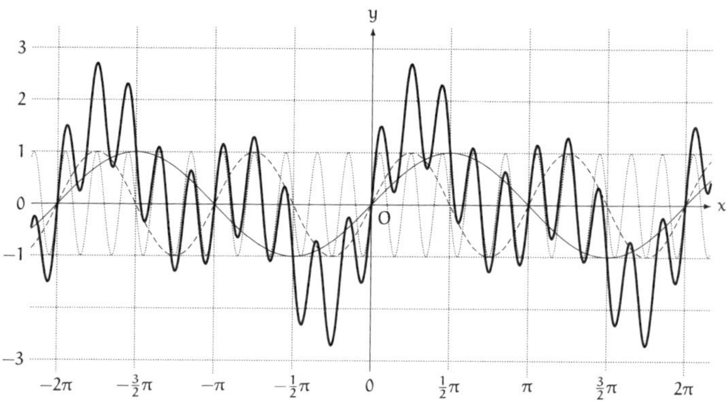

$y = \sin x + \sin 2x + \sin 10x$

「能傳達出腦中描繪的事物，語言才有意義。」

第 2 章的問題

●問題 2-1（畫出關係圖）

$y = \sin\theta$ 的圖形如下所示。

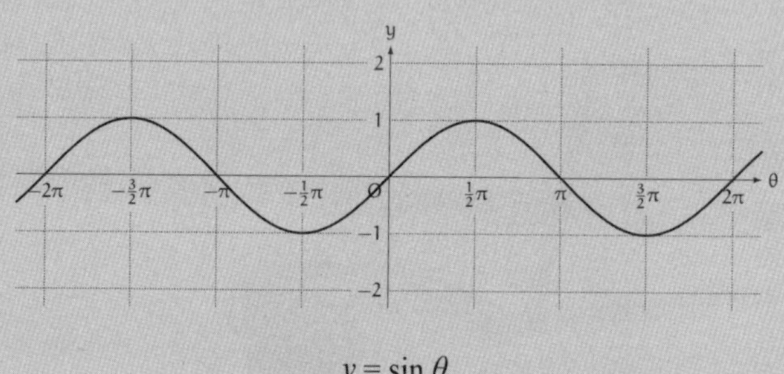

$y = \sin\theta$

試畫出①～⑨的圖形。

① $y = -\sin\theta$

② $y = \sin(-\theta)$

③ $y = \frac{1}{2}\sin\theta$

④ $y = -2\sin 3\theta$

⑤ $y = \sin\frac{\theta}{2}$

⑥ $y = \sin(\theta + 123\pi)$

⑦ $y = \sin(\theta + 1234\pi)$

⑧ $y = \sin(\theta + \frac{\pi}{2})$

⑨ $y = \cos\theta$

（答案在 p.318）

●問題 2-2（三角函數的性質）

以下①～④的描述，對任何實數 θ 都成立。試以 cos 與 sin 的定義，說明這些式子成立的原因。

① $\cos(-\theta) = \cos\theta$ 且 $\sin(-\theta) = -\sin\theta$

② $-1 \leqq \cos\theta \leqq 1$ 且 $-1 \leqq \sin\theta \leqq 1$

③ $\cos\theta = \sin(\theta + \frac{\pi}{2})$

④ $\cos^2\theta + \sin^2\theta = 1$

其中，$\cos^2\theta + \sin^2\theta$ 為 $(\cos\theta)^2 + (\sin\theta)^2$ 之意。

（解答在 p.326）

●問題 2-3（波的前進方向與速度）

設有一個波，其位置 x 在時間 t 時的位移 y，能用以下數學式表示。

$$y = A\sin\left(2\pi\frac{t}{T} - 2\pi\frac{x}{\lambda}\right)$$

試回答以下問題。其中，A, T, λ 皆為不會因位置或時間改變之正的常數。

① 試求此波的週期。
② 試求此波的波長。
③ 這個波會往 x 軸的正向前進還是往負向前進？
④ 試求此波的速度 v。

提示：這個波的數學式與第 2 章 p.77 中出現的數學式

$$y = A\sin\left(2\pi\frac{x}{\lambda} - 2\pi\frac{t}{T}\right)$$

並不相同，請特別注意。

（解答在 p.332）

第 3 章

波的重疊

「物體與波，有何不同？」

3.1 蒂蒂

蒂蒂「用數學式表示波……」

這裡是高中的圖書室。
蒂蒂是我的學妹。
我告訴她，之前我與由梨聊到三角函數。

我「舉例來說，假設有個朝著 x 軸正向前進的**正弦波**[*1]，原點於時間 t 時，位移 y 可寫成

$$y = A\sin\left(2\pi\frac{t}{T}\right)$$

位置 x 於時間 t 時，位移 y 可寫成

$$y = A\sin\left(2\pi\frac{t}{T} - 2\pi\frac{x}{\lambda}\right)$$

其中，A 為振幅、λ 為波長、T 為週期。觀察這個數學式

*1 正弦波就是指 sin 曲線。

可以發現，位置 x 的相位會比原點還要晚

$$2\pi\frac{x}{\lambda}」$$

$$y = A\sin\left(2\pi\frac{t}{T} - 2\pi\frac{x}{\lambda}\right)$$

蒂蒂「啊……由梨看得懂那麼困難的數學式嗎？很厲害耶！」

我「是啊。我也覺得她很厲害。不過，只要一步步確認數學式的內容，就不覺得難囉。」

蒂蒂「提到波，我會想到這種畫面，就像這樣一波、一波的。」

蒂蒂抬起手，用肢體動作表現出波的樣子。

我「嗯，我也會想到這樣的畫面。」

蒂蒂「不過，我沒想到畫成圖的時候，橫軸該是什麼。橫軸可能是位置，也可能是時間，兩個意義完全不同耶。我只想到要畫出這種一波一波的圖，沒想到那麼多。」

我「是啊。我第一次在物理學上看到波的圖形時，也有恍然大悟的感覺。而且我看到數學式中確實包含了位置 x 與時間 t 時，覺得相當感動。若是寫成數學式，只要給定 x 與 t，就可以知道位移 y 是多少。」

蒂蒂「位移 y 表示介質的上上下下——咦？」

蒂蒂眨著閃亮亮的大眼，頭歪向一邊。

我「怎麼了？」

蒂蒂「學長，聲音也是波吧？」

我「是啊。像我現在講話時的聲音，也是在空氣中以波的形式傳送到蒂蒂的耳朵。」

蒂蒂「是的，我知道聲音是透過空氣振動傳遞的波。這樣的話，聲音也可以用這個數學式表示嗎？」

$$y = A\sin\left(2\pi\frac{t}{T} - 2\pi\frac{x}{\lambda}\right)$$

我「嗯，聲波也可以用這個數學式表示喔。不過，這條式子只能表示『能用正弦波表示的特定聲音』而已。」

蒂蒂「水波會在水面上下振動形成波。聲音會讓空氣振動，但哪邊是上面呢？」

我「啊，水波與聲波的介質振動方向不同。因為水波是橫波[*2]，聲波是縱波。」

蒂蒂「啊，我有聽過橫波與縱波這兩個詞。在地震新聞的說明中聽到的。」

---

*2 水波的詳細說明請參考「附錄：表面波」(p.169)。

3.2　橫波

我「當波由左往右前進，左右方向是『波的前進方向』。」

蒂蒂「波的前進方向是這樣……是嗎？」

　　蒂蒂一邊說著，一邊左右展開雙手。

我「嗯，以水波為例，水面的水會上下振動。」

蒂蒂「是的，就像這樣。」

　　蒂蒂一邊說著，一邊舉起手指上下擺動。

我「以『波的前進方向』為基準，如果『介質的振動方向』為橫向，那麼這種波就是**橫波**。」

蒂蒂「上下振動，這樣是橫嗎？」

我「這裡的橫，指的是『介質的振動方向』與『波的前進方向』垂直，確實容易搞混啦。」

蒂蒂「嗯，明明是上下，卻叫做橫……」

我「可以試著想像橫紋的衣服。把穿著者的身體想成一根長棒，橫紋衣服的紋路走向，會和這根長棒垂直對吧？」

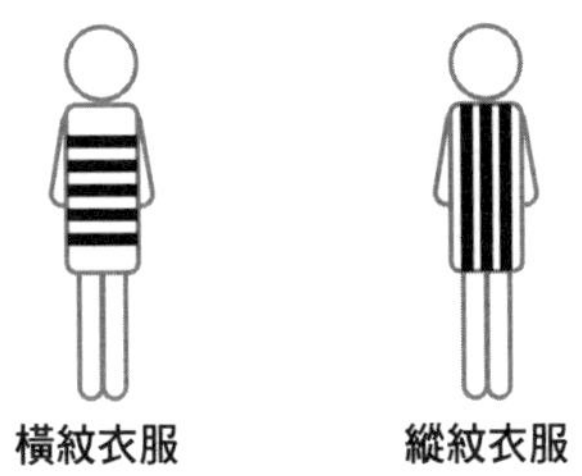

蒂蒂「啊，是的，是這樣沒錯。」

我「橫波就和這個一樣。水的振動方向與水波的前進方向垂直，所以水波是橫波。」

蒂蒂「我懂了！就像是穿著橫紋泳衣游泳對吧！」

我「哈哈，沒錯。游泳前進的方向是『波的前進方向』，橫紋方向則是『介質的振動方向』，所以是橫波。」

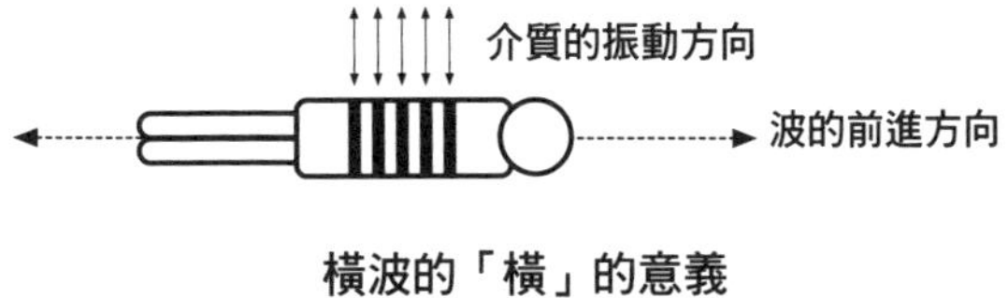

橫波的「橫」的意義

3.3 縱波

蒂蒂「咦，那縱波呢？」

我「縱波是『介質的振動方向』與『波的前進方向』平行的波。也就是說，介質會沿著波的前進方向振動。聲波就是縱波。」

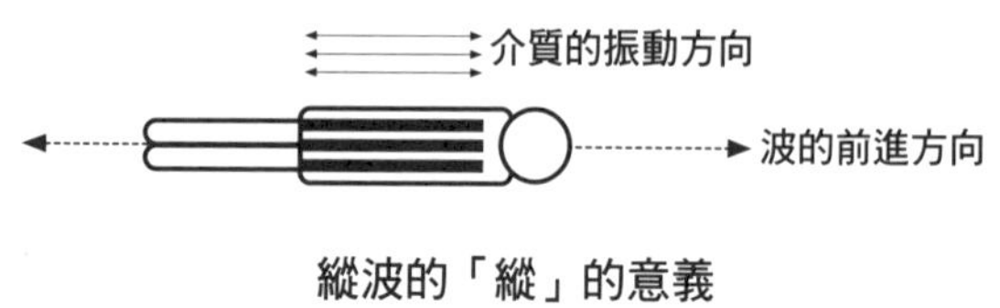

縱波的「縱」的意義

蒂蒂「沿著波前進的方向振動？嗚、嗚嗚嗚……完全無法想像縱波的樣子！」

我「縱波的話，可以想像成是以彈簧彼此相連的多個重物，會比較好理解喔。介質沒有振動時，也就是沒有波動的狀態，這些重物會排列成這樣。」

⓪①②③

以彈簧彼此相連的重物

蒂蒂「靜止不動？」

我「嗯，靜止不動。左右的力會達成平衡。此時如果位於左端的⓪開始振動，振動會在稍後傳遞至相鄰的①。接著，①的振動會在稍後傳遞給相鄰的②。就這樣，振動會一個接著一個傳遞給相鄰重物。而且當重物傳遞振動，每個重物都是左右振動。」

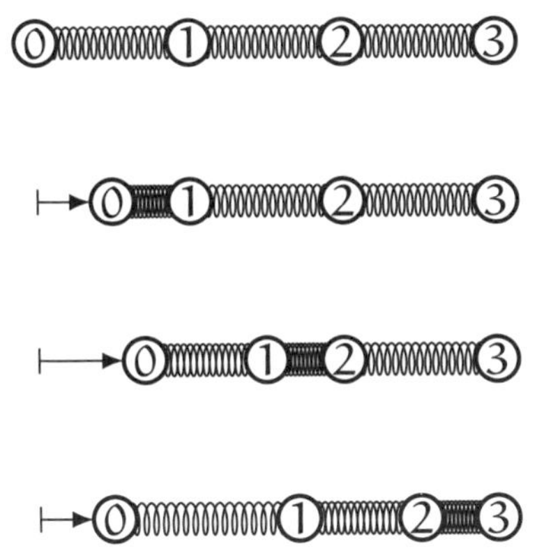

振動陸續傳遞給相鄰重物

蒂蒂「是的，我懂了。」

我「因為有許多重物連接在一起，振動就會一直傳遞下去。」

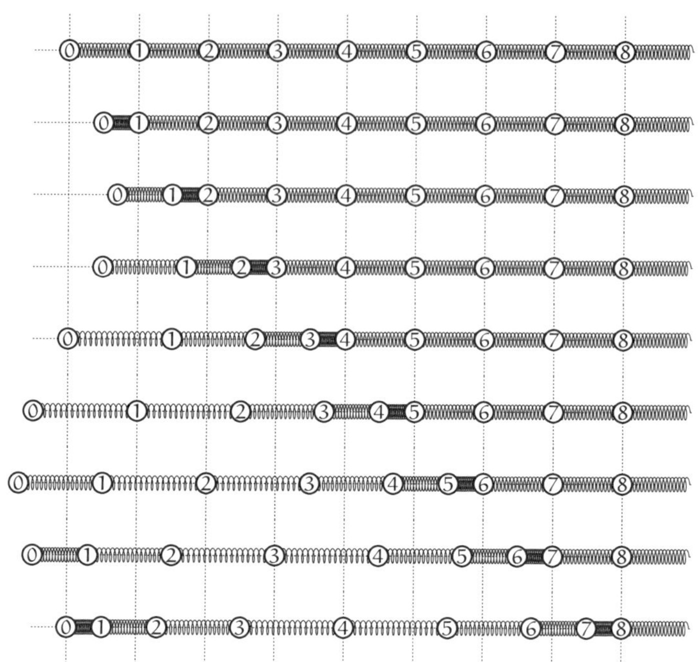

蒂蒂「原來如此！……可是，這也是波嗎？振動確實有傳遞下去，但看起來沒有一波一波的啊。」

我「是啊，這並沒有波的形狀。不過，因為是傳遞振動的現象，所以可以稱做波喔。」

蒂蒂「確實，看得出來它有在傳遞振動。這就是縱波嗎？」

我「沒錯沒錯。因為『波的前進方向』與『介質的振動方向』平行，所以是縱波。」

蒂蒂「所謂的『介質振動方向』，指的是重物的振動方向對吧。這張圖中，『波的前進方向』與『介質的振動方向』都是左右向，所以兩者平行。」

我「嗯，就是這樣。聲音傳遞的是空氣的密度變化 [*3]。將聲音前進的樣子，想像成是重物傳送振動的樣子，就可以將聲波看成縱波了。」

蒂蒂「這張圖中，傳遞了高密度的部分……雖然無法想像波的形狀，但確實可以感覺得到它在傳遞某個東西。」

---

*3 像聲波這種傳遞密度變化的波，稱做疏密波。疏指的是密度低的地方，密則是指密度高的地方。

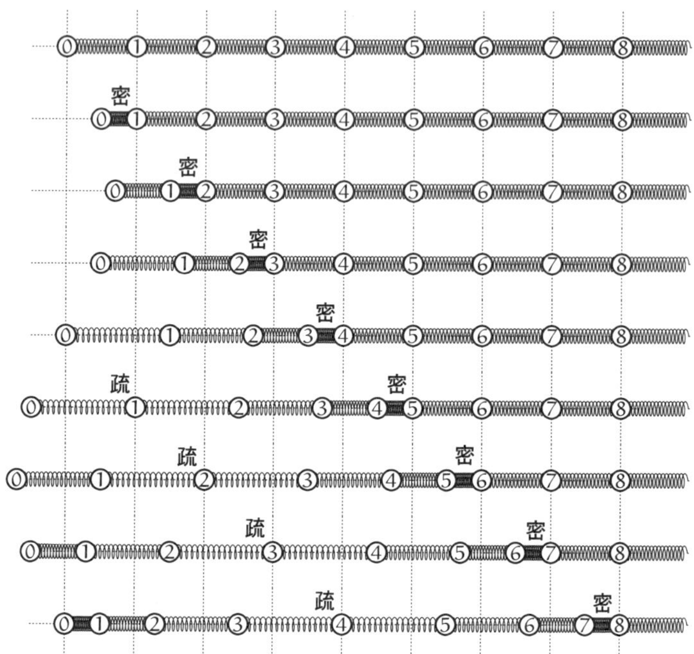

我「如果想看到波的形狀，只要將傳遞縱波的介質偏離平衡位置的程度，轉換成位移，再畫成圖形，就能看到波的形狀囉。」

蒂蒂「是將介質的密度畫成圖嗎？」

我「不，這不是密度的圖喔。我們關注的是介質從平衡位置偏離了多少，將其視為位移，再畫成圖，而這張圖就是以橫波表示縱波。」

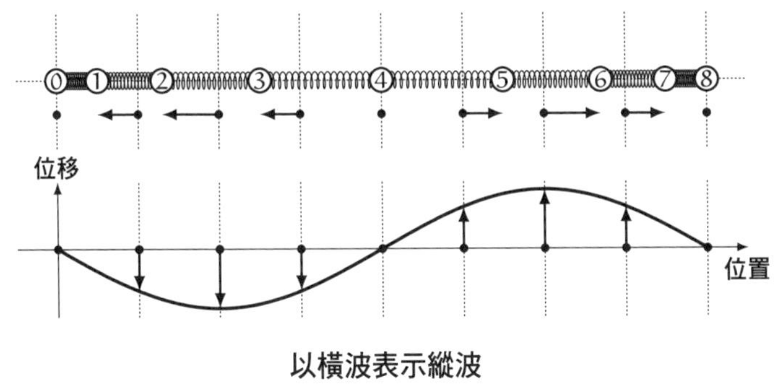

以橫波表示縱波

蒂蒂「所以這不是密度的圖嗎？」

我「不是喔。仔細看看這張圖。圖中較高處，並不是重物聚集的地方，密度並不高。這張圖中，

- 往右的位移，轉換成了往上的位移。
- 往左的位移，轉換成了往下的位移。

這就是以橫波表示縱波的方法，也可以說是將介質的振動往逆時鐘方向轉 90° 後畫成圖。」

蒂蒂「確實，這樣看起來就像波了。不過……也能畫出密度的圖吧？」

我「確實也能畫出密度的圖喔。重物聚集處為高密度，重物分散處為低密度，可以畫出重物的密度分布圖。密度分布圖與『以橫波表示縱波』的圖形可並列如下。」

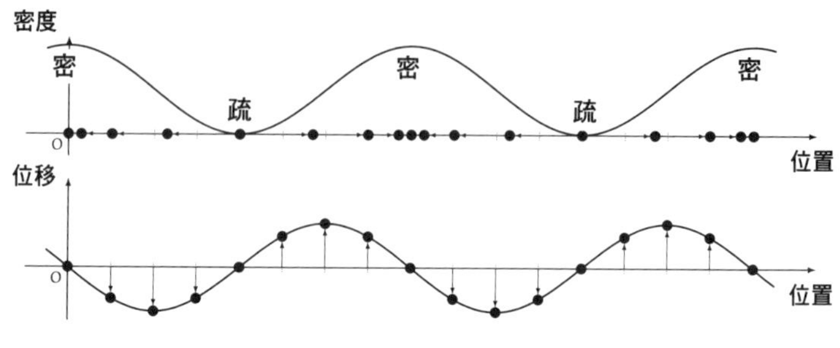

密度分布圖，以及「以橫波表示縱波」

蒂蒂「原來如此……啊，密度不會是負的對吧？」

我「是啊。也試著畫畫看經過一小段時間後，波往右前進一些時的情況吧。」

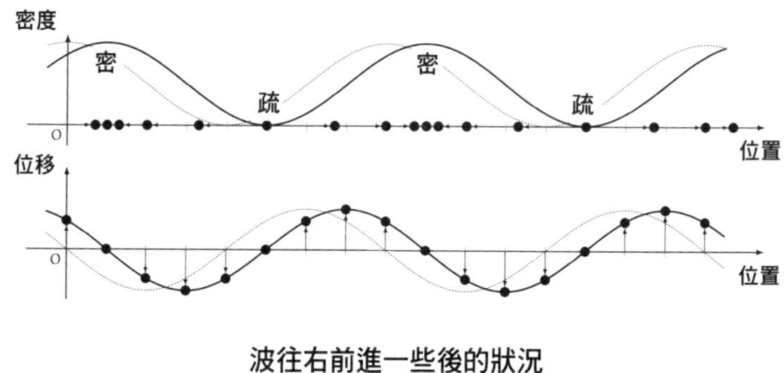

波往右前進一些後的狀況

蒂蒂「密度分布圖與『以橫波表示縱波』有一些錯開……兩個波前進時會一直保持差距。」

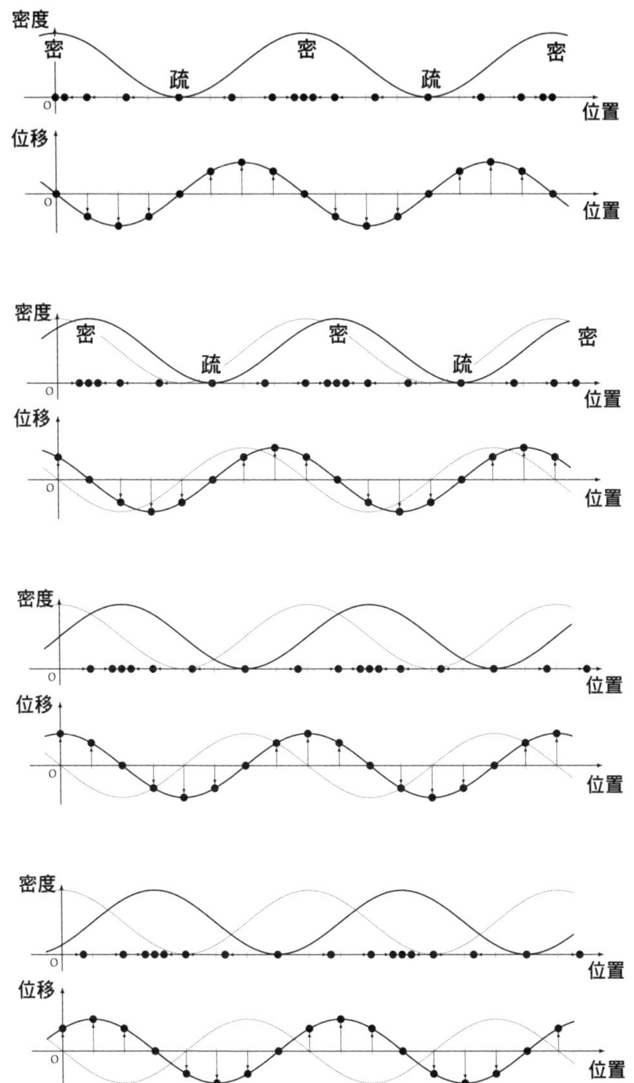
密度
密
疏
密
疏
密
O
位置
位移
O
位置
密度
密
疏
密
疏
密
O
位置
位移
O
位置
密度
O
位置
位移
O
位置
密度
O
位置
位移
O
位置

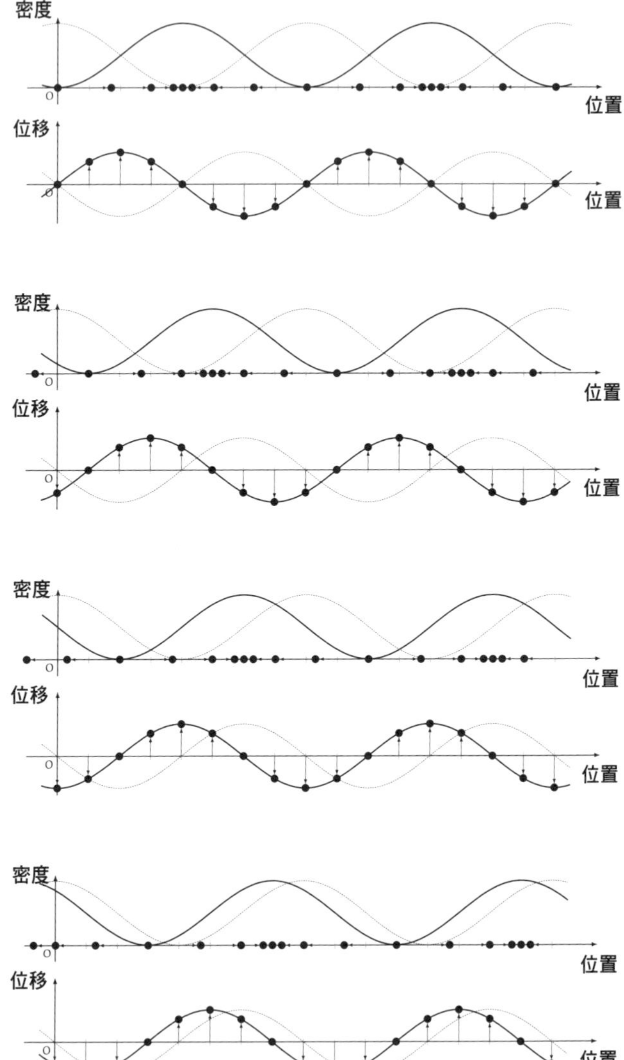
密度
O
位置
位移
O
位置
密度
O
位置
位移
O
位置
密度
O
位置
位移
O
位置
密度
O
位置
位移
O
位置

我「這是由彈簧傳遞的縱波，不過空氣傳遞聲音時，也是相同的概念。聲源在空氣中振動時，密度變化會在空氣中傳遞。這種密度的變化會形成縱波。」

蒂蒂「原來如此……空氣振動方向與聲波的前進方向相同，所以聲波是縱波對吧？」

我「嗯。把它想像成由彈簧傳遞的縱波，就很好理解了。」

3.4 物體與波的差異

蒂蒂「『波的前進方向』與『介質的振動方向』不同。我覺得這點很神奇耶。因為波並不是物體本身，而是傳遞振動的現象，所以兩者才不同。雖然我大概聽得懂啦。」

我「假設這裡有一個物體，還有一個波，兩者都有自己的位置，移動時都有自己的速度。那麼，妳覺得物體與波差在哪裡呢？」

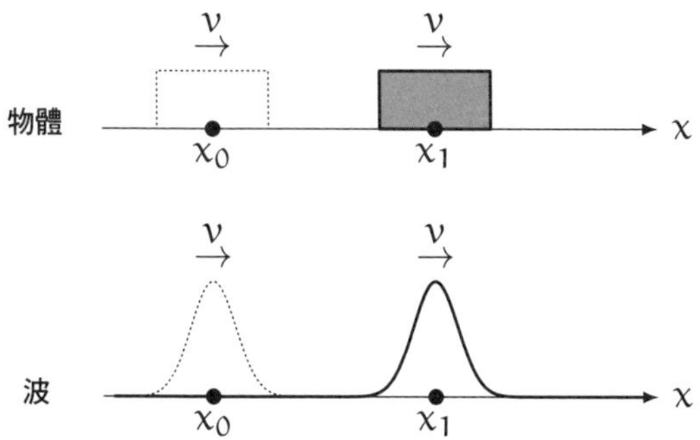

蒂蒂「物體與波的差異——啊，我們看得到物體！可是，我們也看得到水波耶……不，一定還有更本質上的差異對吧？」

我「……」

蒂蒂「不、不過，物體與波實在差得太多，反而不知道怎麼描述它們的差異！」

我「假設有兩個物體，分別從左邊與右邊往中間移動，相撞後會彼此彈開。也就是說，物體相撞時會影響彼此。」

蒂蒂「是啊。波……波相撞的時候會怎麼樣呢？」

我「兩個波相撞時，會疊加上去喔。」

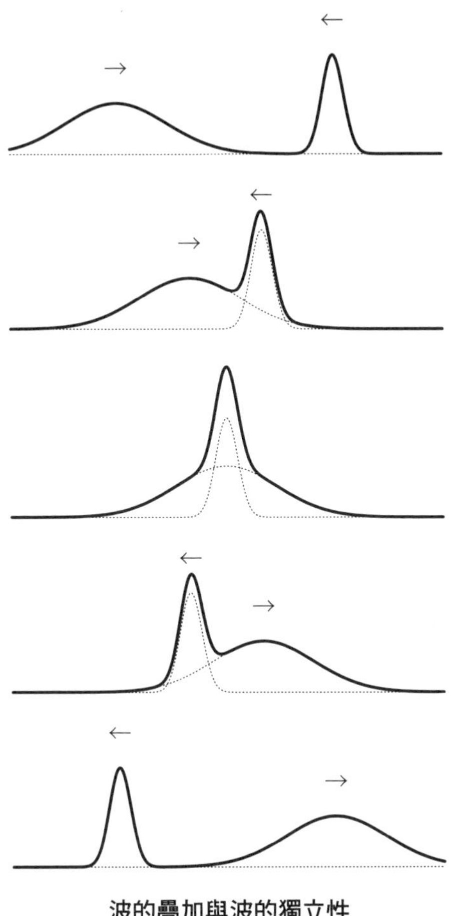

波的疊加與波的獨立性

蒂蒂「原來如此，會疊加在一起。」

我「兩個波相撞時，會疊加成一個波。這個波的位移，就是原本兩個波的位移相加。有趣的是，當兩個波分別由左而右、由右而左相撞後，兩個波都會保持原樣繼續前進，就像不曾碰過對方一樣。這叫做波的獨立性。」

蒂蒂「確實，兩個物體相撞時，不會像波那樣保持原樣繼續前進。這就是物體與波的差異吧。」

蒂蒂一邊說著，一邊將雙手啪一聲合起。

我「嗯。而且，既然我們能用數學式來表示介質的位移，就表示我們也能用數學式來表示波疊加後新形成的波——**合成波**。只要將兩個位移的數學式相加就可以囉。」

蒂蒂「這樣啊……」

3.5　觀測疊加的波

我「讓我們用一個具體的例子來說明波的疊加吧。」

問題 3-1（觀測疊加的波）

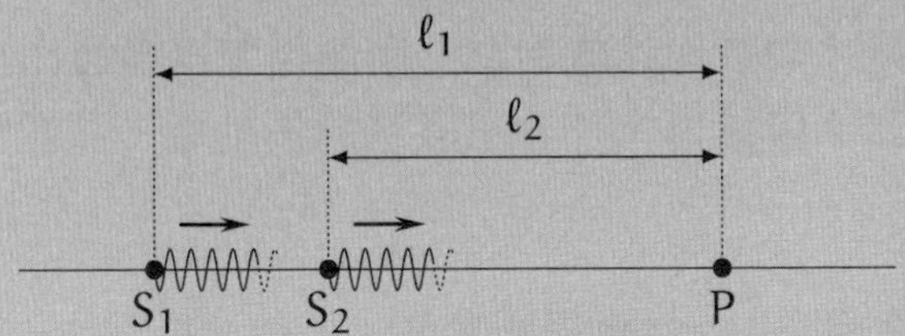

觀測者 P 正在觀測由兩個波源 S_1、S_2 發出的波。假設介質在 S_1、S_2 各自波源處產生的位移 y，皆為

$$y = A\sin\left(2\pi\frac{t}{T}\right)$$

這裡的 t 為時間、A 為波的振幅、T 為波的週期，皆為常數。假設波的波長為 λ，波源 S_1、S_2 與觀測者 P 的距離分別為 ℓ_1、ℓ_2，試求觀測者 P 觀測到的合成波振幅 A_{1+2}。

我「蒂蒂，妳看得懂問題 3-1 在問什麼嗎？」

蒂蒂「這兩個波會抵達觀測者的所在位置。」

我「沒錯。以聲音為例，這兩個波源可以是揚聲器之類的音源。設兩個波源 S_1、S_2 分別與觀測者距離 ℓ_1、ℓ_2，且播放相同的聲音。此時做為觀測者的自己會聽到什麼樣的聲音？題目問的就是這個。」

蒂蒂「播放相同的音樂嗎？」

我「是啊。不過，我們現在考慮的是正弦波。比起『音樂』，說它是『聲音』比較恰當。兩個揚聲器會發出完全相同的聲音。揚聲器內部發出聲音的振動板，運作也完全相同。」

蒂蒂「完全相同……這做得到嗎？」

我「如果這兩個揚聲器都接到同一台機器，就有可能喔。」

蒂蒂「原來如此，在電路上連接在一起嗎？」

我「也可以想像成是用手指戳水面的情況喔。不過如果是手指，可能沒辦法精確控制戳水面的時間點，所以可以想像水面有小型機械在上下振動，而且有兩個，分別位於 S_1、S_2。波源可產生很多種波，這裡我們就假設這兩個波源最後都會產生正弦波吧。」

蒂蒂「好的，沒問題，我試著想像看看。波源是產生波的來源對吧？」

我「沒錯。這兩個波源所產生的介質位移 y，皆為

$$y = A\sin\left(2\pi\frac{t}{T}\right)$$

當這兩個波傳遞到遠方觀測者，觀測者看到的是兩個波疊加的樣子。此時的合成波會長什麼樣子呢？合成波的振幅 A_{1+2} 又是多少呢？我們可以試著畫出觀測者所在位置的『位移時間關係圖』。」

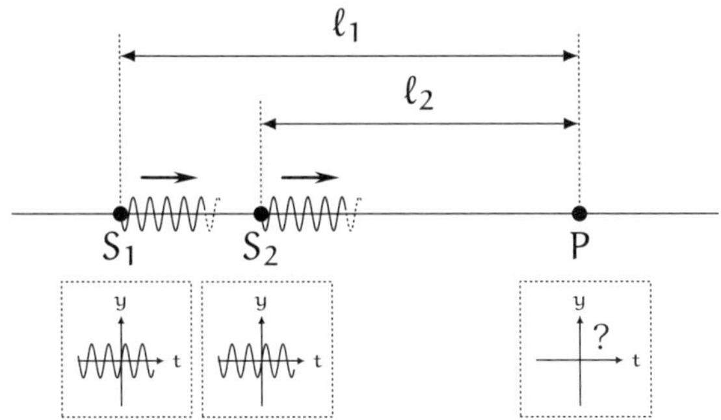

蒂蒂「一個波的振幅為 A，若兩個波疊加……是將振幅相加，得到 A + A = 2A 嗎？」

我「確實，如果兩個波的峰與峰、谷與谷剛好重疊，合成波的振幅就是 2A。因為會發生**建設性干涉**。不過，距離 ℓ_1、ℓ_2 的大小組合不同時，會得到不同的結果。」

蒂蒂「波可能會交錯出現，使峰與谷彼此抵消……」

我「是啊。」

於是，蒂蒂開始咬起指甲沉思。

蒂蒂「距離不同時，聲音抵達觀測者需要的時間也不一樣。如果兩個波源的位置相同，也就是說

$$\ell_1 = \ell_2$$

就會發生建設性干涉，振幅變成 2A 是嗎？」

我「嗯，沒錯。蒂蒂現在考慮的是 $\ell_1 = \ell_2$ 這個特殊條件下的情況。」

蒂蒂「是的。因為當波源位置不同，波一定會彼此錯開？」

　　於是，蒂蒂又再次陷入沉思。

我「……」

蒂蒂「不不，不對。波不一定會彼此錯開。**如果兩個波源剛好距離一個波長，波就不會錯開，而是和波源位置相同的情況一樣！**譬如說，$\ell_1 = \ell_2$ 與 $\ell_1 = \ell_2 + \lambda$ 都是兩個波彼此重合。這些都是建設性干涉的情況吧？」

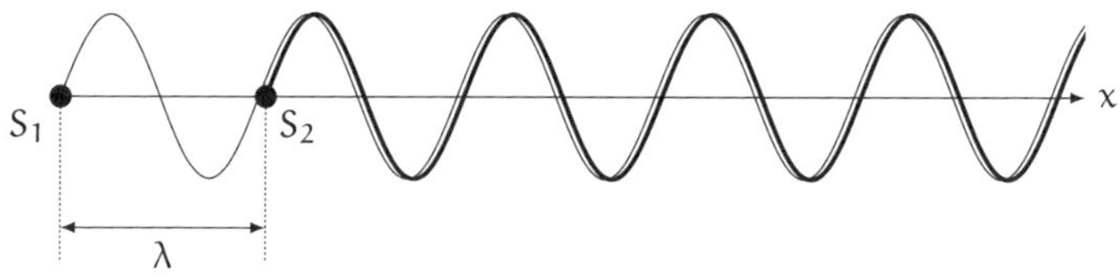

波源位置的距離差剛好為一個波長 λ 時，會發生建設性干涉

我「正是如此！」

蒂蒂「所以說，

$$
\begin{aligned}
\ell_1 &= \ell_2 \\
\ell_1 &= \ell_2 + \lambda \\
\ell_1 &= \ell_2 - \lambda \\
\ell_1 &= \ell_2 + 2\lambda \\
\ell_1 &= \ell_2 - 2\lambda \\
\ell_1 &= \ell_2 + 3\lambda \\
\ell_1 &= \ell_2 - 3\lambda \\
&\vdots
\end{aligned}
$$

這些情況下，兩個波都有最強的建設性干涉，振幅是 2A。」

我「沒錯，就是這樣！也就是說，假設 n 是整數，那麼當

$$\ell_1 - \ell_2 = n\lambda$$

，合成波應為 2A，而這就是建設性干涉。」

蒂蒂「是啊！啊啊，我知道了。當波源位置的距離差為 $\frac{1}{2}\lambda$，會發生破壞性干涉！」

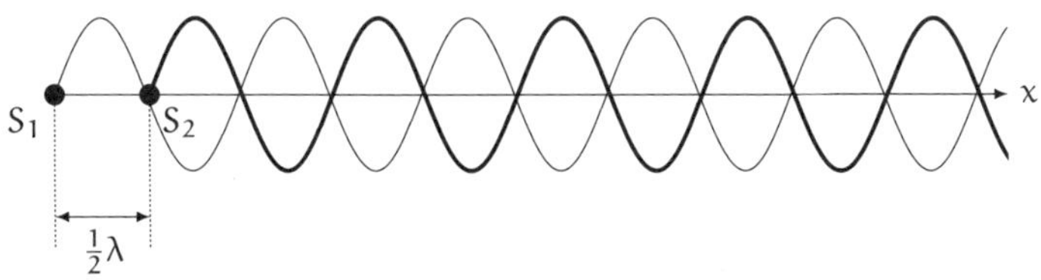

波源位置的距離差為 $\frac{1}{2}\lambda$ 時，會發生破壞性干涉

我「嗯。前面我們都假設兩個振動波源的相位相同，此時，若

波源位置相差 $\frac{1}{2}\lambda$，兩個波的相位就會相差 π。相位相差 π 的兩個波，稱做反相。」

蒂蒂「所以距離差是關鍵！

$$\begin{aligned}\ell_1 - \ell_2 &= n\lambda + \frac{1}{2}\lambda \\ &= (n + \frac{1}{2})\lambda\end{aligned}$$

這個時候會發生破壞性干涉！」

我「此時，觀測到的波的振幅為 0。也就是說，波會消失。」

蒂蒂「不過……真的會這樣嗎？」

我「讓我們來計算看看吧。」

蒂蒂「計算？」

我「用數學式算算看就可以了。試著算出振幅 A_{1+2} 是多少，就可以確認蒂蒂的猜想對不對了。」

3.6 以計算確認猜想

蒂蒂「計算……抱歉，我不知道這個算得出來。」

我「咦？只要實際計算兩個波的疊加情況，就可以確認剛才蒂蒂提到的猜想是否正確囉。」

蒂蒂的猜想

問題 3-1 中，觀測者觀測到的合成波振幅如下

- 當 $\ell_1 - \ell_2 = n\lambda$，合成波振幅最大。
  此時振幅為 2A。
- 當 $\ell_1 - \ell_2 = (n + \frac{1}{2})\lambda$，合成波振幅最小。
  此時振幅為 0。

其中，n 為任意整數（n = 0, ±1, ±2,⋯）。

蒂蒂「以計算確認⋯⋯」

我「照順序一個個思考吧。在波源 S_1 所在位置，時間 t 時，介質位移 y 為

$$y = A\sin\left(2\pi\frac{t}{T}\right)$$

假設與 S_1 距離 ℓ_1 的觀測者 P，觀測到的介質位移為 y_1。因為波比較晚抵達，所以 y_1 為

$$y_1 = A\sin\left(2\pi\frac{t}{T} - 2\pi\frac{\ell_1}{\lambda}\right)$$

對吧。」

蒂蒂「咦⋯⋯這個 $2\pi\frac{\ell_1}{\lambda}$ 的部分，表示波會比較晚抵達嗎？」

我「沒錯。如果波朝著距離波源 ℓ_1 的觀測者前進，那麼觀測者看到的波的相位會比較晚。這個 $2\pi\frac{\ell_1}{\lambda}$ 的部分，就是以定量方式表示晚了多少。」

- 假設距離為 ℓ_1。
- 若以波長 λ 為一個單位，則距離為 $\frac{\ell_1}{\lambda}$ 個單位。
- 所以，相位會晚 $2\pi\frac{\ell_1}{\lambda}$。

蒂蒂「……那、那個，抱歉我吸收的比較慢。我知道距離較遠時，波會比較晚抵達，但我不大確定要怎麼計算相位會晚多少……」

我「如果一時無法理解，可以想像觀察者與波源剛好距離一個波長的情況。也就是說，假設 $\ell_1 = \lambda$ 的情況。如果觀察者與波源 S_1 剛好距離波長 λ，也就是一個波的距離。那麼相位就會晚 2π 對吧？」

蒂蒂「啊……原來如此！這樣我應該就懂了。

- 位置相差一個波長 λ
- 時間相差一個週期 T
- 相位相差 2π

都對應到相差一個波！」

我「就是這樣。波的式子 $y = A \sin \heartsuit$ 中，$\heartsuit$ 的部分是相位，而一個波的相位就是 2π。」

蒂蒂「我瞭解了！」

我「同樣的，觀測者 P 與波源 S_2 的距離為 ℓ_2，那麼觀測者觀察到位移 y_2 就是

$$y_2 = A\sin\left(2\pi\frac{t}{T} - 2\pi\frac{\ell_2}{\lambda}\right)$$

接著只要把 y_1 與 y_2 加起來就可以了。」

$$\begin{aligned}
& y_1 + y_2 \\
&= A\sin\left(2\pi\frac{t}{T} - 2\pi\frac{\ell_1}{\lambda}\right) + A\sin\left(2\pi\frac{t}{T} - 2\pi\frac{\ell_2}{\lambda}\right) \\
&= A\sin\left(2\pi\left(\frac{t}{T} - \frac{\ell_1}{\lambda}\right)\right) + A\sin\left(2\pi\left(\frac{t}{T} - \frac{\ell_2}{\lambda}\right)\right) \quad \text{提出 } 2\pi \\
&= A\underbrace{\left(\sin\left(2\pi\left(\frac{t}{T} - \frac{\ell_1}{\lambda}\right)\right) + \sin\left(2\pi\left(\frac{t}{T} - \frac{\ell_2}{\lambda}\right)\right)\right)}_{\bigstar} \quad \text{提出 } A
\end{aligned}$$

蒂蒂「是的。但是……這樣可以算出合成波的振幅 A_{1+2} 嗎？」

我「嗯，這樣還是看不出振幅是多少。從物理的角度思考波的前進，可以得到這樣的式子，接下來就要靠數學的力量繼續前進了。因為 A 是常數，所以具體來說，我們只要計算最後出現的★部分即可。」

蒂蒂「原來如此。這裡要用到三角函數的和角公式對吧？和角公式的話我還記得喔！」

我「嗯……我們現在想用三角函數計算的部分是

$$\bigstar = \sin\left(2\pi\left(\frac{t}{T} - \frac{\ell_1}{\lambda}\right)\right) + \sin\left(2\pi\left(\frac{t}{T} - \frac{\ell_2}{\lambda}\right)\right)$$

仔細觀察這個部分，會發現它的形式長這樣

$$\bigstar = \sin\left(\qquad\qquad \right) + \sin\left(\qquad\qquad \right)$$

是 $\sin\alpha + \sin\beta$ 的樣子對吧？所以說，與和角公式相比，用和差化積公式會比較好。」

蒂蒂「啊……」

我「回想一下和角公式與和差化積公式的形式就知道了。」

- 和角公式為 $\sin(\alpha+\beta) = \cdots$ 的形式。
- 和差化積為 $\sin\alpha + \sin\beta = \cdots$ 的形式。

蒂蒂「啊，我——還沒背過和差化積公式。看來學物理的時候，數學是必要工具呢……就像閱讀英文時，也需要英文單字。」

我「不過，和沒看過就不知道意思的英文單字不同，和差化積公式可以馬上推導出來喔。」

蒂蒂「推導？」

3.7　推導和差化積公式

我「就算忘了和差化積公式，也可以由和角公式的計算馬上推導出來。首先，寫下和角公式——

$$\begin{cases} \sin(\alpha+\beta) = \sin\alpha\cos\beta + \cos\alpha\sin\beta \\ \sin(\alpha-\beta) = \sin\alpha\cos\beta - \cos\alpha\sin\beta \end{cases}$$

——將等號兩邊對應相加，可以得到

$$\sin(\alpha+\beta)+\sin(\alpha-\beta)=2\sin\alpha\cos\beta \qquad \cdots\cdots♣$$

等號左邊就是我們想看到的式子形式對吧？」

蒂蒂「確實是 sin (⋯) + sin (⋯) 的形式。」

我「將♣的等號左邊置換為 X、Y，如下

$$\sin(\underbrace{\alpha+\beta}_{X})+\sin(\underbrace{\alpha-\beta}_{Y})=2\sin\alpha\cos\beta$$

即

$$\begin{cases} X=\alpha+\beta \\ Y=\alpha-\beta \end{cases}$$

計算 $X+Y$ 可以得到 2α，計算 $X-Y$ 可以得到 2β，所以我們可以改用 X、Y 的式子來表示 α、β。

$$\begin{cases} \alpha=\dfrac{X+Y}{2} \\ \beta=\dfrac{X-Y}{2} \end{cases}$$

這樣就可以改寫♣式了。」

蒂蒂「啊⋯⋯原來如此。」

$$\sin(\alpha+\beta)+\sin(\alpha-\beta)=2\sin\alpha\cos\beta \qquad \text{由 p.126 的♣}$$

$$\sin X+\sin Y=2\sin\frac{X+Y}{2}\cos\frac{X-Y}{2} \qquad \text{改以 } X、Y \text{ 表示}$$

我「接著再把 X 換成 α，把 Y 換成 β，就可以得到

$$\underbrace{\boxed{\sin\alpha}+\boxed{\sin\beta}}_{\text{和}} = \underbrace{2\boxed{\sin\frac{\alpha+\beta}{2}}\boxed{\cos\frac{\alpha-\beta}{2}}}_{\text{積}}$$

這樣就可以將三角函數的和轉換成積了，這就是和差化積公式的推導！」

和差化積公式

對任意實數 α、β，以下公式成立。

$$\sin\alpha+\sin\beta = 2\sin\frac{\alpha+\beta}{2}\cos\frac{\alpha-\beta}{2}$$

蒂蒂「原來如此，這樣我就懂了。原來和差化積公式可以從三角函數的和角公式推導出來。」

我「使用和差化積公式，就可以計算出波的疊加中，$y_1 + y_2$ 的？是多少。」

蒂蒂「我來試試看！α 和 β 是這樣對吧？」

$$\text{「p.125的★」} = \sin\underbrace{\left(2\pi\left(\frac{t}{T}-\frac{\ell_1}{\lambda}\right)\right)}_{\alpha} + \sin\underbrace{\left(2\pi\left(\frac{t}{T}-\frac{\ell_2}{\lambda}\right)\right)}_{\beta}$$

我「沒錯。最好先計算出 $\dfrac{\alpha+\beta}{2}$ 與 $\dfrac{\alpha-\beta}{2}$ 是多少，等一下比較不會算錯。另外，2π 最好不要約分掉，而是留下來，這樣比較能清楚看出相位是多少。」

蒂蒂「……算好了，會變成這樣。

$$\begin{cases} \dfrac{\alpha+\beta}{2} = 2\pi\left(\dfrac{t}{T} - \dfrac{\ell_1+\ell_2}{2\lambda}\right) \\ \dfrac{\alpha-\beta}{2} = -2\pi\left(\dfrac{\ell_1-\ell_2}{2\lambda}\right) \end{cases}$$

再來只剩計算而已！

$$\begin{aligned} \text{「p.125的★」} &= \sin\alpha + \sin\beta && \textbf{前接 p.128 的計算} \\ &= 2\sin\frac{\alpha+\beta}{2}\cos\frac{\alpha-\beta}{2} && \textbf{由和差化積公式} \\ &= 2\sin\left(2\pi\left(\frac{t}{T} - \frac{\ell_1+\ell_2}{2\lambda}\right)\right)\cos\left(-2\pi\left(\frac{\ell_1-\ell_2}{2\lambda}\right)\right) \end{aligned}$$

把它乘上 A 倍，就能得到 $y_1 + y_2$ 了。

$$\begin{aligned} y_1 + y_2 &= A★ \\ &= 2A\sin\left(2\pi\left(\frac{t}{T} - \frac{\ell_1+\ell_2}{2\lambda}\right)\right)\cos\left(-2\pi\left(\frac{\ell_1-\ell_2}{2\lambda}\right)\right) \end{aligned}$$

完成了！」

我「完成了！因為 $\cos(-\theta) = \cos\theta$，所以 cos 中的負號可以直接拿掉。另外，我們一般會想交換 sin 和 cos 的位置。」

$$y_1 + y_2 = 2A\cos\left(2\pi\left(\frac{\ell_1-\ell_2}{2\lambda}\right)\right)\sin\left(2\pi\left(\frac{t}{T} - \frac{\ell_1+\ell_2}{2\lambda}\right)\right)$$

蒂蒂「……」

我「這樣就可以看出觀測到的合成波振幅囉。」

解答 3-1（觀測疊加的波）

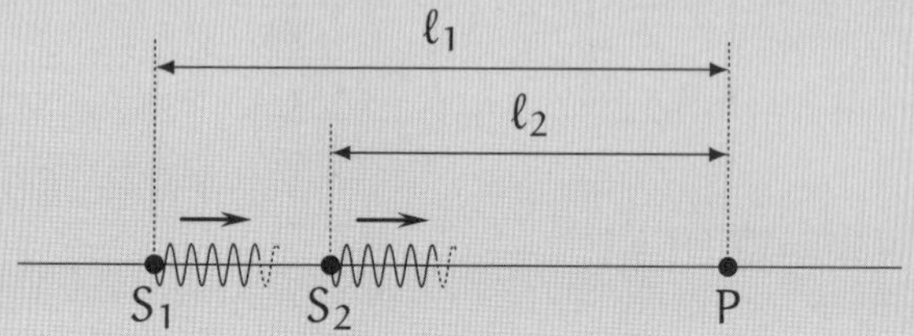

設兩個波源 S_1、S_2 發出的波抵達觀測者 P 時，介質的位移分別為 y_1、y_2，考慮相位的延遲，可得到

$$\begin{cases} y_1 = A\sin\left(2\pi\dfrac{t}{T} - 2\pi\dfrac{\ell_1}{\lambda}\right) \\ y_2 = A\sin\left(2\pi\dfrac{t}{T} - 2\pi\dfrac{\ell_2}{\lambda}\right) \end{cases}$$

求算兩者的和，可以得到

$$y_1 + y_2 = 2A\cos\left(2\pi\left(\frac{\ell_1 - \ell_2}{2\lambda}\right)\right)\sin\left(2\pi\left(\frac{t}{T} - \frac{\ell_1 + \ell_2}{2\lambda}\right)\right)$$

所以觀測者 P 觀測到的合成波的振幅 A_{1+2} 為如下。

$$A_{1+2} = \left|2A\cos\left(2\pi\left(\frac{\ell_1 - \ell_2}{2\lambda}\right)\right)\right|$$

蒂蒂「咦？嗯……中間的數學式推導我是還勉強跟得上，但最後求振幅的地方看不懂。」

我「仔細看。$y_1 + y_2$ 的式子整體為 2A cos (⋯) sin (⋯) 的形式，而

$$y_1 + y_2 = \underline{2A\cos(\cdots)}\sin(\cdots)$$

的底線部分不含 t 對吧。也就是說，這個底線部分不會隨著時間而改變。而這個部分乘上了 sin (⋯) 後會得到整個波，所以 2A cos (⋯) 的絕對值就是振幅 A_{1+2}。」

$$y_1 + y_2 = \underbrace{\overbrace{2A\cos\left(2\pi\left(\frac{\ell_1 - \ell_2}{2\lambda}\right)\right)}^{\text{不含 } t}}_{\text{這個部分的絕對值為 } A_{1+2}} \overbrace{\sin\left(2\pi\left(\frac{t}{T} - \frac{\ell_1 + \ell_2}{2\lambda}\right)\right)}^{\text{含 } t}$$

蒂蒂「原來如此……我懂了！剛才之所以要在推導過程的最後，交換 sin 與 cos 的位置（參考 p.129），就是因為想把不含 t 的部分集中到前面嗎！」

我「沒錯。抱歉沒有先說清楚目的就自顧自的推導下去。式子中的每個部分含有哪些符號相當重要。含有 t 的部分會隨時間改變，含有 x 的部分則會隨位置改變。」

蒂蒂「這也是一種『**看懂式子形式**[*4]』嗎……」

我「是啊！說到式子形式，妳看，我們感興趣的距離差 $\ell_1 - \ell_2$ 有出現在波的振幅中喔。這可以確認蒂蒂的猜想是否正確。讓我們試著分析這個式子吧！」

*4 見參考文獻 [8]《數學女孩秘密筆記：積分篇》。

$$A_{1+2} = \left|2A\cos\left(2\pi\left(\frac{\ell_1-\ell_2}{2\lambda}\right)\right)\right|$$

蒂蒂的猜想（再次列出）

問題 3-1 中，觀測者觀測到的合成波振幅如下

- 當 $\ell_1-\ell_2 = n\lambda$，合成波振幅最大。
  此時振幅為 2A。
- 當 $\ell_1-\ell_2 = (n+\frac{1}{2})\lambda$，合成波振幅最小。
  此時振幅為 0。

其中，n 為任意整數（$n = 0, \pm 1, \pm 2, \cdots$）。

蒂蒂「分、分析式子是什麼意思呢？像是分析當 $\ell_1 - \ell_2 = n\lambda$，$A_{1+2}$ 會是多少之類的嗎？」

我「沒錯。試著思考 cos 的意義，然後分析這個式子。」

蒂蒂「當 $\ell_1-\ell_2 = n\lambda$，A_{1+2} 為——

$$\begin{aligned}A_{1+2} &= \left|2A\cos\left(2\pi\left(\frac{\ell_1-\ell_2}{2\lambda}\right)\right)\right| \\ &= \left|2A\cos\left(2\pi\left(\frac{n\lambda}{2\lambda}\right)\right)\right| \\ &= |2A\cos n\pi|\end{aligned}$$

——所以，

$$A_{1+2} = |2A\cos n\pi|$$

考慮 $y = \cos\theta$ 的圖形，當 n 為整數，$\cos n\pi$ 為最大值 1，或是最小值 –1 ！」

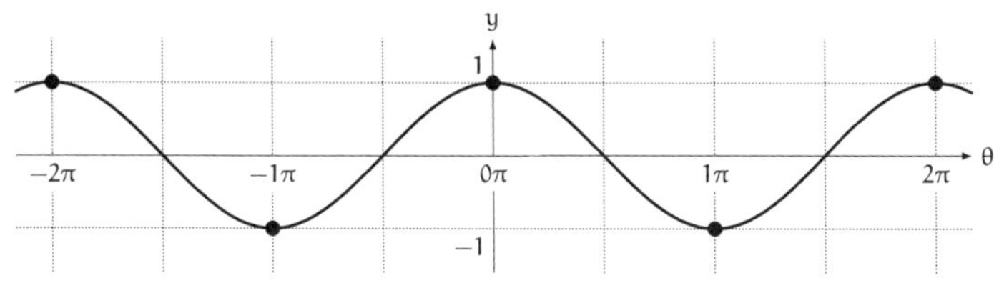

$y = \cos\theta$ 的圖形

我「嗯嗯。」

蒂蒂「所以說，當 $\ell_1 - \ell_2 = n\lambda$，$|2A\cos n\pi|$ 確實有最大值 2A ！啊，我又知道了一件事。如果 $\ell_1 - \ell_2 = n\lambda + \frac{1}{2}\lambda = (n+\frac{1}{2})\lambda$——

$$\begin{aligned} A_{1+2} &= \left|2A\cos\left(2\pi\left(\frac{\ell_1 - \ell_2}{2\lambda}\right)\right)\right| \\ &= \left|2A\cos\left(2\pi\left(\frac{(n+\frac{1}{2})\lambda}{2\lambda}\right)\right)\right| \\ &= \left|2A\cos(n+\tfrac{1}{2})\pi\right| \end{aligned}$$

——所以，

$$A_{1+2} = \left|2A\cos(n+\tfrac{1}{2})\pi\right|$$

對吧？由 $y = \cos\theta$ 的圖形可以知道，$2A\cos(n+\frac{1}{2})\pi = 0$ ！」

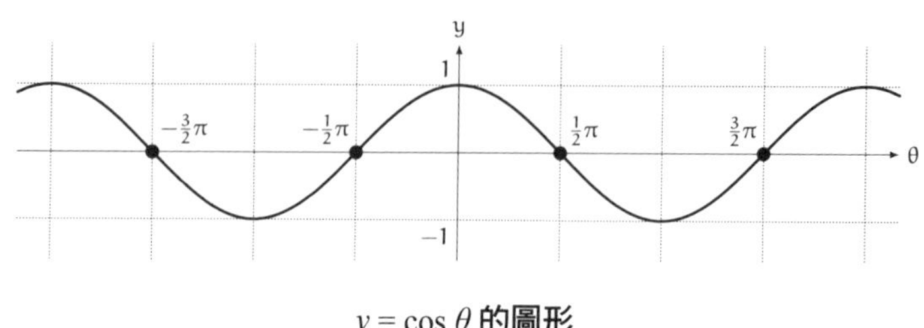

$y = \cos\theta$ **的圖形**

我「算出來了呢！」

蒂蒂「振幅是 0 ！和猜想的一樣！」

我「思考不同的距離差 $\ell_1 - \ell_2$，可試著猜想疊加的波會在什麼情況下有最大值？什麼情況下有最小值？不過，推導數學式的過程中，將含 t 的部分與不含 t 的部分清楚分開，就可以定量算出疊加波的振幅，得到這個式子

$$A_{1+2} = \left| 2A\cos\left(2\pi\left(\frac{\ell_1 - \ell_2}{2\lambda}\right)\right) \right|$$

然後再看這個式子隨 $\ell_1 - \ell_2$ 的變化即可。」

蒂蒂「為了轉變成積的形式，我們也用了和差化積公式。」

我「沒錯。如果維持和的形式，就看不出振幅是多少。同樣的波改寫成積的形式，才能看出振幅的大小。數學上的式子推導，可以幫助我們在物理學上的研究喔。」

蒂蒂「真的……三角函數好厲害！」

我「我也有同感！」

3.8 疊加波時的數學式

蒂蒂「不過啊，可以透過數學計算出兩個波疊加成一個波的樣子，我覺得這很有趣。」

我「是啊。當然，之所以能馬上算出來，是因為我們假設它是能用 sin 來表示的正弦波。」

蒂蒂「還有啊……只要能用相同的式子表示波的樣子，就可以透過相同的計算，得到相同的結果。我覺得這個部分也很有趣！」

我「嗯。不管是聲波還是水面波，都可以用相同的方式處理波的疊加，即使觀測點與波源並不在同一個直線上，也能這麼處理。舉例來說，假設水面上的波源為 S_1、S_2，那麼波峰會是以 S_1 與 S_2 為圓心的同心圓 [*5]。」

*5 若要嚴格表示圓形波，須要用到將三角函數一般化的貝索函數。

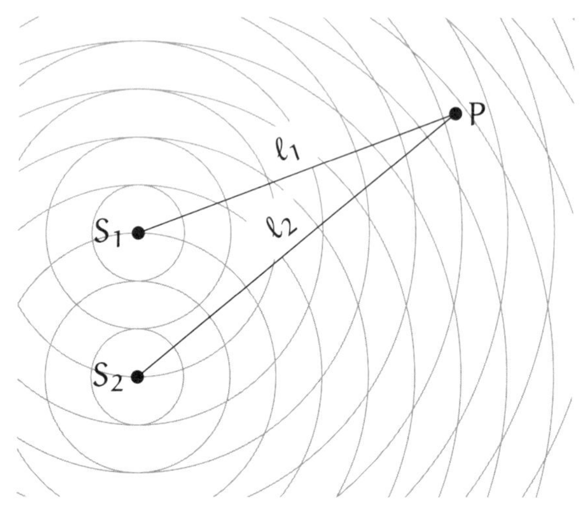

蒂蒂「如果是平面，感覺計算起來很困難耶……」

我「不過，如果只是想知道兩個波在哪些地方會產生建設性干涉，就和平面或直線沒有關係囉。因為建設性干涉的條件是 $\ell_1 - \ell_2 = n\lambda$，只要知道距離差與波長差就可以了。」

蒂蒂「原來如此……這也是從數學式的形式看出來的吧？」

我「舉例來說，像這種觀測者在兩個波源之間的情況也一樣。只要知道距離差就可以了。」

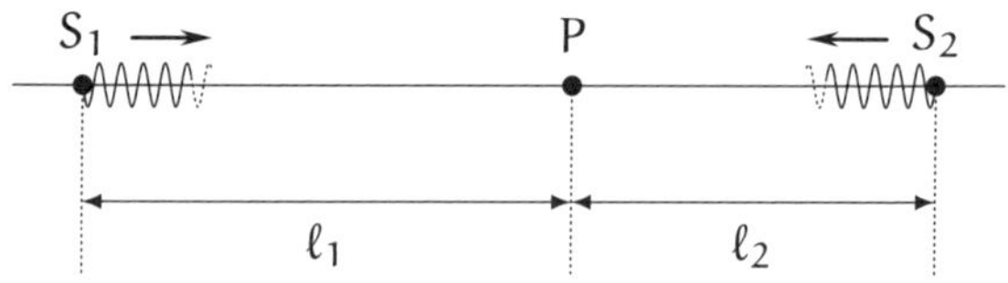

蒂蒂「原來如此。那、那個，我突然想到一件事……」

我「嗯？」

蒂蒂「當觀測者像這樣介於兩個波源之間，兩個波源之間的波會是什麼形狀呢？當觀測者在波源間的不同位置，應該也會觀測到不同的振動吧？」

我「是問這個啊！波源 S_1 的波往右前進，S_2 的波往左前進，那麼在 S_1 與 S_2 之間的波會是什麼形狀呢……」

蒂蒂「突然想到就說出來了。」

我「不，會有這個想法很正常。讓我們實際把波源放在 x 軸上，想想看會發生什麼事吧。具體來說是這樣：

- 設波源 S_1 位於 $x = -\ell_1$。
- 設波源 S_2 位於 $x = +\ell_2$。

讓我們來看看從 S_1 到 S_2 之間的波形會長什麼樣子。」

問題 3-2（合成波的位移）

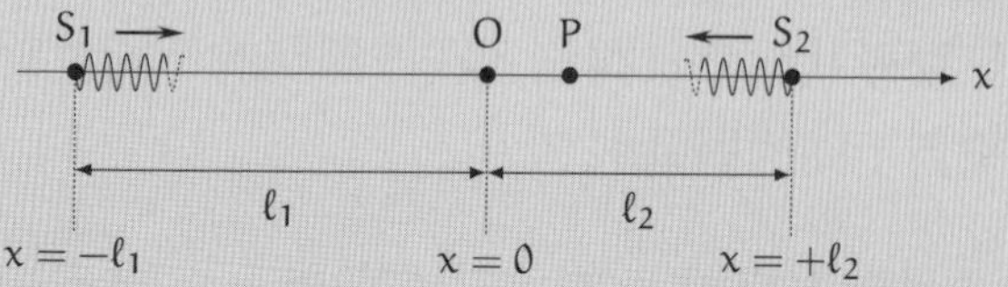

設介質於兩個波源 S_1、S_2 之波源處產生的位移 y，在時間 t 時，皆為

$$y = A\sin\left(2\pi\frac{t}{T}\right)$$

這裡的 A 為波的振幅、T 為波的週期，皆為常數。設波源 S_1、S_2 分別位於 $x = -\ell_1$、$x = +\ell_2$ 處，波長為 λ，試求觀測者 P 觀測到的合成波位移。其中，$-\ell_1 \leqq x \leqq +\ell_2$。

蒂蒂「如果觀測者在原點 O，此處的位移就可以用剛才計算出來的這個式子來表示對吧？」

$$y_1 + y_2 = 2A\cos\left(2\pi\left(\frac{\ell_1 - \ell_2}{2\lambda}\right)\right)\sin\left(2\pi\left(\frac{t}{T} - \frac{\ell_1 + \ell_2}{2\lambda}\right)\right)$$

我「是啊。這就是 $t = 0$ 時，在位置 $x = 0$ 的地方觀察到的波的位移。不過，蒂蒂想知道的並不是可以由此式推出的『位移時間關係圖』，而是『位移位置關係圖』對吧？」

蒂蒂「是的……該怎麼做才好呢？」

我「將給定的條件全用數學式來表示。還沒考慮到的變數只有一個，那就是位置 x 這個變數對吧？所以接下來只要試著用 x 來表示波源與觀測者的距離就可以囉。讓我們再確認一次解答 3-1 中的 y_1 與 y_2 吧。這是原點觀測到的振動情況。」

蒂蒂「波源與觀測者的距離為 ℓ_1 與 ℓ_2，那麼 y_1 與 y_2 就會是這樣（p.130）。」

原點的 y_1 與 y_2

$$\begin{cases} y_1 = A\sin\left(2\pi\frac{t}{T} - 2\pi\frac{\ell_1}{\lambda}\right) \\ y_2 = A\sin\left(2\pi\frac{t}{T} - 2\pi\frac{\ell_2}{\lambda}\right) \end{cases}$$

我「沒錯。因為這是位置 $x = 0$ 的情形，所以式中沒有出現 x。那麼，位置在 x 處的 y_1 與 y_2 又是多少呢？觀測者移到其他位置囉。」

蒂蒂「啊，能不能讓我畫張圖看看呢？」

我「當然可以！」

蒂蒂「如果 x 在這裡，與波源的距離是……

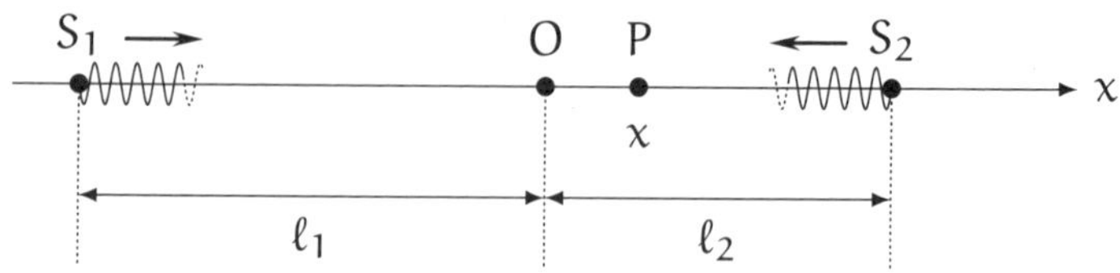

……我知道了。觀測者與 S_1 的距離是 $\ell_1 + x$，觀測者與 S_2 的距離是 $\ell_2 - x$，這樣想可以嗎？

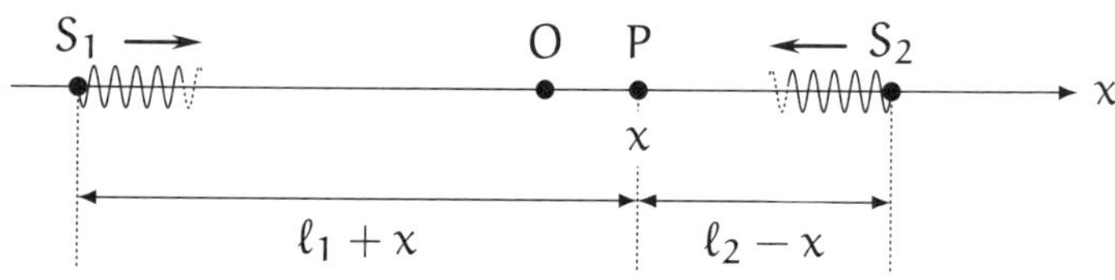

我「沒錯！」

蒂蒂「畫出圖後就覺得一目瞭然了耶。」

位置在 x 處的 y_1 與 y_2

$$\begin{cases} y_1 = A\sin\left(2\pi\frac{t}{T} - 2\pi\frac{\ell_1 + x}{\lambda}\right) \\ y_2 = A\sin\left(2\pi\frac{t}{T} - 2\pi\frac{\ell_2 - x}{\lambda}\right) \end{cases}$$

蒂蒂「接著再努力用和差化積公式計算一次，就能得到答案了！」

我「嗯，抱歉在蒂蒂很有幹勁的時候打斷妳，我覺得最好先代換成這樣會比較好喔。」

$$\begin{cases} L_1 = \ell_1 + x \\ L_2 = \ell_2 - x \end{cases}$$

蒂蒂「為什麼會出現 L_1、L_2 這些新的代數呢？」

我「因為解問題 3-2 的時候，須要用到問題 3-1 的結果喔。計算波的振幅時，兩個波的波源 S_1、S_2 與觀測者 P 之間的距離差相當重要對吧？」

蒂蒂「是啊。」

我「問題 3-1 的 ℓ_1、ℓ_2 分別是波源 S_1、S_2 與觀測者 P 之間的距離，但問題 3-2 的 ℓ_1、ℓ_2 卻是波源與原點的距離。所以這時要引入新的代數 L_1、L_2 來表示波源與觀測者的距離。」

蒂蒂「原來如此。」

我「這麼一來，就可以用解答 3-1 得到的這個式子來推導了，不須再用和差化積公式計算一次。」

$$y_1 + y_2 = 2A\cos\left(2\pi\left(\frac{\ell_1 - \ell_2}{2\lambda}\right)\right)\sin\left(2\pi\left(\frac{t}{T} - \frac{\ell_1 + \ell_2}{2\lambda}\right)\right)$$

蒂蒂「啊啊，我懂了。這個式子中的 ℓ_1、ℓ_2，分別代換成 L_1、L_2 之後就可以了……就像這樣。」

$$y_1 + y_2 = 2A\cos\left(2\pi\left(\frac{L_1 - L_2}{2\lambda}\right)\right)\sin\left(2\pi\left(\frac{t}{T} - \frac{L_1 + L_2}{2\lambda}\right)\right)$$

我「先把 $L_1 - L_2$ 與 $L_1 + L_2$ 分別拿出來計算，錯誤的機率就會變得更低囉。」

$$\begin{aligned} L_1 - L_2 &= (\ell_1 + x) - (\ell_2 - x) \\ &= \ell_1 + x - \ell_2 + x \\ &= \ell_1 - \ell_2 + 2x \\ L_1 + L_2 &= (\ell_1 + x) + (\ell_2 - x) \\ &= \ell_1 + x + \ell_2 - x \\ &= \ell_1 + \ell_2 \end{aligned}$$

蒂蒂「原來如此，就是各個擊破吧。把結果代入，會得到——

$$\begin{aligned} y_1 + y_2 &= 2A\cos\left(2\pi\left(\frac{L_1 - L_2}{2\lambda}\right)\right)\sin\left(2\pi\left(\frac{t}{T} - \frac{L_1 + L_2}{2\lambda}\right)\right) \\ &= 2A\cos\left(2\pi\left(\frac{\ell_1 - \ell_2 + 2x}{2\lambda}\right)\right)\sin\left(2\pi\left(\frac{t}{T} - \frac{\ell_1 + \ell_2}{2\lambda}\right)\right) \\ &= 2A\cos\left(2\pi\left(\frac{x}{\lambda} + \frac{\ell_1 - \ell_2}{2\lambda}\right)\right)\sin\left(2\pi\left(\frac{t}{T} - \frac{\ell_1 + \ell_2}{2\lambda}\right)\right) \end{aligned}$$

——完成了！這樣就知道波的形狀了嗎？」

解答 3-2（合成波的位移）

合成波的位移 $y_1 + y_2$ 可以用以下式子表示。

$$y_1 + y_2 = 2A\cos\left(2\pi\left(\frac{x}{\lambda} + \frac{\ell_1 - \ell_2}{2\lambda}\right)\right)\sin\left(2\pi\left(\frac{t}{T} - \frac{\ell_1 + \ell_2}{2\lambda}\right)\right)$$

蒂蒂「……」

我「那麼，蒂蒂會如何解讀這個式子呢？」

米爾迦「那麼，蒂蒂要解讀的是哪個式子呢？」

我「米爾迦……嚇了我一跳！」

3.9 米爾迦

米爾迦「今天要思考的數學問題是——」

米爾迦看了一眼我們寫下來的數學式。

黑色長髮輕輕搖曳著。

她是我的同班同學，擅長數學的才女，有豐富的知識與敏銳的洞察力。

蒂蒂、我、米爾迦三人，常在放學後的圖書室討論數學。

我「與其說是數學，不如說是物理學。」

蒂蒂「我們在思考波的疊加問題，米爾迦學姊。」

米爾迦「蒂蒂正好要開始解讀數學式嗎？」

蒂蒂「解讀數學式……就和英文閱讀一樣呢！嗯，我一開始想到的是位置 x 與時間 t。我想知道合成波位移的數學式中，位置 x 在哪裡，時間 t 在哪裡——然後觀察到這些。」

$$y_1 + y_2 = \underbrace{2A\cos\left(2\pi\left(\frac{x}{\lambda} + \frac{\ell_1 - \ell_2}{2\lambda}\right)\right)}_{\text{含有 }x\text{，但不含 }t}\underbrace{\sin\left(2\pi\left(\frac{t}{T} - \frac{\ell_1 + \ell_2}{2\lambda}\right)\right)}_{\text{含有 }t\text{，但不含 }x}$$

米爾迦「嗯。」

我「嗯嗯，原來如此。」

蒂蒂「剛才學長提到要注意有沒有包含 t（p.131）。我只是照著做而已……不過，接下來就不知道該怎麼解讀了。」

我「如果是米爾迦，會怎麼做呢？」

米爾迦「如果是你，會怎麼做呢？」

我「我的話，會先交換 cos 與 sin 的位置，就像這樣。」

$$y_1 + y_2 = \underbrace{2A\sin\left(2\pi\left(\frac{t}{T} - \frac{\ell_1 + \ell_2}{2\lambda}\right)\right)}_{\text{含有 }t\text{，但不含 }x}\underbrace{\cos\left(2\pi\left(\frac{x}{\lambda} + \frac{\ell_1 - \ell_2}{2\lambda}\right)\right)}_{\text{含有 }x\text{，但不含 }t}$$

蒂蒂「這樣有什麼差別嗎？」

我「嗯，我們可以透過這個式子，想像合成波的『位移位置關係圖』長什麼樣子喔。」

蒂蒂「咦？」

我「因為交換後可以得到這種形式的式子。

$$y_1 + y_2 = 2A\sin(\boxed{t\text{的式子}})\cos(\boxed{x\text{的式子}})$$

這就像是拍下波在瞬間的形狀一樣——也就是將 t 固定在某個時間點時的波。如此一來，波最大的瞬間，就是 sin

$\boxed{t\text{ 的式子}} = 1$ 的時候。此時，波的形狀應為

$$y_1 + y_2 = 2A\cos(\boxed{x\text{ 的式子}})$$

」

蒂蒂「啊～先固定 t 是嗎？ sin 是正弦，cos 是餘弦。」

我「嗯，而且，觀察 $\boxed{x\text{ 的式子}}$ 所表示的相位，也就是

$$\boxed{x\text{ 的式子}} = 2\pi\left(\frac{x}{\lambda} + \frac{\ell_1 - \ell_2}{2\lambda}\right)$$

可以知道，位置 x 每前進 λ，相位會增加 2π。所以，合成波的波長就是 λ。」

蒂蒂「原本兩個波源的波長都是 λ。相同波長的兩個波疊加而成的合成波，也有相同的波長，這點我可以理解。啊啊，不過，可以從數學式中看到這點，也讓我覺得很有趣。」

我「是啊。我們可以從數學式中解讀出這點。」

蒂蒂「啊，這表示，觀察 $\boxed{t\text{ 的式子}}$，也能知道週期是多少吧？我看看——

$$\boxed{t\text{ 的式子}} = 2\pi\left(\frac{t}{T} - \frac{\ell_1 + \ell_2}{2\lambda}\right)$$

——這樣看來，時間 t 每前進 T，相位會增加 2π。所以可以知道，合成波的週期為 T！既然知道波長也知道週期，就能畫出合成波的樣子了。」

米爾迦「嗯……」

蒂蒂「最後，問題 3-2 的疊加結果為

- 合成波的波長為 λ，
- 合成波的週期為 T。

這就是我解讀的結果！」

米爾迦「那麼，這裡就給已經融會貫通的蒂蒂出個小問題吧。」

米爾迦一邊說著，一邊用食指把眼鏡往上推。

蒂蒂「小問題……是嗎？」

米爾迦「蒂蒂剛才說問題 3-2 中的合成波，週期為 T，波長為 λ。那麼，合成波的前進速度 v 呢？」

蒂蒂「是的，因為知道週期 T 與波長 λ，所以可以由公式求出波的前進速度 $v = \frac{\lambda}{T}$。」

我「……不，不對喔，蒂蒂。」

我想都沒想就說出口。

蒂蒂「咦？可是波的前進速度應該是 $v = \frac{\lambda}{T}$ 沒錯吧？因為波振動一次需要的時間是周期 T，同時會移動一個波長 λ 的距離。波長除以週期之後，不就會得到波的前進速度嗎？」

米爾迦「蒂蒂，機械性地代入公式可能會誤入歧途。」

蒂蒂「……有哪裡不對嗎？」

米爾迦「問題 3-2 的合成波是駐波。」

蒂蒂「駐波？」

我「問題 3-2 的合成波，前進速度是 0 喔，蒂蒂。」

3.10 駐波

蒂蒂「速度是 0，不就表示停止不動嗎？剛才我們不是有算出週期 T，確認它有在振動了嗎？」

我「嗯，若是關注特定位置，那裡的介質確實會以 T 為週期振動。不過，這個波不會往左前進，也不會往右前進。」

蒂蒂「？」

米爾迦「讓我們再進一步解讀蒂蒂計算出來的合成波波長與週期，也就是解答 3-2 的式子吧。」

◎ ◎ ◎

進一步解讀解答 3-2 的式子。

$$y_1 + y_2 = \underbrace{2A\cos\left(2\pi\left(\frac{x}{\lambda} + \frac{\ell_1 - \ell_2}{2\lambda}\right)\right)}_{\text{含有 } x\text{，但不含 } t}\underbrace{\sin\left(2\pi\left(\frac{t}{T} - \frac{\ell_1 + \ell_2}{2\lambda}\right)\right)}_{\text{含有 } t\text{，但不含 } x}$$

這個合成波中，各個位置的介質會如何振動呢？位置 x 不同時，介質的振幅，即

$$\left|2A\cos\left(2\pi\left(\frac{x}{\lambda}+\frac{\ell_1-\ell_2}{2\lambda}\right)\right)\right|$$

也不一樣。這個式子的數值會隨著 x 改變。

不過，這個合成波中，所有位置的介質在振動時的相位都會保持一致。因為，僅有

$$\sin\left(2\pi\left(\frac{t}{T}-\frac{\ell_1+\ell_2}{2\lambda}\right)\right)$$

這個部分會因時間 t 而改變，而這個部分內並沒有 x。不管是位於何處的介質，振動時的相位都會保持一致。這就是駐波。

◎　◎　◎

米爾迦「這就是駐波。」

蒂蒂「原來如此。振動時相位保持一致……這看起來就像是介質的振動不會傳遞出去一樣——但、但是，很難想像這樣的波會是什麼形狀耶！」

我「要看看它具體的振動方式嗎？假設波源 S_1 的波往右前進，

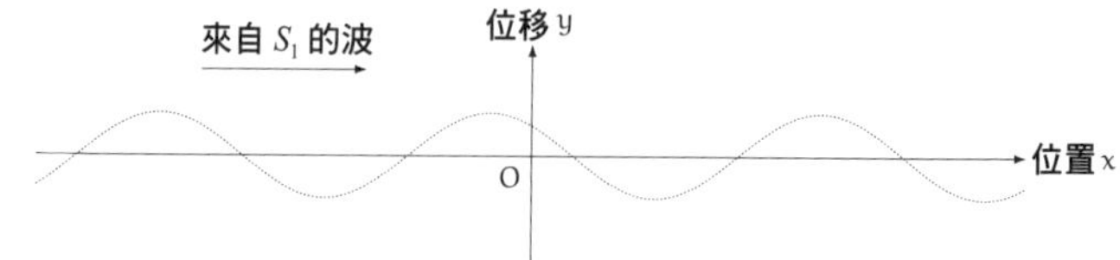

而波源 S_2 的波往左前進 [*6]。

*6　本圖中，原點位於 S_1 與 S_2 的中點。

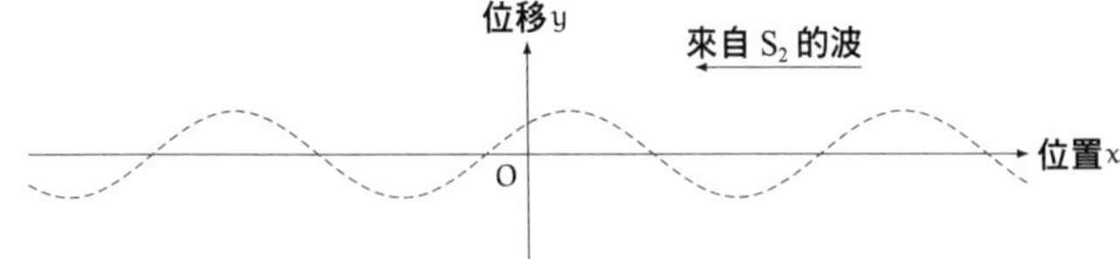

這兩個波疊加後得到的合成波會變成這樣（次頁）。是個不往左也不往右的駐波。」

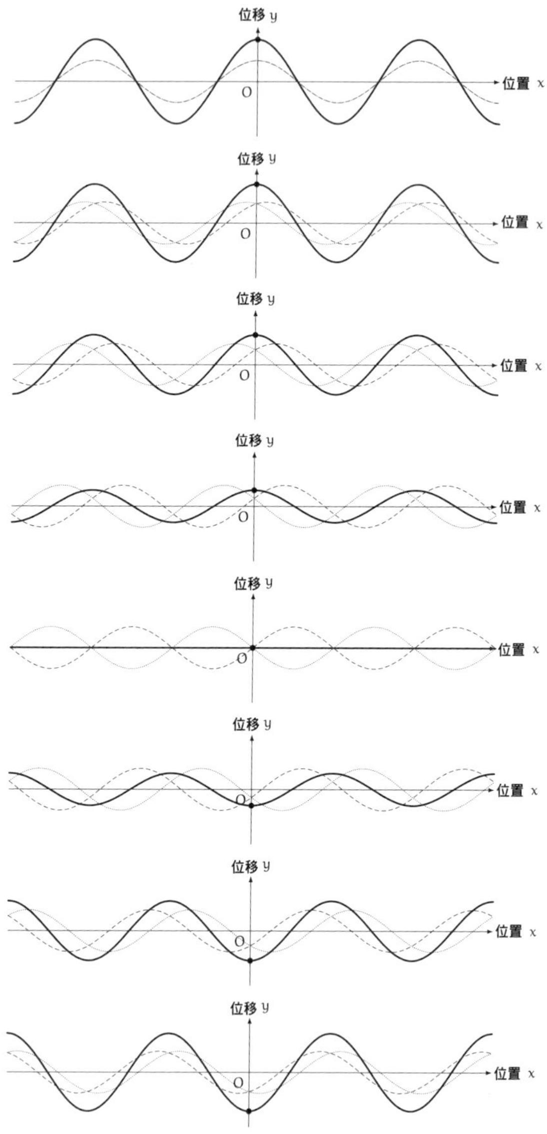
位移 y
位置 x
O
位移 y
位置 x
O
位移 y
位置 x
O
位移 y
位置 x
O
位移 y
位置 x
O
位移 y
位置 x
O
位移 y
位置 x
O
位移 y
位置 x
O

不往左也不往右的駐波

蒂蒂「會變成這樣啊……確實，介質有在振動，但波沒有往左也沒有往右移動。」

我「波在前進時，我們可以說『波峰在週期 T 的時間內，前進了一個波長 λ，所以速度為 $v = \frac{\lambda}{T}$』。不過，如果我們只關注介質的一個點，就無法確定波有沒有在前進。」

蒂蒂「咦？」

我「舉例來說，即使是往右移動的波，原點的振動方式也可能與剛才提到的駐波相同（次頁）。此時就可以用 $v = \frac{\lambda}{T}$ 求出波速。」

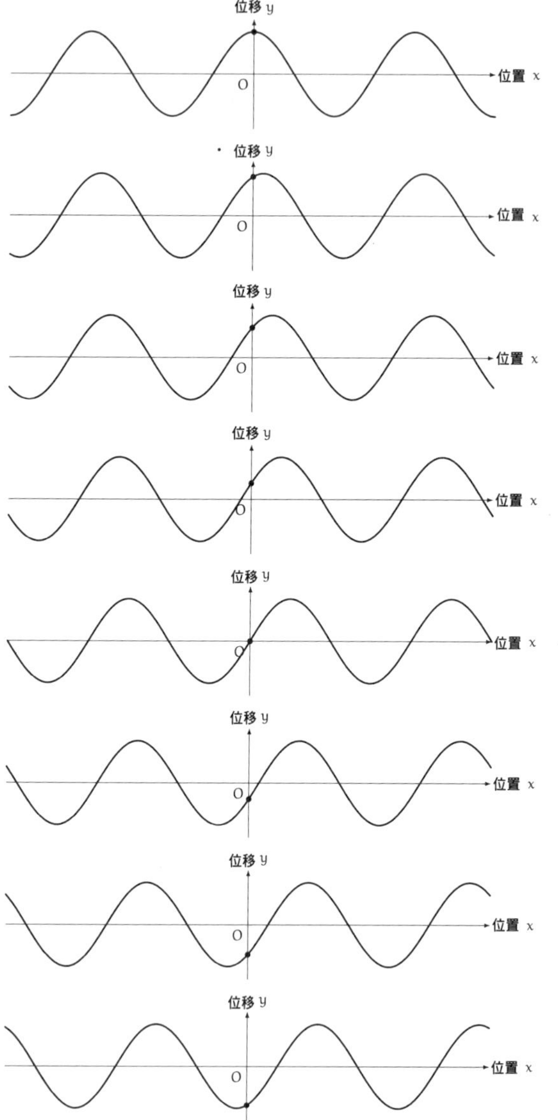

原點的振動方式與 p.150 的駐波相同，波卻往右前進的例子

蒂蒂「確實，即使原點的振動方式相同，這種波卻會往右移動……雖然這種波我已瞭解，但駐波之類不會前進的波我就不太懂了，駐波很常見嗎？」

米爾迦「到處都可以看到駐波喔。舉例來說，回想一下吉他之類的弦樂器。弦的兩端被固定著，用手指彈奏弦的瞬間，弦就會生成含有各種波長的波，並在兩個端點之間來回反射，彼此疊加。不過，最後只會留下兩端位移為 0 的駐波。」

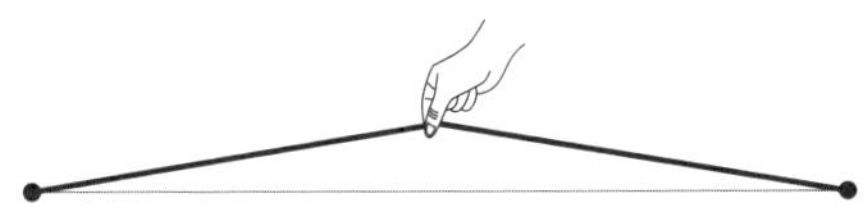

蒂蒂「……」

米爾迦「兩端位移為 0 的波是什麼樣的波呢？考慮正弦波的情況，假設弦長為 L，只有波長 λ 滿足

$$L = n\frac{\lambda}{2} \qquad (n = 1, 2, 3, \ldots)$$

即

$$\lambda = \frac{2L}{n} \qquad (n = 1, 2, 3, \ldots)$$

的波，會以駐波的形式留下來。這些波疊加而成的合成波，就會成為被彈奏的弦的音色。而弦會產生哪些波長的波，每種波的強度又是多少，則取決於弦的材料與彈奏方式。」

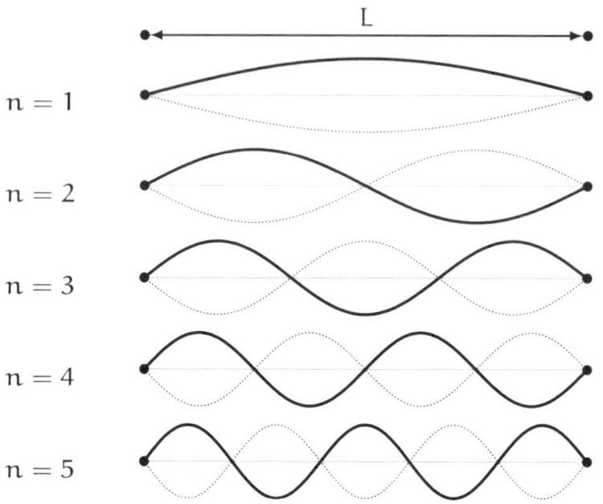

蒂蒂「原來如此……」

米爾迦「弦樂器中，改變弦長、壓弦位置時，音高也會跟著改變。管樂器中，用手指塞住管上的洞，就能改變音高。改變樂器的物理特性，就能發出特定**頻率**的聲音。」

蒂蒂「頻率？」

我「頻率就是單位時間的**振動次數**喔。」

3.11　頻率 f 與週期 T

米爾迦「頻率這個物理量，表示介質在單位時間內的振動次數，常以 f 表示。也就是說，如果頻率固定，那麼振動次數除以振動花費的時間，就會得到頻率。順帶一提，一次振動花費的時間就是週期 T。所以，振動次數 1，除以週期 T，就會得到頻率 f。也就是說，頻率 f 是週期 T 的倒數。」

$$f = \frac{1}{T}$$

蒂蒂「頻率 f 是週期 T 的倒數……」

頻率 f 與週期 T

$$f = \frac{1}{T}$$

蒂蒂「頻率 f 是哪個字的縮寫呢？」

米爾迦「frequency 的首字母。」

蒂蒂「frequency……表示一個東西振動的有多頻繁嗎？」

米爾迦「正是如此。」

蒂蒂「我大概懂頻率 f 是什麼意思了，但還是不太瞭解為什麼它是週期 T 的倒數……」

我「頻率 f 為『單位時間內的振動次數』。一個東西在單位時間內振動了多少次呢？想想看具體的例子就可以囉，蒂蒂。舉例來說，如果一個東西振動 4400 次共花了 10 秒鐘，那麼 1 秒之內振動了幾次呢？」

蒂蒂「振動 4400 次要花 10 秒，那麼 1 秒內會振動 440 次對吧？」

我「剛才蒂蒂的計算是將『振動次數』除以『花費時間』對吧？這樣就可以得到單位時間產生了多少個波——也就是『頻率 f』。」

$$「頻率f」=\frac{「振動次數」}{「花費時間」}$$

$$=\frac{4000\text{ 次}}{10\text{ 秒}}$$

$$=400\text{次 / 秒}$$

蒂蒂「是啊……原來如此，我懂了。一次振動花費的時間是週期 T，所以確實會得到

$$f=\frac{1}{T}$$

我懂了。抱歉一時沒反應過來。」

$$「頻率f」=\frac{「振動次數」}{「花費時間」}$$

$$=\frac{1\text{ 次}}{T\text{ 秒}}$$

$$=\frac{1}{T}\text{ 次 / 秒}$$

米爾迦「不須要道歉，蒂蒂。」

我「不須要道歉喔，蒂蒂。在確定聽懂以前，多問問題以確認自己的想法，是再正常不過的事。」

蒂蒂「啊，嗯，好的。……不過，學長姊們為什麼能馬上理解

這些物理概念呢？總覺得我的頭腦已經快裝不下了。感覺要是頭歪一邊，f 或 T 就會從耳朵掉出來的樣子！」

我「我們也不是馬上就能理解喔。我們只是像蒂蒂常說的『不要裝懂』，反覆思考而已。」

米爾迦「舉例是理解的試金石。」

蒂蒂「是的。我也是靠 $f = \frac{1}{T}$ 這個例子，才明白是怎麼回事。」

我「1 秒內振動 440 次，頻率就是 440 Hz 喔。」

蒂蒂「啊，這個我知道。這是調音時用的『La』音！所以說，這個聲音是空氣在 1 秒內振動 440 次時產生的聲音吧……」

我「人類耳朵聽得到的聲音頻率範圍僅限於 20 Hz 到 20000 Hz 喔。」

米爾迦「不過個人差異很大。」

蒂蒂「頻率比這高的聲音，就是**超音波**吧！」

3.12　角頻率 ω

米爾迦「假設一個週期為 T 的振動，能以下式表示

$$y = A\sin\left(2\pi\frac{t}{T}\right)$$

若改用頻率 f 來表示，可改寫成這樣：

$$y = A\sin(2\pi ft)$$

」

蒂蒂「因為 $f = \frac{1}{T}$，所以可以這樣改寫對吧？這個我懂。」

米爾迦「接著還可以用**角頻率** ω，改寫成這樣：

$$y = A\sin(\omega t)$$

」

蒂蒂「又是新的概念了嗎——這是

$$\omega = 2\pi f$$

的意思嗎？」

我「沒錯。」

頻率 f

$$f = \frac{1}{T}$$

角頻率 ω

$$\omega = \frac{2\pi}{T} = 2\pi f$$

蒂蒂「這是什麼樣的物理量呢——不，等等。$\omega = 2\pi f$，這表示

$$\omega = \frac{2\pi}{T}$$

……所以是用來表示單位時間內前進了多少角度的量是嗎？」

米爾迦「沒錯。這個 ω 就是指單位時間內，相位前進了多少的物理量。與等一下會提到的等速率圓周運動的**角速度** ω 相同。在與波有關的式子中，通常會簡單寫成 ω。譬如

$$\sin\left(2\pi\frac{t}{T}\right)$$

這個式子就可以改寫成

$$\sin\omega t$$

這樣就簡潔多了。」

我「不過，有時候把週期 T 寫出來會比較好懂喔。譬如在以下式子中，

$$y = A\sin\left(2\pi\frac{t}{T} - 2\pi\frac{x}{\lambda}\right)$$

可以看到

- $2\pi\dfrac{t}{T}$ 為依時間改變的相位
- $2\pi\dfrac{x}{\lambda}$ 為依位置改變的相位

兩者以相同形式表示。」

蒂蒂「那，那個……我有個問題。週期的倒數 $\dfrac{1}{T}$，可以稱做頻率 f。那波長的倒數 $\dfrac{1}{\lambda}$，也有自己的名字嗎？」

聽到蒂蒂的問題之後，米爾迦彈了一下手指。

米爾迦「有。波長的倒數叫做波數*，以 ν 表示。這個物理量表示『單位長度包含了多少個波』。」（譯註：此處的 ν 為希臘字母 *nu*，非英文字母 v）

我「哦哦？」

蒂蒂「這樣的話，它的 2π 倍，一定也有自己的名字吧！！」

米爾迦「有。$2\pi\nu$ 叫做**角波數**，以 k 表示。$2\pi\nu$ 可用於表示『單位圓圓周長包含了多少個波』。」

我「原來還有這個量啊！我以前都不知道……」

米爾迦「這樣就可以用 ω 與 k 改寫這個波的式子，會變得簡潔許多。

$$y = \sin\left(2\pi\frac{t}{T} - 2\pi\frac{x}{\lambda}\right)$$

$$\downarrow$$

$$y = \sin\left(\frac{2\pi}{T}t - \frac{2\pi}{\lambda}x\right)$$

$$\downarrow$$

$$y = \sin(\omega t - kx)$$

* 審訂者註：關於「波數」，在臺灣的「國家教育研究院」有明確定義為 $k = \frac{2\pi}{\lambda}$，在教育現場也是用 $\frac{2\pi}{\lambda}$ 來描述波數而非 $\frac{1}{\lambda}$。

波數 ν

$$\nu = \frac{1}{\lambda}$$

角波數 k

$$k = \frac{2\pi}{\lambda} = 2\pi\nu$$

物理學上，一般直接稱 k 為波數，ν 則較不常用，不過不同領域的情況也可能不一樣。

蒂蒂「果然還是有對應的地方！

$$y = A\sin\left(2\pi\frac{t}{T} - 2\pi\frac{x}{\lambda}\right)$$

這個波的式子中，可以將 $2\pi\frac{t}{T}$ 改寫成 ωt；所以我就覺得，$2\pi\frac{x}{\lambda}$ 應該也可以用類似的方式改寫才對！」

米爾迦「蒂蒂總是能自然而然地找到規則。」

我「真是厲害！」

3.13 等速率圓周運動、簡諧運動、正弦波

蒂蒂「知道我們可以用數學式來表示波之後，覺得波變得有趣多了，讓我想學習更多與三角函數有關的計算方式。不過……雖然我知道週期與波長的意思，但還是不大習慣

『相位』這個概念。有種『還不完全懂』的感覺。」

米爾迦「可以試著把等速率圓周運動、簡諧運動、正弦波放在同一個框架內思考。」

◎　◎　◎

把等速率圓周運動、簡諧運動、正弦波放在同一個框架內思考。

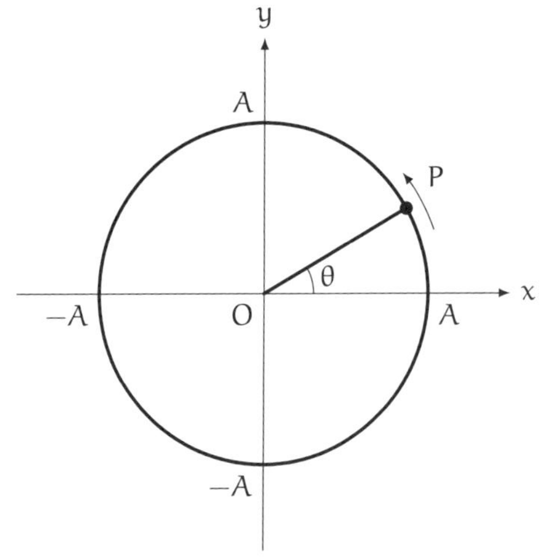

設半徑為 A 的圓周上有一個點 P，以逆時鐘方向行等速率圓周運動。設時間為 t 時，圓心 O 與點 P 的連線線段與 x 軸正向所夾角度為 θ。這裡的 θ 是相位。

設點 P 繞圓一周花費的時間，即週期為 T。在時間 T 內，點 P 繞行一周時，角度 θ 會增加 2π，故單位時間內角度 θ 會增加 $\frac{2\pi}{T}$，這可以寫成角速度 ω。也就是說：

$$\omega = \frac{2\pi}{T}$$

設時間為 0 時的相位，即初始相位為 θ_0，那麼時間 t 時的相位 θ 可寫成

$$\begin{aligned}\theta &= \frac{2\pi t}{T} + \theta_0 \\ &= \omega t + \theta_0\end{aligned}$$

等速率圓周運動的點 P，其 y 座標為

$$\begin{aligned}y &= A\sin\theta \\ &= A\sin\left(\frac{2\pi t}{T} + \theta_0\right) \\ &= A\sin(\omega t + \theta_0)\end{aligned}$$

這個 y 座標的數值，於週期 T 內會在 $-A \leqq y \leqq A$ 之間振盪。這種振盪稱做簡諧運動。等速率圓周運動中的角速度 ω，與簡諧運動的角頻率 ω 完全相同。兩者都是指單位時間內的相位前進了多少。

若將 θ 設為座標平面的橫軸，簡諧運動的 y 設為縱軸，便可得到振幅為 A 的正弦波。讓我們試著畫出初始相位 $\theta_0 = 0$ 的圖形吧。

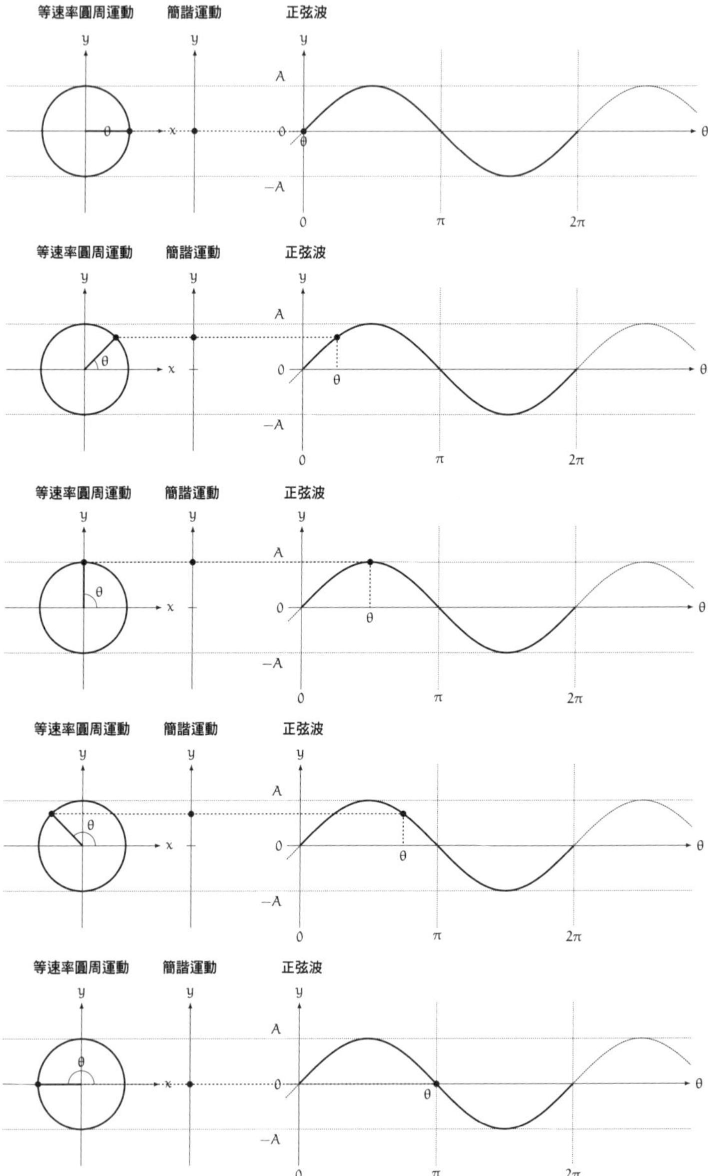
等速率圓周運動
簡諧運動
正弦波
y
x
θ
A
0
−A
π
2π
等速率圓周運動
簡諧運動
正弦波
等速率圓周運動
簡諧運動
正弦波
等速率圓周運動
簡諧運動
正弦波
等速率圓周運動
簡諧運動
正弦波

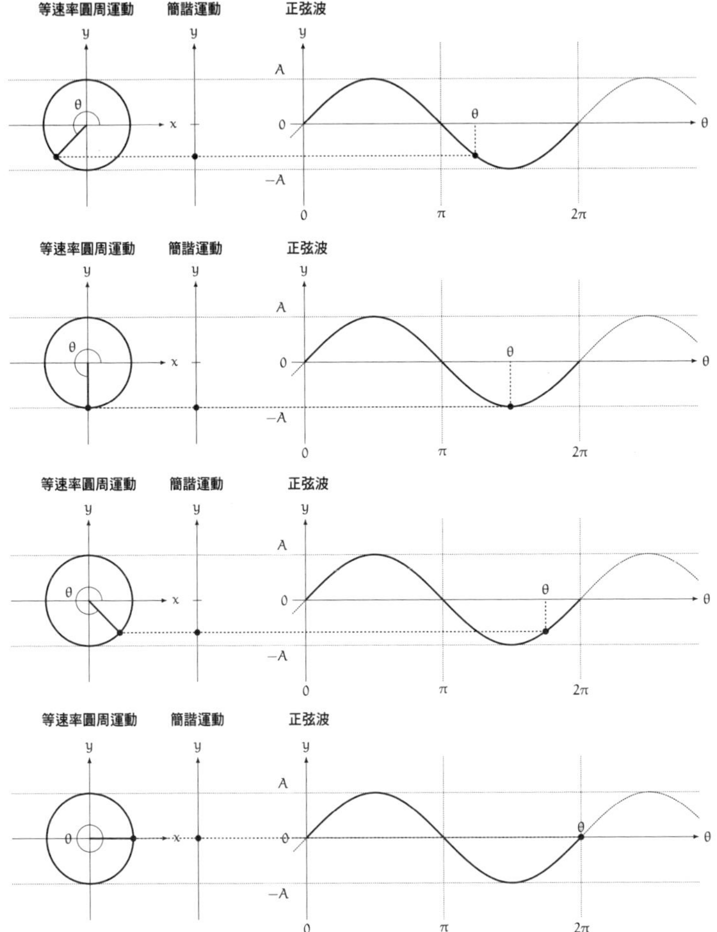

所以，簡諧運動與正弦波，皆可視為等速率圓周運動的一面。

A 為等速率圓周運動的半徑，也是簡諧運動與正弦波的振幅。

T 為等速率圓周運動、簡諧運動、正弦波的週期。

想像等速率圓周運動的樣子，就比較能理解相位的概念。

◎ ◎ ◎

米爾迦「想像等速率圓周運動的樣子，就比較能理解相位的概念了。」

蒂蒂「這樣我就懂了。那『相位』的英文是什麼呢？」

米爾迦「phase。」

蒂蒂「與代表月亮圓缺的 phase 是同一個字嗎？」

米爾迦「沒錯。」

蒂蒂「原來如此。相位的意義是『跑到一圈的哪個位置』吧！」

- 等速率圓周運動時，跑到一圈的哪個位置。
- 簡諧運動時，跑到一次來回的哪個位置。
- 正弦波時，跑到一個波的哪個位置。

我「會想到等速率圓周運動的確是很自然的呢。而且 sin 的定義也用到了圓！」

3.14 將各種波視為同一種現象

蒂蒂「詞語、詞語、詞語——詞語還真是不可思議……」

米爾迦「嗯？」

蒂蒂「水波與聲波，都可以用『波』這個詞來表示。彈簧產生的縱波，也是一種波。水與空氣不同，當然也與彈簧不同。但從傳遞振動的角度來看，它們都可以用『波』這個詞語來表示。看似完全不同的東西，卻被整合在一起。我覺得這很不可思議。」

我「因為『波』這個詞語可以將許多現象視為同一種現象喔，就像蒂蒂剛才說的一樣。」

蒂蒂「視為同一種！就是這樣！」

我「彈簧伸縮的現象與聲音傳遞的現象看似無關，但都可以用數學式來表示。這點很有趣吧。雖然介質完全不同，卻都有相當於振幅的屬性、相當於週期的屬性、相當於波長的屬性。而且都可以用數學式來計算，十分有趣。這些計算讓我們能定量思考它們的性質。」

蒂蒂「是的，就是這樣。推導數學式的過程中，可以幫助我們理解，這點也很不可思議。」

我「不可思議？」

蒂蒂「波可以彼此疊加，所以可以寫成三角函數的和。接著再用和差化積公式改寫成不同的形式，然後試著解讀這個式子。我們居然能用這些方式來解讀波，實在相當不可思議！這就像是透過數學瞭解物理一樣。」

米爾迦「數學就是語言。」

蒂蒂「語言、詞語、語言……把概念語言化真的很重要耶。」

我不知道我在世人面前呈現出什麼樣貌。
但我自己覺得，我只是一個在海邊玩耍的孩童而已。
只是一個熱衷於撿拾那些特別光滑的石子、
特別漂亮的貝殼的孩童而已。
而在我面前的，是人們尚未發現、
名為真理的廣闊海洋。
——艾薩克．牛頓[*7]

*7 參考自 "Memoirs of the Life, Writings, and Discoveries of Sir Issac Newton", Sir David Brewster (1955)，筆者譯。

附錄：表面波

第 3 章中，「我」提到「水波是橫波」（p.101）。但嚴格來說，透過水面傳遞的波，不是縱波，也不是橫波。當水面變形，在地球重力、水的表面張力等復原力的影響下，會回復到變形前的樣子，水面也因此能傳遞振動。這種在介質表面傳遞的波，稱做表面波。

水波前進時，做為介質的水會像下圖般，在所在區域畫出小小的圓或橢圓。有時候我們僅考慮介質的旋轉運動中，垂直於波前進方向的分量（即水面的上下振動），此時便可將水波視為橫波。

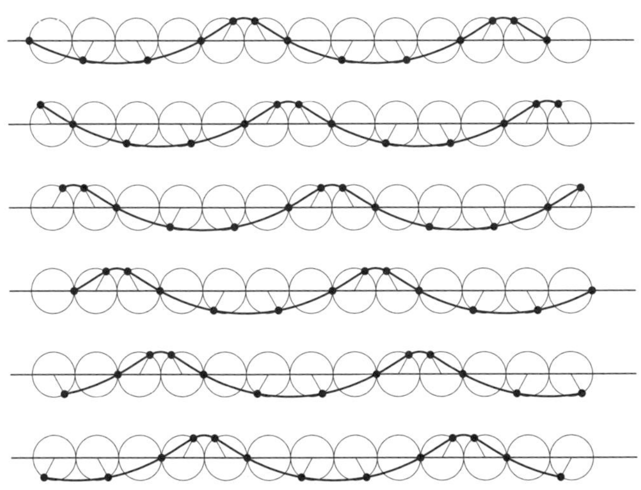

第 3 章的問題

●問題 3-1（水面波的干涉）

下圖為水面於某時間點的樣子。圖中以實線的圓表示 S_1、S_2 兩個波源產生的波中位移最大的地方，以虛線的圓表示位移最小的地方。

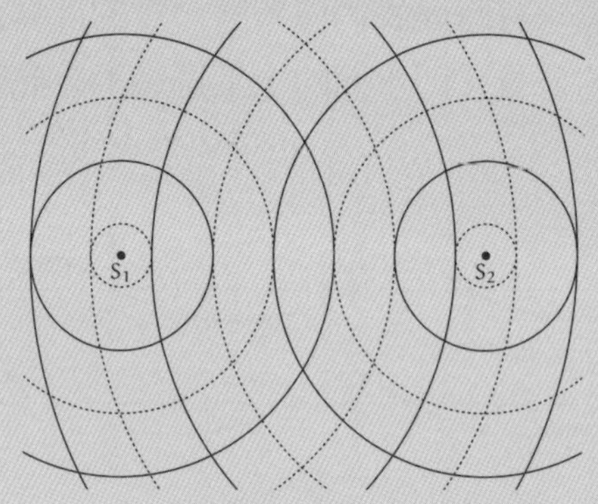

請在圖中合成波位移最大的各點標上●符號，在合成波位移最小的各點標上○符號。

另外，假設波在前進時，振幅不會衰減。

（解答在 p.336）

●問題 3-2（拍頻）

聲量小且頻率不同的兩個聲音合在一起後，聽起來會像是一個聲量反覆變化的聲音，就像這樣：

…嗚哇**啊啊啊**嗯嗯…嗚哇**啊啊啊**嗯嗯…嗚哇**啊啊啊**嗯嗯…

這種現象稱做拍頻。試求一次拍頻「…嗚哇**啊啊啊**嗯嗯…」花費的時間（拍頻的週期）。假設兩個聲音的頻率 f_1、f_2 分別為

$$\begin{cases} f_1 = 441\,\mathrm{Hz} & \text{（每秒振動441次）} \\ f_2 = 440\,\mathrm{Hz} & \text{（每秒振動440次）} \end{cases}$$

合成波的振動為

$$\sin 2\pi f_1 t + \sin 2\pi f_2 t$$

試求拍頻的週期。

提示：請使用三角函數的和差化積公式

$$\sin\alpha + \sin\beta = 2\sin\frac{\alpha+\beta}{2}\cos\frac{\alpha-\beta}{2}$$

計算出合成波，再分析波的振幅會如何變化。

（解答在 p.338）

第 4 章

光的探究

「說明藍是什麼的時候，不能用到『藍』。」

4.1 聲波的都卜勒效應

我、蒂蒂、米爾迦三人，繼續討論著波的話題。

蒂蒂「語言、詞語、語言……把概念語言化真的很重要耶。」

我「蒂蒂真的很喜歡語言耶。就我而言，應該是在物理課程中計算**都卜勒效應**時，才真正瞭解到『聲音是波』這件事。」

蒂蒂「是的，我也知道都卜勒效應是什麼。譬如救護車的警笛聲音變化就是一個例子對吧？」

- 救護車靠近時，警笛聲聽起來比較高。
- 救護車遠離時，警笛聲聽起來比較低。

蒂蒂試著發出救護車警笛般的聲音

……喔—咿—、喔—咿—↘
喔—咿—、喔—咿—……

就好像是有救護車通過我們眼前一樣。

她模仿得真像。

米爾迦「由都卜勒效應可以知道救護車的速度。」

蒂蒂「咦？」

米爾迦「靜止的觀測者聽到的音高變化情況，可以由音速、聲源速度計算出來。反過來說，只要知道音高變化與音速，就能計算出聲源速度。」

我「聽起來很像物理的練習問題耶。假設聲源是救護車，就可以計算出救護車的速度了。」

蒂蒂「速度——一般來說要知道移動距離與所需時間才能求出速度吧？聽到聲音就可以知道速度是多少嗎？」

我「確實，棒球用的測速器也是用都卜勒效應來測量速度。將電波打到球上，再觀測反射電波的頻率，然後由都卜勒效應計算出球速。」

米爾迦「蝙蝠也一樣。」

蒂蒂「蝙、蝙蝠？」

米爾迦「蝙蝠可以在黑暗中飛行。因為牠們會自行發出聲音，再聽取反射回來的聲音，藉此判斷周圍的情況。換句話說，就是用聲音『觀看』。而且，蝙蝠由聲波的頻率變化，可以知道反射聲音的對象為靜止、正在靠近，還是正在遠離。」

蒂蒂「原來如此。我知道救護車的警笛聲會改變，卻不曉得可以用這種變化來計算救護車的速度，感覺好神奇喔。看來我還不大瞭解波是什麼。這裡也會用到三角函數吧？」

我「雖然也可以用三角函數來算，但也能用更簡單的方式計算喔。」

蒂蒂「真的嗎！因為波的數學式中有三角函數，我還以為……」

米爾迦「用一個具體的問題來說明吧。」

問題 4-1（聲源靠近時的都卜勒效應）

一個聲源以一定的速度 v 朝著靜止的觀測者前進。設聲源發出的聲音頻率為 f，試求觀測者觀測到的聲音頻率 f'。其中，設音速為 V，且 $V>v$。

蒂蒂「因為聲源朝著觀測者直線前進，所以可以想成它們都在 x 軸上對吧。」

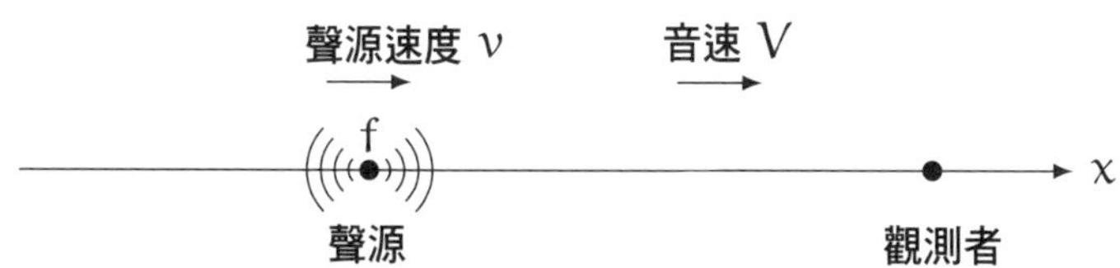

我「首先，複習一下聲源靜止時的情況吧。音速為 V，聲源頻率為 f，假設聲源靜止時的波長為 λ，那麼這條式子會成立：

$$\lambda = \frac{V}{f}$$
」

蒂蒂「咦、呃，這是由 $V = f\lambda$ 這個波的公式推導出來的吧？」

我「也可以這麼說。不過只要想想看單位時間內發生的事，就可以知道為什麼這條式子會成立囉。既然音速是 V，就表示聲音在單位時間內會前進 V 的距離。」

蒂蒂「是的，如果速度是 V，那麼在單位時間內會前進 V，這個我懂。」

我「聲源頻率為 f，表示單位時間內會生成 f 個聲波。」

蒂蒂「……是、是的，確實是這樣。」

我「這表示，單位時間內，聲音前進了 V，而這段距離間，共有 f 個聲波。所以 1 個聲波的長度——也就是波長 λ——就是 V 除以 f

$$\lambda = \frac{V}{f}$$

這樣可以嗎？」

蒂蒂「啊，我懂了。」

我「以上是聲源靜止的情況。接著讓我們思考看看如問題 4-1 般，聲源以速度 v 前進的情況。假設觀測者觀測到的頻率為 f'，觀測者觀測到的波長為 λ'，那麼由剛才的思路，可以得到

$$\lambda' = \frac{V}{f'}$$」

蒂蒂「請等一下。音速是 V，聲源以速度 v 靠近，那麼分子應該不是 V，而是 $V+v$ 不是嗎？」

我「不是喔，蒂蒂。確實，如果在跑步時往前丟球，那麼球的速度會是跑步的速度加上丟出的速度。但波不是這樣。因為波的前進速度是振動在介質中的傳遞速度。」

米爾迦「由介質的彈性係數——受力時的扭曲程度——以及密度決定。」

我「聲音的傳遞速度只會受介質種類、溫度的影響喔[*1]。」

蒂蒂「原來是這樣啊。」

我「所以說，即使聲源以 v 的速度靠近，聲音的傳遞速度仍為 V。假設此時觀測者聽到的聲音頻率為 f'，波長為 λ'，由於單位時間內，聲音前進了 V，而這段距離間，共有 f' 個聲波，所以波長 λ' 為

$$\lambda' = \frac{V}{f'}$$

可轉換成

$$f' = \frac{V}{\lambda'}$$

只要知道波長 λ'，就能知道頻率 f' 是多少。」

---

*1　聲音在空氣中的速度約為 340 m/s，在水中的速度約為 1500 m/s。

蒂蒂「是的……我知道由波長 λ' 可以求出頻率 f'。」

我「求算觀測到的聲音波長 λ' 並不困難喔。假設週期為 T，只要想像聲波前進 T 時間後的樣子就可以了。如果聲音前進了 VT，聲源前進了 vT，那麼波長 λ' 就是

$$\lambda' = VT - vT = (V - v)T$$

因此

$$\begin{aligned} f' &= \frac{V}{\lambda'} \\ &= \frac{V}{(V-v)T} && \text{因為 } \lambda' = (V - v) \\ &= \frac{V}{V-v} f && \text{因為 } \frac{1}{T} = f \end{aligned}$$

最後得到

$$f' = \frac{V}{V-v} f$$」

蒂蒂「呃……為什麼 $\lambda' = VT - vT$ 呢？」

我「咦？因為時間增加 T 時，聲音會前進 VT，聲源會前進 vT 啊。」

蒂蒂「可、可是，為什麼兩者間的差是 λ'？」

我「嗯……我自己是覺得很理所當然啦。」

米爾迦「週期 T 是振動一次所花費的時間。這段期間內，聲音前進了 VT，聲源前進了 vT。兩者間的差異 $VT - vT$ 為一個波的長度，也就是波長 λ'。」

蒂蒂「呃，我想想看……」

米爾迦「用圖來說明吧。首先是聲源靜止時的圖。這裡畫的同心圓是波前——由波中相同相位的點連接而成的線。而這個同心圓，可以想成是將空氣密集處連接形成的圖形，或者是將波峰連接形成的圖形。」

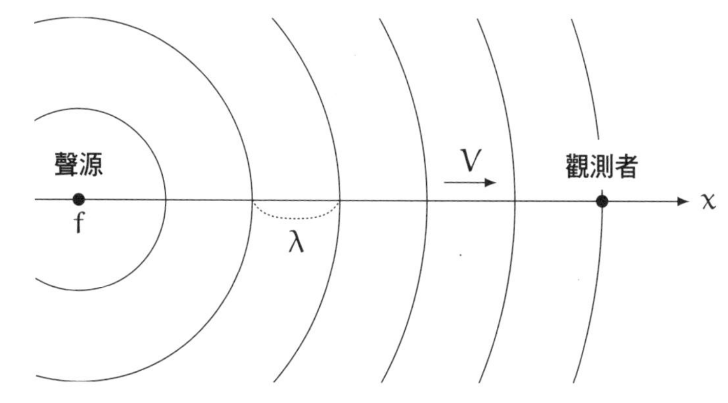

聲源靜止時

蒂蒂「是的，這個我知道。這是聲波以聲源為中心擴展開來的樣子對吧？而波峰與波峰之間的距離，就是靜止時的波長 λ。」

米爾迦「聲音能否像這樣朝所有方向一致性地擴展開來，取決於聲源的形狀與性質。譬如音叉的聲音，與揚聲器的聲音，情況就不大一樣。平面狀的揚聲器與球面狀的揚聲器，情況也不一樣。這裡為了簡化問題，以同心圓表現波前。若考慮聲音在空間中傳播，那麼波前也可能是以聲源為圓心的球面。」

蒂蒂「是的。」

米爾迦「如果聲源以速度 v 前進，那麼波峰位置可能如下圖所示。」

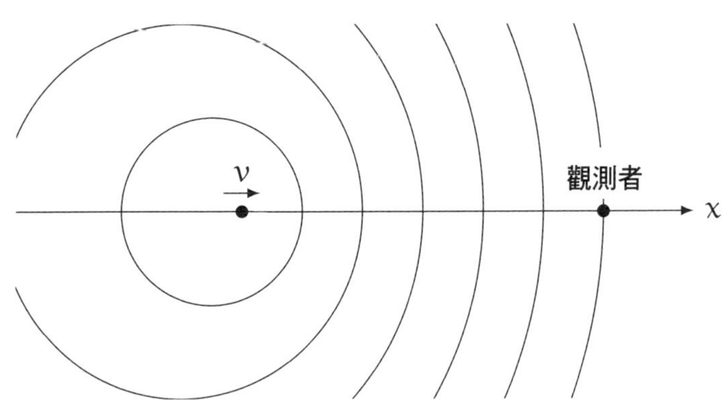

聲源以速度 v 靠近時

蒂蒂「啊……聲源前方表示波前的同心圓，間隔比較小。」

米爾迦「不，它們已經不是同心圓了。因為這些圓的圓心並不相同。」

蒂蒂「不是同心圓？不過這些是圓沒錯吧……」

於是，蒂蒂陷入了沉思。

我「……」

米爾迦「……」

蒂蒂「……啊啊，我知道了！這些圓的圓心是聲源對吧。因為聲源正在移動，所以每個圓的圓心都不一樣。這樣我就理解了！」

米爾迦「為了幫助理解，我們可以再畫一張這樣的圖。圖中，時間 $t = nT$ 時的聲源位置可以用 n 來表示。而聲源於時間 t = 0 時發出的波，波峰會在 $t = 6T$ 時抵達觀測者。這樣說明起來就簡單多了。」

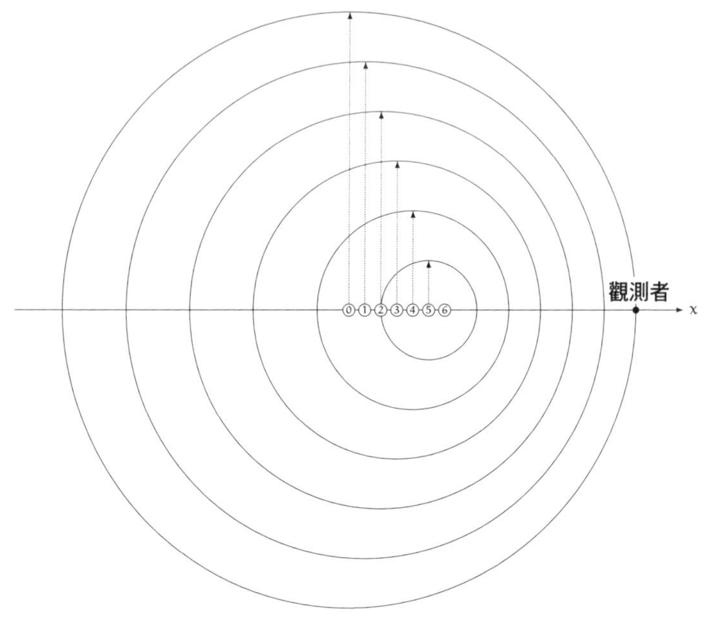

$t = 6T$ **時，聲源的位置與波峰的位置**

我「往上伸出的箭頭，代表各個圓的半徑對吧？而 $t = 6T$ 的圓，半徑為 0。」

蒂蒂「原來如此，這樣確實可以看出移動中的聲源發出聲音的樣子。當時間 t 為 $0T$、$1T$、$2T$、$3T$、$4T$、$5T$、$6T$，聲源分別位於⓪、①、②、③、④、⑤、⑥。而最大的圓 $t = 0T$ 時聲源發出的聲波，會在 $t = 6T$ 時抵達觀測者——好的，這樣我就懂了。」

米爾迦「理所當然的，這裡的⑥與觀測者之間有 6 個波。因為⓪釋放出的聲波抵達觀測者之前，聲源會釋放出 6 個波，而這些波都介於聲源與觀測者之間。」

我「嗯嗯。這時候就會用到 $V > v$ 這個條件了。因為有這個不等式，聲源才不會追過聲音。」

蒂蒂「……啊，蒂蒂終於理解了！想像時間 T 到 $6T$ 之間的樣子，就能知道這是理所當然的！因為，當聲音前進 $6VT$，聲源前進了 $6vT$，這之間共有 6 個波，所以可以得到

$$6\lambda' = 6\mathrm{VT} - 6v\mathrm{T}$$

畫成圖就像這樣！」

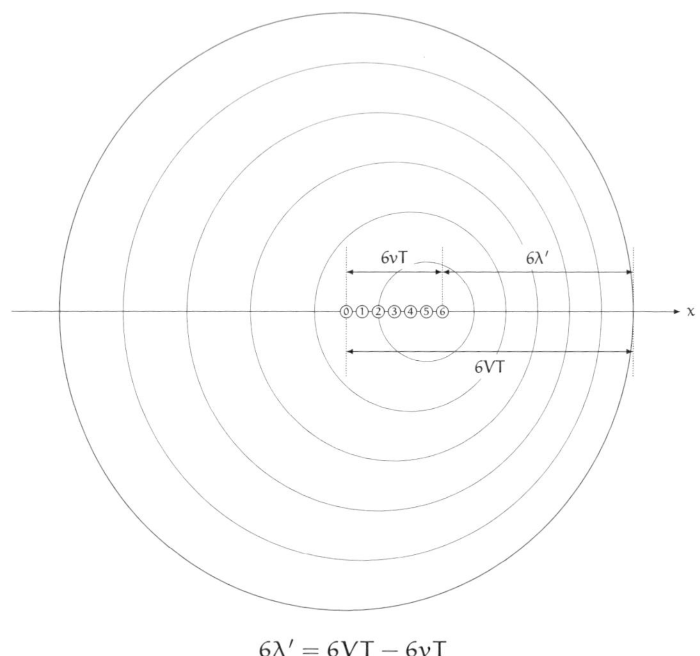

$$6\lambda' = 6VT - 6vT$$

我「是啊。」

蒂蒂「所以說，剛才學長提到的這個式子——

$$\lambda' = VT - vT$$

也理所當然成立。」

米爾迦「週期 T 是振動一次花費的時間。在這段時間中，聲音前進了 VT，聲源前進了 vT。兩者間的差 $VT - vT$ 會等於波長 λ'，即相鄰波前的距離。」

解答 4-1（聲源靠近時的都卜勒效應）
考慮時間經過了週期 T 後的樣子。聲音朝著觀測者前進了 VT，聲源則前進了 vT，所以朝著觀測者前進的聲波波長 λ' 為：

$$\lambda' = VT - vT = (V - v)T$$

由 $f' = \frac{V}{\lambda'}$ 及 $f = \frac{1}{T}$ 可以得到

$$f' = \frac{V}{V - v} f$$

米爾迦「確認單位。」

我「V 與 $V - v$ 的單位都是速度，可以相消，所以 $f' = \frac{V}{V - v} f$ 兩邊的單位都是頻率，沒有問題。」

米爾迦「確認極端值。」

我「$v = 0$ 時，$f' = f$，聲源頻率與觀測到的頻率相等，沒有問題。」

蒂蒂「原來如此！原來是這樣確認的啊……既然如此，應該也可以這樣確認吧。因為 $v > 0$，可以知道 $\frac{V}{V - v} > 1$，所以 $f' > f$。靠近我們的救護車，警笛的音高聽起來確實比較高！」

我「假設聲源遠離時的頻率為 f''，用同樣的方式可以推導出

$$f'' = \frac{V}{V + v} f$$

所以遠離中的救護車，警笛的音高會比較低。」

蒂蒂「確實如此！」

4.2　光波的都卜勒效應

我「說到都卜勒效應，在我第一次聽到**紅移**這個詞的時候相當感動喔。」

蒂蒂「紅移？」

米爾迦「就是往紅色方向偏移。」

蒂蒂「紅移……」

我「就是在觀測來自星體的電磁波時，波長變得比較長的現象。在都卜勒效應的作用下，若波源靠近我們，波長就會變短；若波源遠離我們，波長就會變長。所以星體紅移就表示該星體正在遠離地球。許多星系都有紅移現象，而且離我們越遠的星系，紅移的程度就越大，這也是宇宙膨脹的證據之一喔。」

蒂蒂「為什麼這種現象叫做紅移呢？」

米爾迦「光基本上就是**電磁波**。電磁波中，波長落在人眼可見波段的光，叫做**可見光**。我們一般說的光就是指可見光。

可見光的波長在 400 nm ～ 800 nm 的範圍[*2]內。人類看得到的光中，紫光的波長最短，紅光的波長最長。所以當電磁波的波長變長，稱做紅移。」

蒂蒂「原來如此。不同波長的聲音，音高不同，不同波長的可見光則會有不同顏色對吧？」

我「波長短到看不見的光，叫做紫外線；長到看不見的光，就是紅外線了。」

蒂蒂「波長短到聽不到的聲音，就像紫外線一樣；波長長到聽不見的聲音，就像紅外線一樣——聽不見的聲音也可以這麼解釋吧，真是太有趣了！」

我「真的很有趣。」

米爾迦「不管是可聽音，還是可見光，這些名詞的意義，都是因為人類耳朵與眼睛的功能而產生的偏見。當然，都卜勒效應不只發生在可聽音與可見光的範圍內。因為都卜勒效應是獨立於人類之外，與波有關的現象。聲音是波，光也是波。」

4.3 光是什麼

蒂蒂「光也是波啊……」

我「有什麼地方覺得不對勁嗎？」

---

*2 nm 的 n（nano-）是表示 10^{-9} 的國際標準單位（SI）的前綴詞。可見光波長的下限約為 3.6×10^{-7} m ～ 4.0×10^{-7} m，上限則約為 7.6×10^{-7} m ～ 8.3×10^{-7} m。

蒂蒂「是的。我知道光是一種波，也知道各個波長的光波，分別對應到不同顏色。不同波長的光進入眼睛時，眼睛會感受到不同的顏色。」

蒂蒂邊說邊指著自己的眼睛。

我「是啊。」

米爾迦「嗯。」

蒂蒂「雖然上課時有提到這些知識——但在用數學式來表示振動或波動時——卻覺得自己好像**什麼都不知道**。」

我「……」

米爾迦「譬如說呢？」

蒂蒂「舉例來說，即使告訴我『光是波』，我還是不曉得那是什麼意思。波動是傳遞振動的現象，會振動的物質叫做介質。介質的振動，可以將振動持續傳遞到遠方，不過介質本身並不會移動到遠方——這樣沒錯吧？」

我「沒錯。」

蒂蒂「如果告訴我『聲音是波』，那我還比較懂。因為之所以會有聲音，是某個東西在振動。不管是鋼琴，還是揚聲器，它們發出聲音的時候都在振動。說話的時候也一樣。說話的時候，喉嚨會振動。啊—啊—啊—」

蒂蒂用手壓著喉嚨發出聲音。

米爾迦「嗯。」

蒂蒂「……但是光呢？發光的時候，是什麼東西在振動呢？」

我「太空中沒有空氣，所以無法傳遞聲音，那為什麼光可以在太空中傳遞呢？這和妳想問的問題類似吧。」

蒂蒂「啊，就是這樣。光可以在什麼都沒有的太空——真空狀態的太空中傳遞。如果光是波，為什麼能在沒有任何介質的地方傳遞振動呢？」

米爾迦「蒂蒂的這個疑問，也是人類長久以來的疑問。如果跳過整段歷史，結論就是『即使沒有介質，光也能傳播』。」

蒂蒂「即使沒有介質也可以嗎？」

米爾迦「光是電磁波。

- 電場振動時，該振動的垂直方向上會產生磁場。
- 磁場振動時，該振動的垂直方向上會產生電場。

所以，電場的振動與磁場的振動彼此垂直，可激發彼此，使波在空間中傳播。這種現象就是電磁波。光是電磁波，靠著電場與磁場激發彼此的振動，在空間中傳播。」

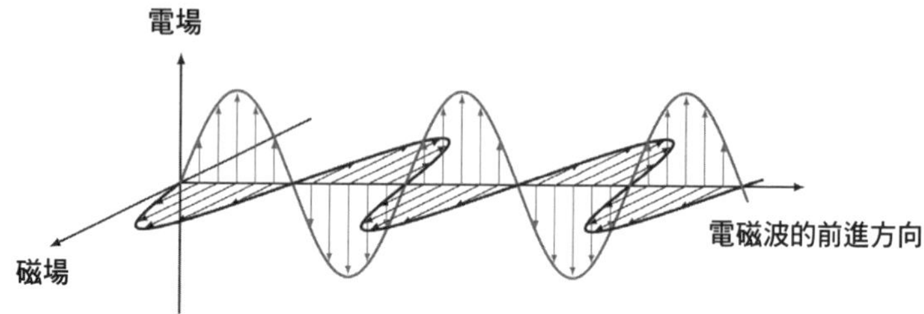

電磁波的傳播

蒂蒂「聽、聽起來好難喔。這裡說的振動，究竟是什麼東西在振動呢？」

米爾迦「不管是電場的振動，還是磁場的振動，都不是物質的振動。

- 所謂電場的振動，指的是電場方向與大小隨著時間的經過而變化。
- 所謂磁場的振動，指的是磁場方向與大小隨著時間的經過而變化。

雖然不是物質的振動，但電場與磁場的振動也可以傳播出去。且電場與磁場的振動可以傳播能量。」

蒂蒂「能量……」

米爾迦「事實上，光所傳播的能量，對人類來說是非常重要的能量。」

蒂蒂「真、真的是這樣嗎！？」

我「妳說的是來自太陽的能量嗎？」

米爾迦「當然。畢竟地球上幾乎所有的活動，能量來源都是陽光。」

蒂蒂「咦……不過，不是還有石油嗎？」

米爾迦「石油的來源是上古時期的生物屍體。動物吃掉其他動物或植物後成長。植物從土壤中物質與陽光中獲得能量。土壤中物質的化學能也是來自其他動植物。如果一直往前追溯，最後都會歸結到來自太陽的能量。當然，來自太陽的能量都是以光的形式抵達地球。」

蒂蒂「原來如此。」

米爾迦「光是什麼？蒂蒂的疑問其實也是人類長久以來的疑問。」

我「……」

米爾迦「光是什麼——人類一直對這個疑問充滿了興趣。這是科學界的大問題，本來就很難簡單說明。」

蒂蒂「……」

米爾迦「讓我們坐上時光機，回到十七世紀的牛頓時代吧。」

4.4　十七世紀，牛頓與惠更斯

蒂蒂「在牛頓的時代，人們還不曉得光是電磁波嗎？」

米爾迦「別說是電磁波，連光是不是波都不曉得。在牛頓的時代，主要有**粒子說**與**波動說**兩種假說。粒子說主張光是粒子，波動說主張光是波動。科學家們做了許多實驗，發起許多爭論，想知道光到底是粒子還是波動。譬如**牛頓**支持粒子說，荷蘭科學家**惠更斯**則支持波動說。」

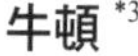

牛頓[*3]　　**惠更斯**[*4]

蒂蒂「爭論光是粒子還是波動——他們是怎麼爭論的呢？」

米爾迦「譬如，彼此對望。」

---

*3 艾薩克・牛頓爵士（Sir Isaac Newton），1642-1727（Sir Godfrey Kneller 肖像畫）。

*4 克里斯蒂安・惠更斯（Christiaan Huygens），1629-1695（Caspar Netscher 肖像畫）。

蒂蒂「咦？」

4.5 光的相撞

米爾迦直直盯著蒂蒂。蒂蒂一開始也正面看向米爾迦，但不久後便別開視線。

蒂蒂「輸給米爾迦學妹的視線壓力了。」

米爾迦「這種『壓力』很適合用來比喻彼此對望時，想讓人別開視線的力量。我想說的是，支持波動說的人主張——如果光是粒子，表示這些粒子對撞時不會影響到彼此，那這種粒子也太特殊了吧！」

我「原來如此。如果光是粒子，就會彼此對撞、反彈，但現實中的光卻不會這樣。如果光是波動，就會穿過彼此，與現實相符。」

米爾迦「沒錯。波動說可以輕易說明對望現象。」

蒂蒂「那麼相對的，哪些現象有利於粒子說呢？」

米爾迦「影子。」

4.6 光可形成影子

蒂蒂「影子？」

米爾迦「舉例來說，在牆壁前面放一個物體，然後用光照射，就會在牆壁上留下影子。這個影子的形狀與物體的輪廓完全相同，所以光為直線前進，抵達不了被物體擋住的地方。沒有受力的粒子為直線運動，所以抵達不了被物體擋住的地方。照這個邏輯，自然會覺得光是粒子。」

蒂蒂「不過，波動說沒辦法解釋這個現象嗎？」

米爾迦「波有所謂的**繞射**現象。即使從正面遮住波，還是會有少部分的波繞過去的現象。舉例來說，當水面有波靠近，如果放一個障礙物擋住，還是會有一些波繞過障礙物，來到障礙物後方。因為波有這種性質，所以有著清楚輪廓的影子，相當不利於波動說。」

蒂蒂「原來如此。也就是說，不管是粒子說還是波動說，都無法完美說明現實世界中所有光的現象，所以才會起爭論嗎？」

我「是啊。」

米爾迦「關於繞射的部分，波動說陣營也有提出反駁。波繞射的程度取決於波長。波長越長，繞射程度越大。也就是說，光之所以看起來沒有繞射，並不是因為光是粒子，而是單純因為光的波長太短——這就是波動說的反駁。」

蒂蒂「這樣也沒錯。因為光的波長只有數百 nm 而已嘛！」

我「不過，當時的人並不知道光的波長只有數百 nm 喔。知道光的波長是多少，是很久以後的事。」

4.7 光可改變方向

米爾迦「光還有折射現象。在空氣中前進的光，進入水中時，前進方向會改變，這就是所謂的折射。牛頓曾用透鏡與稜鏡研究折射現象。不只是光，只要是波動，都會有折射現象。」

我「還有所謂的折射定律。」

折射定律

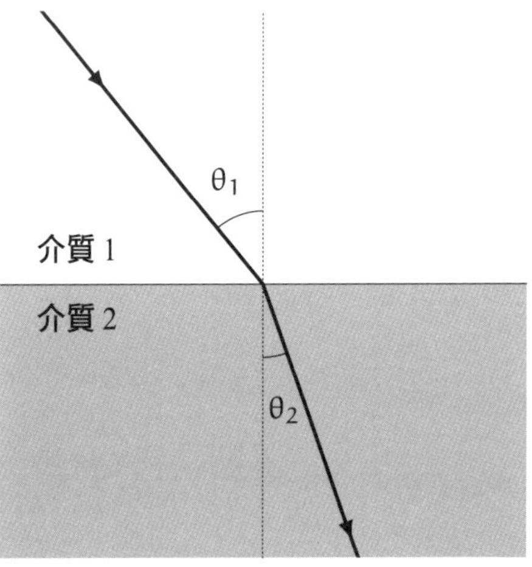

考慮一個從介質 1 來到介質 2 的波。如圖所示，設入射角為 θ_1，折射角為 θ_2，那麼 $\sin\theta_1$ 與 $\sin\theta_2$ 的比為固定值，與入射角 θ_1 無關。也就是說，介質 1 與介質 2 之間存在一個常數 n_{12}，使下式成立。

$$\frac{\sin\theta_1}{\sin\theta_2} = n_{12}$$

就光波而言，這個常數 n_{12} 稱做介質 2 對介質 1 的**相對折射率**。當介質 1 為真空，n_{12} 稱做**絕對折射率**。絕對折射率有時也簡稱為**折射率**。[*5]

[*5] 空氣的折射率為 1.00，幾乎與真空相同，水的折射率為 1.33。

米爾迦「折射定律是十七世紀時，許多人各自獨立發現的定律。」

蒂蒂「咦，可是，牛頓不是支持粒子說嗎？既然他知道光會折射，應該會認為光是波才對啊。」

米爾迦「光是知道光會折射，還沒辦法確定光是波動還是粒子。即使光是粒子，也可以用力學方法說明為什麼它的路徑會改變方向。」

蒂蒂「啊啊，原來如此。如何說明光的折射，對科學家來說是很重要的事吧。我在理科課程中有學過光的折射，但也只有『是這樣啊』的感覺，沒有產生什麼疑問。譬如光從空氣進入水中時會彎曲——之類的性質，我就不覺得有什麼問題。」

我「光確實有這樣的性質。不過，光之所以有這樣的性質，是因為『光通過的物質，會影響到光的速度』這個基本性質。」

蒂蒂「是這樣嗎？」

米爾迦「光的速度取決於光通過的物質，且光的波前在通過介質交界處時不會分裂。有了這兩個假設，就可以用波來說明光的折射了。」

蒂蒂「這、這又讓我更不懂了。我不懂速度與折射之間的關係。」

我「我會用這樣的例子來理解。假設有個行進中的隊伍，每一橫列有數個人。隊伍前進時，如果想要在隊伍沒有亂掉的前提下往右轉彎，那麼在每一橫列右邊的人就要縮小步伐，慢慢前進。光斜向射入水面時也一樣。把光看成行進中的隊伍，在右邊的光會比較早接觸到水，進入水中的光會變得比較慢，所以光會像前面說的隊伍一樣往右彎。」

蒂蒂「原來如此！這很直覺，比較好瞭解！」

米爾迦「用這種比喻來說明現象並不壞，但這和『光是波動』並沒有明確的關係。你剛才說的隊伍沒有亂掉，可對應到『介質交界處的波前沒有分裂』。讓我們把光從介質 1 進入介質 2 的地方放大，畫出波前的示意圖。」

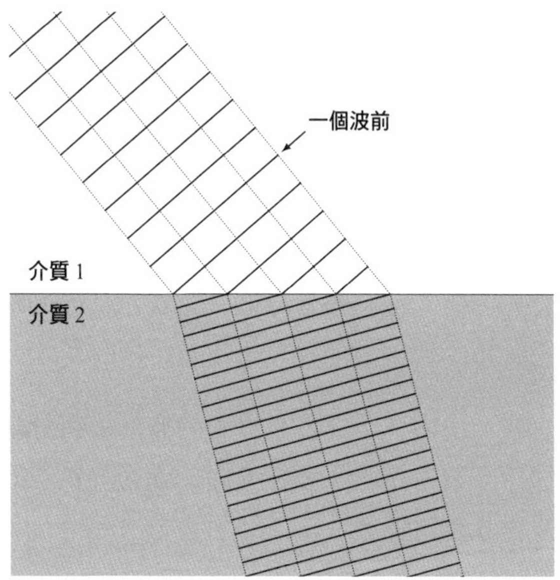

折射時的波前

蒂蒂「啊……介質交界處的波前就像被折彎了一樣。」

米爾迦「如果希望介質交界處的波前不要分裂，且波在介質 2 的速度較慢，就必須像圖中一樣改變方向。」

我「介質 2 中的光走得比較慢，可以對應到圖中波前的間隔較短喔。波前的間隔就是波長，所以波長也變短了。」

米爾迦「雖然波長改變了，頻率卻沒有變。這可以說是因為波通過介質交界處時，波前沒有分裂的關係。」

蒂蒂「咦！光從介質 1 進入介質 2 後，變得比較慢，波長也變得比較短，這些我懂。波前沒有分裂，這個我也懂。但我不懂為什麼可以確定波的頻率沒有改變……」

米爾迦「想像介質 1 與介質 2 的交界面就懂了。將相位相同的點連接起來，成為一條連續的線，就是所謂的波前。而波通過交界面時，波前沒有分裂，這表示交界面兩側的波的相位仍保持一致。」

蒂蒂「……啊！我懂了。介質交界面的波前沒有分裂，所以相位仍保持一致。這表示波從介質 1 進入介質 2 的時候，頻率也沒有改變對吧。」

米爾迦「也可以用**惠更斯原理**來說明光的折射。」

惠更斯原理

波前上的各點都可視為新的波源，生成新的波。

這種波稱做**元波**。與無數個新生成的波同時相切的面（包絡面），就是新的波前。這叫做**惠更斯原理**。

繞射與折射這種波的傳播現象，可以用惠更斯原理來解釋。

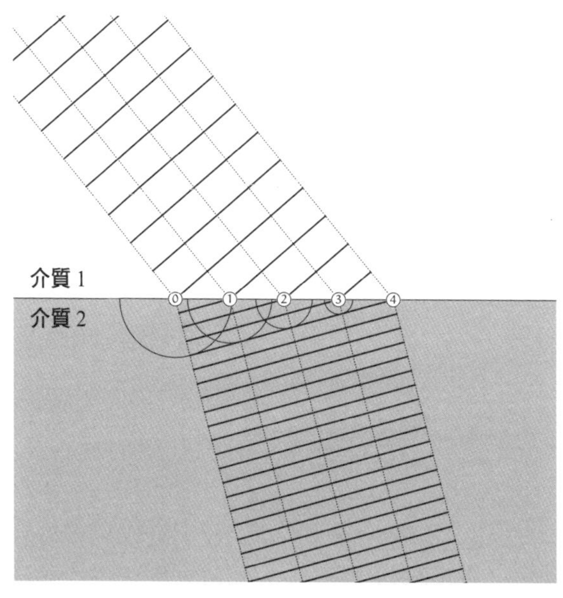

當④抵達介質 2，以⓪～④為中心的元波所形成的包絡面為新的波前，如下圖所示。

惠更斯原理與折射定律

下圖為波從介質 1 進入介質 2 的樣子。設波從波前 AB 到 A′B′ 須花費時間 t，波在介質 1、2 內的前進速度分別是 v_1、v_2，由圖可以知道

$$\frac{AB' \sin\theta_1}{AB' \sin\theta_2} = \frac{v_1 t}{v_2 t} \text{ 也就是 } \frac{\sin\theta_1}{\sin\theta_2} = \frac{v_1}{v_2}$$

另外，設波在介質 1、2 的波長分別為 λ_1、λ_2，因為頻率 f 不會改變，故可得到

$$\frac{v_1}{v_2} = \frac{f\lambda_1}{f\lambda_2} = \frac{\lambda_1}{\lambda_2}$$

故介質 1、2 之間，存在一個常數 n_{12}，使

$$\frac{\sin\theta_1}{\sin\theta_2} = \frac{v_1}{v_2} = \frac{\lambda_1}{\lambda_2} = n_{12}$$

（參考 p.196）

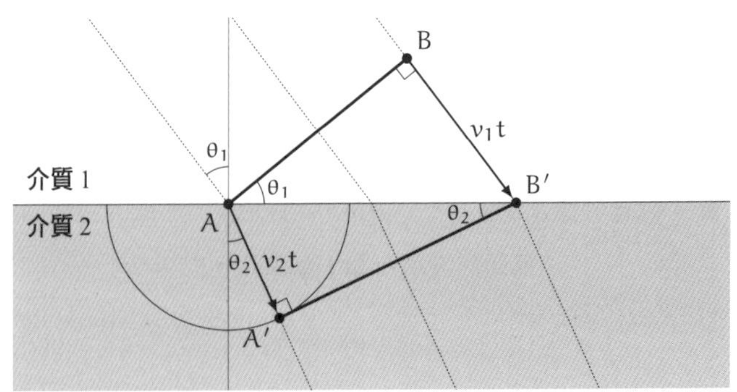

4.8 光傳遞的東西

蒂蒂「那個，在牛頓與惠更斯的時代，科學家們最後還是沒找到『光是什麼』的答案吧？光究竟是粒子還是波？兩邊的主張都能夠說明實驗結果，這樣確實很難得到結論。」

米爾迦「蒂蒂關心的介質也是爭論的對象之一。如果光是波動，那麼從太陽到地球之間，究竟是什麼介質在傳遞光呢？——之類的爭論。」

蒂蒂「當時的人們還不曉得光是一種電磁波吧。我想，當時主張波動說的人們，應該很難解釋在什麼都沒有的太空中，光要如何傳播。因為這得說明該如何在沒有任何可以振動的東西的地方傳遞振動。粒子可以穿過什麼都沒有的空間，所以粒子說的主張比較能解釋這點。」

我「到了十九世紀，人們才知道光是一種電磁波吧？」

米爾迦「直到十九世紀後半，**馬克士威**[*6]才將各個電磁定律整理成馬克士威方程式。馬克士威的理論中，認為電磁波可在真空中傳遞，且電磁波的傳遞速度等於光速。實際確認這點的則是赫茲[*7]。」

我「這就是頻率單位 Hz 的由來喔。」

---

*6 詹姆士．克拉克．馬克士威（James Clerk Maxwell），1831-1879。

*7 海因里希．魯道夫．赫茲（Heinrich Rudolf Hertz），1857-1894。

米爾迦「從十七世紀到十八世紀，主張波動說的科學家們，認為太空中充滿名為乙太的虛構物質。他們假設乙太充滿了整個太空，卻透明而不可見，且不會妨礙星體移動。」

蒂蒂「這個，該怎麼說呢，好像有點像是……」

我「強行解釋？」

蒂蒂「對，是的。聽起來就像是在強行解釋。」

米爾迦「為什麼妳會這麼認為呢？」

蒂蒂「為了說明光是波動，所以需要介質的存在，於是假設存在某種虛構物質是光的介質——這就像是在同一個地方繞圈子不是嗎？為了說明光是波動，所以假設某種波動需要的東西存在之類的……」

米爾迦「不能這樣想。明確提出自己的主張需要什麼條件才能成立，是很重要的事。或許只是因為當時人類的理論與技術尚未成熟，所以無法檢測出這種介質。」

我「也可能是因為人類的理論與技術尚未成熟，所以無法否定這種假設。」

米爾迦「沒錯。事實上，到了十九世紀，就有人用實驗否定了乙太的存在。不過，『明確提出自己的主張需要什麼條件才能成立』這點，也適用於粒子說。譬如顏色的問題。」

蒂蒂「顏色？」

米爾迦「光有顏色。如果粒子說正確，不同顏色的光，應由不同粒子構成。也就是說，粒子說須假設世界上存在無數種粒子。相較於此，波動說只需要乙太這個假設即可。」

我「在牛頓與惠更斯的時代，粒子說與波動說都還只是假說，無法確定哪種假說會成立……」

蒂蒂「就像在各說各話一樣，無法確定誰的理論正確……」

米爾迦「對於一個理論來說，做為前提條件的假設十分重要。但這些假設是否成立，則須由實驗驗證。」

4.9 光與色

米爾迦「艾薩克・牛頓在太陽白光與顏色的相關研究上，做出了很重要的貢獻。陽光為白色，卻包含了許多顏色。當時流行的變容說認為，太陽的白光為純粹的單色光，會因為通過不同的介質，而轉變成不同顏色。」

蒂蒂「呃——白光不是純粹的光嗎？」

米爾迦「牛頓用稜鏡與透鏡做了非常多實驗，否定了變容說。他將白光分解成各種顏色的色光，然後重新混合，重現出白光；或者在重新混合前遮住部分色光，混合時便會得到不同顏色的光。透過這些實驗，他證明陽光並不是純粹的白光，而是由許多色光混合而成的光。」

蒂蒂「啊啊，原來是這樣。」

米爾迦「接著牛頓也做了實驗，確認稜鏡分解出來的各色光，可對應到不同的折射角度。」

我「就是**色散**吧。不同頻率的光，折射率也不一樣。所以不同顏色的光通過稜鏡時，會因頻率不同而以不同角度折射。這也是為什麼彩虹會是色帶的樣子。」

米爾迦「沒錯。不過，你剛才的說明並不是基於實際看到的事實，而是以『光是波』為基礎做出的說明。」

我「唉呀，說的也是。因為我剛才是試著用頻率與折射率來說明稜鏡的色散現象呢。」

蒂蒂「請等一下。牛頓明明做了色散實驗，卻是支持粒子說嗎？」

米爾迦「沒錯。艾薩克・牛頓支持的是粒子說。不過，在他的書《光學》[*8] 中，並沒有強烈主張他對光本質的看法。他一開始定義光的射線是由光的最小粒子構成之後，內容便專注於說明實驗得到的結果。事實上，不管光是粒子還是波動，都可以說明他的實驗結果。」

蒂蒂「……」

*8　見參考文獻 [28]《光學》。

米爾迦「牛頓在《光學》的〈疑問〉這一章節中，提出了許多與光的本質有關的問題。這些『疑問』與實驗得到的結果分別在書中的不同地方描述。牛頓的實驗讓當時的人們更加理解光與顏色的性質，但並沒有成為波動說與粒子說的決定性關鍵。」

我「若要否定粒子說，就必須提出無法用粒子說說明的決定性實驗結果才行。」

蒂蒂「原來如此……這表示，有人做了能夠說明『光是波』的實驗對吧？」

米爾迦「這個人叫做**楊格**[*9]。讓我們坐著時光機，移動到十九世紀吧。」

---

*9 湯瑪士．楊格（Thomas Young），1773-1829 年。

4.10　十九世紀，楊格

楊格的實驗

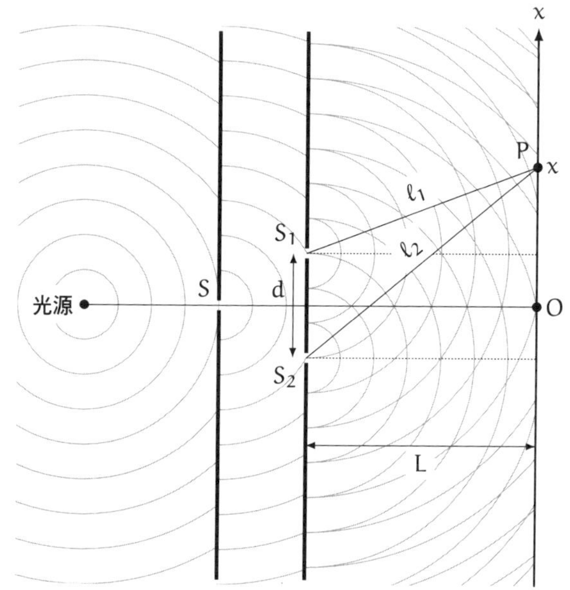

光源發出的光，通過狹縫 S 後，再通過兩個狹縫 S_1、S_2，抵達屏幕。S_1、S_2 的間隔為 d，S_1、S_2 到屏幕的距離為 L。試求屏幕上與原點 O 距離 x 的點 P 亮度。

米爾迦「楊格的實驗中，在屏幕上觀測到了由明亮部分與陰暗部分構成的條紋圖樣。如果光是波，就能說明為什麼會有這種條紋圖樣。通過兩個狹縫 S_1、S_2 後抵達屏幕的光波會彼此干涉，使某些區域的光特別強，某些區域的光特別弱而形成條紋圖樣——干涉條紋。』」

蒂蒂「如果假設光是粒子呢……？」

我「如果光是粒子，就只有

- S 與 S_1 連接而成的直線，與屏幕的交點
- S 與 S_2 連接而成的直線，與屏幕的交點

以及其周圍為明亮區域，不會形成條紋圖樣。」

米爾迦「再說，若不考慮光的繞射，就很難說明為什麼『光通過狹縫 S 之後，會再通過 S_1、S_2』。只有當光有波的性質，才會在狹縫處擴散開來。不過，圖中雖然把波前畫成了同心圓，但其實並不會產生那麼明顯的繞射。另外，圖中將 d 與 L 畫成了差不多的大小，但其實狹縫間隔 d 相當短，與屏幕的距離 L 則相當大。」

蒂蒂「這和水面上的波源 S_1、S_2 很像耶！我們在波的疊加中也計算過這個[*10]！」

我「楊格的實驗同時展現出了由波產生的繞射與干涉現象。」

米爾迦「若能得到清楚的干涉條紋，就能由條紋的間隔計算出光的波長。」

---

*10參考 p.135。

蒂蒂「啊！真的耶！明亮的地方就是光線強的地方，所以可以用波的疊加的相關計算中建設性干涉的條件來計算光的波長……是的，建設性干涉的條件就是『與波源的距離差為波長的整數倍』，所以是

$$\ell_1 - \ell_2 = n\lambda$$

這樣對吧！」

米爾迦「楊格的實驗結果，成為了支持『光有波的性質』這項主張的堅強後盾。」

蒂蒂「楊格的實驗成為了決定光不是粒子而是波的關鍵！」

我「咦，不過，我記得後來又反轉了不是嗎？」

蒂蒂「反轉？實驗結果不是確定光是波了嗎？」

米爾迦「楊格的實驗結果，確實讓光的波動說壓過了粒子說。不過，波動說沒辦法清楚說明十九世紀發現的光電效應現象。讓我們再坐上時光機，前往二十世紀與愛因斯坦見面吧。」

蒂蒂「愛因斯坦！？」

4.11 二十世紀，愛因斯坦

米爾迦「十九世紀發現的光電效應現象，無法用光的波動性來說明。不過，二十世紀的**愛因斯坦**[*11]用光的粒子性說明了光電效應。」

蒂蒂「咦？這樣很奇怪吧。楊格的實驗得到了干涉條紋。這應該是『光是波動』的強力證據吧，因為可以用繞射與干涉來說明這個現象。」

米爾迦「沒錯。光確實有波動性。」

蒂蒂「既然如此，為什麼又說光是粒子呢？這又讓我不懂了。」

米爾迦「邏輯上並沒有漏洞，反而是『光是粒子還是波？』這種問題不恰當。因為光同時擁有粒子性與波動性。」

蒂蒂「光是粒子，也是波動？」

米爾迦「也可以這麼說。光同時擁有粒子與波動兩種性質。做為粒子的性質與做為波動的性質並不互斥。這對人類來說是相當大的發現。」

蒂蒂「……」

---

*11阿爾伯特．愛因斯坦（Albert Einstein），1879-1955。

米爾迦「光擁有粒子與波動的雙重性質。光的粒子叫做**光子**，有時也叫做光量子。愛因斯坦主張的**光量子假說**中，提到光同時擁有粒子與波動的雙重性質，這可以說明過去人們無法說明的光電效應，使光量子假說獲得大量支持。」

我「……」

蒂蒂「……！」

米爾迦「那麼，所謂的**光電效應**——」

蒂蒂「請、請等一下！」

蒂蒂伸出了右手，制止米爾迦繼續說下去。

米爾迦「嗯？」

蒂蒂「在米爾迦學姊說明光電效應是什麼樣的現象之前——先讓我做個推理！」

我「推理？」

蒂蒂「剛才學長問我粒子與波動的差異。」

我「嗯，剛才我們有聊到物體與波的差別在哪裡[*12]。」

蒂蒂「是的。當兩個波相撞，會疊加在一起，然後繼續保持原本的移動。但當兩個粒子相撞，卻會反彈回去。」

蒂蒂邊說邊將雙手合起來。

---

*12參考 p.113。

米爾迦「……」

蒂蒂「如果把光視為粒子，就可以解釋光電效應這個現象吧？既然如此，光電效應中，光與光相撞時，不也會反彈回去嗎？因為這是粒子的性質啊！」

米爾迦「蒂蒂，這個推理很棒。」

我「蒂蒂真厲害……」

蒂蒂「沒、沒有啦。所以呢……」

米爾迦「但是，光電效應並不是光與光相撞。」

蒂蒂「唉呀呀。」

米爾迦「光電效應指的是，光打到金屬表面時，會飛出電子的現象。這是在十九世紀發現的。」

蒂蒂「啊，因為光粒子的撞擊，才會有電子飛出，所以說光是粒子嗎？」

米爾迦「光是這樣，還沒辦法得到光是粒子的結論。光打到電子上，使電子飛出的現象，可以用粒子說解釋，也可以用波動說解釋。因為粒子與波動都能傳遞能量。金屬照到光時，光的能量會傳遞給電子，當電子擁有一定數值以上的能量，就會飛出金屬——不論光是粒子還是波動，都能做出這種定性分析。」

蒂蒂「是的……」

米爾迦「接著來詳細談談光電效應是怎麼回事吧。

- 設照到金屬的光強度（光的亮度）為 P。
- 設照到金屬的光頻率為 ν。（譯註：此處為希臘字母 ν（nu），非英文字母 v）
- 設飛出金屬之一個電子的動能最大值為 K。
- 設飛出金屬的電子個數為 N。

光電效應中觀察到的事實如下：

事實①　若光的頻率未達一定數值，那麼不管用多強的光照射金屬，都不會有電子飛出。不過，如果頻率超過這個數值，不管光有多弱，一照就會馬上飛出電子。

▶ 也就是說，存在一個常數 ν_0，當 $\nu < \nu_0$，不管 P 有多大，都會得到 $N = 0$ 的結果。這裡的 ν_0 稱做最低頻率。

事實②　在照光時有電子飛出的條件下，固定光強度，提升頻率，那麼電子的動能最大值會跟著上升。不過，飛出的電子數仍不會改變。

▶ 也就是說，在 ν 比 ν_0 大的情況下，固定 P，那麼當 ν 越大，K 就越大。不過 N 保持一定。

事實③　在照光時有電子飛出的條件下，固定頻率，提升光強度，那麼飛出的電子數就會增加。不過，一個電子擁有的動能最大值不會改變。

▶ 也就是說，在 ν 比 ν_0 大的情況下，固定 ν，那麼當 P 越大，N 就越大。不過 K 保持一定。

那麼，名偵探蒂蒂會如何推理呢？」

蒂蒂「由**事實**①可以知道，若頻率不夠大，就不會有電子飛出，而光的頻率越大，光傳遞的能量也越大。但我不曉得為什麼當頻率不夠大，不管光有多強都不會飛出電子。如果光夠強，光傳遞的能量應該也會比較大才對……」

我「由**事實**②也可以知道，頻率越大時，能量也越大。」

蒂蒂「是的。不過在**事實**②中，即使光的頻率很大，飛出的電子數也不會改變，為什麼會這樣呢？」

蒂蒂咬著指甲思考。

我「……」

蒂蒂「由**事實**②與**事實**③可以知道，

- 『光的強度 P』只會影響『電子數 N』。
- 『光的頻率 v』只會影響『電子動能的最大值 K』。

——這是實驗得到的結果。不過，我不曉得接下來該如何思考……」

我「如果光有粒子性，就能清楚說明為什麼會這樣了喔。」

蒂蒂「為什麼呢……」

米爾迦「我們想試著說明為什麼『光越強，電子數就越多；頻率越大，電子動能就越高』。如果光是名為光子的粒子，可做出以下假設——

- 光越強，光子個數就越多。
- 光的頻率越大，一個光子擁有的能量就越高。
- 一個電子無法與多個光子相撞。

——若是如此，就能清楚說明**事實①**、**事實②**、**事實③**了。」

事實①　若光的頻率未達一定數值，那麼不管用多強的光照射金屬，都不會有電子飛出。不過，如果頻率超過這個數值，不管光有多弱，一照就會馬上飛出電子。

光的頻率小，表示一個光子擁有的能量較小。一個電子只能被一個光子撞擊，所以即使增加光子的數目，電子獲得的能量也不會比較多，所以電子不會飛出。

事實②　在照光時有電子飛出的條件下，固定光強度，提升頻率，那麼電子的動能最大值會跟著上升。不過，飛出的電子數仍不會改變。

固定光的強度，提升頻率，表示光子數固定，而一個光子擁有更多能量。因為一個光子擁有更多能量，所以撞擊到電子時，電子會擁有更多動能。不過。光子數固定，所以被光子撞擊後飛出的電子個數也不會改變。

事實③ 在照光時有電子飛出的條件下，固定頻率，提升光強度，那麼飛出的電子數就會增加。不過，一個電子擁有的動能最大值不會改變。

固定頻率，提升光強度，那麼一個光子擁有的能量便固定，僅光子數增加。因為光子數增加，所以被光子撞擊後飛出的電子個數也比較多。不過，因為一個光子的能量固定，所以被撞飛的電子所擁有的動能也不會改變。

蒂蒂「原來如此……這樣就能完美解釋了呢！」

我「這裡提到的光的粒子性，也暗示了能量有其單位對吧？」

米爾迦「沒錯。頻率為 v 的光，能傳遞的能量僅能是 hv 的整數倍。h 稱做**普朗克常數**，是一個非常小的常數[*13]。換言之，頻率為 v 的光所傳遞的能量，必定以 hv 為單位，僅能觀測到離散值——而不是連續值。這種『觀察到的物理量必為滿足特定條件的離散值』的概念，一般稱做**量子化**。另外，觀測到的物理量的最小單位，稱做**量子**。」

我「量子力學的量子是嗎……」

米爾迦「二十世紀的**德布羅意**[*14]認為，就像有波動性的光同時也擁有粒子性一樣，擁有粒子性的物質也擁有波動性，進而提出了物質波。奠定了量子力學的基礎。」

---

*13普朗克常數（Planck constant）的數值定義為 $h = 6.626715 \times 10^{-34}$ J・s。

*14德布羅意（Louis Victor de Broglie），1892-1987。

4.12　分解與合成

我「——於是，時間回到現代。」

蒂蒂「我原本以為自己懂波是什麼，不過在聽完學長姊的說明之後才發現自己——好像什麼都不懂。」

米爾迦「在這點上，人類也一樣。所以科學家們才會專注於研究。」

蒂蒂「雖然我們沒辦法用時光機前往未來，但未來會不會又有人說『其實光是另一種東西！』呢？畢竟人類的定見也常被推翻嘛。」

米爾迦「妳指的是？」

蒂蒂「原本人們以為，所有的波都需要傳遞振動的物質。但做為電磁波的光，不需要物質也能傳遞振動。另外，人們原本在爭論光是粒子還是波動，但其實兩者都是。所以我才覺得，人類常會推翻自己過去的定見。」

我「發現新事物時，必須將新發現與過去人們已知的實驗結果整合起來才行。隨著人類技術的進步，實驗精密度跟著提升，獲得的知識也更多。透過實驗而獲得的知識，可衍生出新的假說與理論，為了確認這些假說，又會進行新的實驗……所以說，推翻過去的認知，也是探索廣闊世界的方法不是嗎？」

蒂蒂「說到新的實驗——牛頓用稜鏡進行的光與色的實驗，否定了在他之前流行的變容說。雖然稜鏡的實驗結果無法斷定粒子說與波動說哪個正確，卻是當時最尖端的實驗。」

我「啊，是這樣沒錯。」

蒂蒂「使用稜鏡，將太陽的白光分解成大量色光再將大量色光混合成白光。這種分解、合成的過程相當重要呢。」

米爾迦「為了『瞭解』而『分解』是基本中的基本。」

光有個驚人的特性，
那就是當光從任何方向射來，
甚至是與另一道光對射，
光都不會影響到彼此，而是交錯而過，
不會影響到本身的作用。
也因此，即使有多個觀察者透過同一個窗戶往外看，
每個觀察者都能看著不同的物體。
兩個人互看時，也能看到對方的眼睛。
——惠更斯[29]

附錄：與本書有關的年表

1676年	羅默利用木星的衛星蝕測量光速。
1678年	惠更斯提出光的波動說。
1704年	牛頓提出光的粒子說。
1801年	楊格的實驗呈現出光的波動性。
1821年	夫朗和斐測量光的波長。
1822年	傅立葉提出熱的分析性理論。
1842年	都卜勒效應。
1849年	菲左用旋轉齒輪測定光速。
1861年	馬克士威方程式說明光是電磁波。
1887年	邁克生—莫雷實驗顯示光速不會因方向而改變。
1887年	赫茲發現光電效應。
1905年	愛因斯坦提出光量子假說。
1923年	德布羅意的物質波。

第 4 章的問題

●問題 4-1（觀測者靠近聲源時的都卜勒效應）

假設觀測者以一定速度 v 靠近靜止的聲源。設聲源發出的聲音頻率為 f，試求觀測者觀測到的聲音頻率 f'。其中，音速為 V，且 $V>v$。

提示：設觀測者觀測到的波的週期為 T'，那麼觀測到的聲音頻率 f' 為

$$f' = \frac{「觀測到的波的個數」}{「觀測花費的時間」} = \frac{1}{T'}$$

觀測到的波的週期 T' 等於「觀測到一個波時花費的時間」，也等於「一個波前通過觀測者到下一個波前通過觀測者之間經過的時間」。

（解答在 p.342）

●問題 4-2（楊格的實驗）

下方為楊格的實驗（參考 p.208）示意圖，通過雙狹縫 S_1、S_2 的光波，會在 x 軸的屏幕上形成干涉條紋。為簡化說明，假設兩個波相位相同。干涉條紋中，原點 O 上方第一條亮線位於點 P，與原點距離 h（$h>0$）。L 遠大於 d、h（$d \ll L$ 且 $h \ll L$）時，光的波長 λ 近似於

$$\lambda \fallingdotseq \frac{d}{L}h$$

試說明為什麼能得到這個近似式。

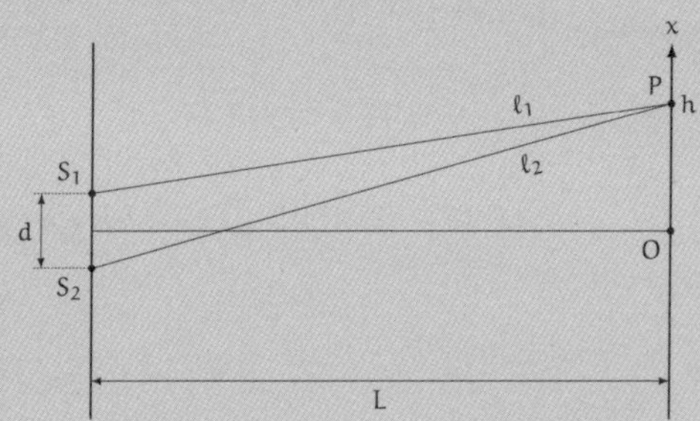

提示：必要時，可使用以下條件。假設 ε 為非常小的實數，即 $|\varepsilon| \ll 1$ 時，對於實數 r 而言，以下近似式成立

$$(1+\varepsilon)^r \fallingdotseq 1 + r\varepsilon$$

其中，ε 這個字母常用來表示很小的數，並沒有什麼特殊意義。

（解答在 p.345）

●問題 4-3（折射定律）

如圖所示，在介質 1 中前進的光通過介質 2、介質 3，再進入介質 1。其中，進入介質 2 前的光線，與離開介質 3 的光線平行。為什麼會這樣呢？

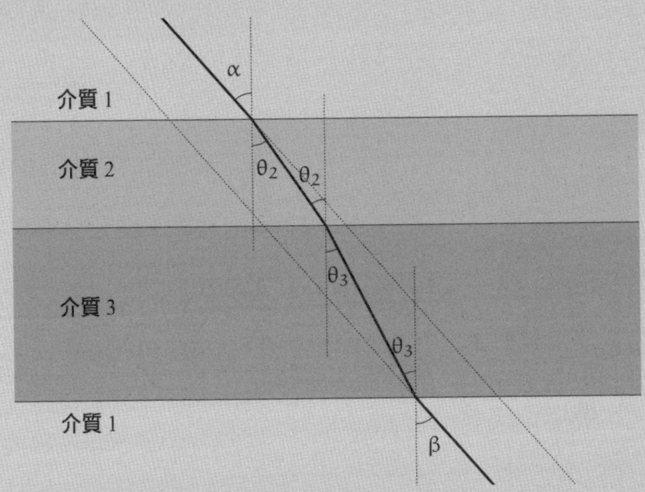

提示：用惠更斯原理與折射定律（參考 p.202）說明射入介質 2 的入射角 α，與從介質 3 射出的折射角 β 相等。

（解答在 p.350）

第 5 章

傅立葉展開

「要分解到什麼程度，才能說是『理解』了呢？」

5.1 圖書室

今天的課程結束後，我和平常一樣來到圖書室。

蒂蒂正專注地在她的筆記本上振筆疾書。

我在一旁等待蒂蒂察覺到我的存在。

蒂蒂「……啊，學長！來了就跟我說一聲嘛！」

我「我不想打擾妳啊——在計算什麼嗎？」

蒂蒂「是的，是村木老師給的『卡片』。」

我「今天是什麼樣的題目呢？」

蒂蒂「就是這個。」

問題 5-1（蒂蒂的「卡片」）
設 m 與 n 為 1 以上的整數，試求以下定積分。

$$\int_0^{2\pi} \sin mx \sin nx \, dx$$

我「哦，是計算題的形式，真是罕見。」

村木老師是我們高中的數學老師。他常會以「卡片」的形式出題目給我們思考，不過卡片上通常是看似有某種意義的數學式，或是謎之數列等等，為的是讓我們發揮想像力，很少會出這種計算題般的問題。

蒂蒂「是的，是『求定積分』的計算題。」

我「然後呢？蒂蒂解出來了嗎？」

蒂蒂「有有有，終於解出來了。對了，可以問你一個問題嗎？」

我「當然可以囉。」

我坐在蒂蒂旁邊，開始聽她說明。

5.2 積分的處理

蒂蒂「前陣子我們聊到波了不是嗎？縱波、橫波、聲波、光波、波的疊加、三角函數 —— 我和村木老師說了這些之後，他就給了我這張『卡片』。不過，這讓我有些困擾。」

我「為、為什麼呢？」

蒂蒂「我第一次做這種積分——

$$\int_{0}^{2\pi} \sin mx \sin nx \, dx$$

關於三角函數的微積分，我只知道基本的計算。」

三角函數的微分

$\sin x$ 對 x 微分後可得到 $\cos x$，

$\cos x$ 對 x 微分後可得到 $-\sin x$。

$$\frac{d}{dx} \sin x = \cos x$$

$$\frac{d}{dx} \cos x = -\sin x$$

三角函數的不定積分

$\sin x$ 對 x 積分後可得到 $-\cos x + C$，
$\cos x$ 對 x 積分後可得到 $\sin x + C$。
其中，C 為積分常數。

$$\int \sin x \, dx = -\cos x + C$$

$$\int \cos x \, dx = \sin x + C$$

我「原來如此。」

蒂蒂「啊，我也知道反導函數與定積分的關係。」

反導函數與定積分

若函數 $F(x)$ 對 x 微分後可得到函數 $f(x)$，那麼 $F(x)$ 也稱做 $f(x)$ 的**反導函數**。此時，函數 $f(x)$ 從 α 到 β 的**定積分**為

$$\int_{\alpha}^{\beta} f(x) \, dx = \Big[F(x) \Big]_{\alpha}^{\beta} = F(\beta) - F(\alpha)$$

我「嗯，沒錯。」

蒂蒂「然後呢……我一開始看到

$$\int_0^{2\pi} \sin mx \sin nx \, dx$$

這個式子的時候，不曉得該怎麼辦。但思考積分方法時，想到了『和的形式』，就是學長姊們之前告訴我的『**和的積分為積分的和**』。」

「和的積分，為積分的和」

對兩個可積分函數 $f(x)$ 與 $g(x)$ 而言，以下等式成立。

$$\underbrace{\int \Big(\overbrace{f(x) + g(x)}^{\text{和}} \Big) \, dx}_{\text{和的積分}} = \underbrace{\overbrace{\int f(x) \, dx}^{\text{積分}} + \overbrace{\int g(x) \, dx}^{\text{積分}}}_{\text{積分的和}}$$

我「嗯嗯。這就是『**積分的線性**』[*1]。」

*1　見參考文獻 [8]《數學女孩秘密筆記：積分篇》。

「積分的線性」

設有兩個可積分函數 $f(x)$、$g(x)$，兩個常數 a、b，則以下式子成立。

$$\int \big(af(x) + bg(x)\big)\,dx = a\int f(x)\,dx + b\int g(x)\,dx$$

蒂蒂「是啊。我看著『和的形式』思考了一陣子，然後就想到了將『和的形式』$\boxed{\sin} + \boxed{\sin}$，轉換成『積之形式』$\boxed{\sin}\,\boxed{\sin}$ 的和差化積公式。」

我「和差化積公式可以從和角公式對導出來喔 [*2]。」

和差化積公式

對於任意實數 α、β 而言，以下公式成立。

$$\sin\alpha + \sin\beta = 2\sin\frac{\alpha+\beta}{2}\cos\frac{\alpha-\beta}{2}$$

蒂蒂「沒錯！這個和差化積公式反過來就是積化和差公式。我在想，用這個公式應該就能計算出問題 5-1 了，因為

$$\int_0^{2\pi} \sin mx\,\sin nx\,dx$$

*2　參考第 3 章「推導和差化積公式」(p.126)。

中，有 $\boxed{\sin}$ $\boxed{\sin}$ 這種『積的形式』，所以應該可以透過積化和差公式，轉換成 $\boxed{\sin}+\boxed{\sin}$ 這種『和的形式』。不過實際計算後，發現得到的卻是 $\boxed{\cos}+\boxed{\cos}$。」

我「蒂蒂今天狀況很好喔！」

蒂蒂「今天的我是『狀態很好的蒂蒂』！」

我「很棒耶！」

5.3 推導積化和差公式

問題 5-2（推導積化和差公式）
試將 $\sin\alpha\ \sin\beta$ 改以三角函數的「和的形式」表示。

$$\sin\alpha\sin\beta = \cdots$$

蒂蒂「和之前一樣從和角公式開始。」

◎ ◎ ◎

從和角公式開始，我記得和角公式是這樣

$$\sin(\alpha+\beta) = \sin\alpha\cos\beta + \cos\alpha\sin\beta$$
$$\cos(\alpha+\beta) = \cos\alpha\cos\beta - \sin\alpha\sin\beta$$

若將 β 置換成 $-\beta$，就可以得到減法版本。因為 $\cos(-\beta) = \cos\beta$，而 $\sin(-\beta) = -\sin\beta$，故只有 $\sin\beta$ 的正負號須顛倒。

$$
\begin{aligned}
\sin(\alpha - \beta) &= \sin\bigl(\alpha + (-\beta)\bigr) \\
&= \sin\alpha\cos(-\beta) + \cos\alpha\sin(-\beta) \\
&= \sin\alpha\cos\beta - \cos\alpha\sin\beta \\
\cos(\alpha - \beta) &= \cos\bigl(\alpha + (-\beta)\bigr) \\
&= \cos\alpha\cos(-\beta) - \sin\alpha\sin(-\beta) \\
&= \cos\alpha\cos\beta + \sin\alpha\sin\beta
\end{aligned}
$$

和角公式

$$
\begin{aligned}
\sin(\alpha + \beta) &= \sin\alpha\cos\beta + \cos\alpha\sin\beta \\
\cos(\alpha + \beta) &= \cos\alpha\cos\beta - \sin\alpha\sin\beta \\
\sin(\alpha - \beta) &= \sin\alpha\cos\beta - \cos\alpha\sin\beta \\
\cos(\alpha - \beta) &= \cos\alpha\cos\beta + \sin\alpha\sin\beta
\end{aligned}
$$

到這裡，就可以看到我們想求的 $\sin\alpha\ \sin\beta$ 了。

$$
\begin{aligned}
\cos(\alpha + \beta) &= \cos\alpha\cos\beta - \underline{\sin\alpha\sin\beta} \qquad \cdots\cdots\heartsuit \\
\cos(\alpha - \beta) &= \cos\alpha\cos\beta + \underline{\sin\alpha\sin\beta} \qquad \cdots\cdots\spadesuit
\end{aligned}
$$

接著用 $\spadesuit$ 減去 $\heartsuit$，再除以 2……也就是計算 $\dfrac{\spadesuit - \heartsuit}{2}$，就完成了。這就是「和的形式」！

$$\frac{1}{2}\big(\cos(\alpha-\beta)-\cos(\alpha+\beta)\big)=\sin\alpha\sin\beta$$

解答 5-2（推導積化和差公式）

$$\sin\alpha\sin\beta=\frac{1}{2}\big(\cos(\alpha-\beta)-\cos(\alpha+\beta)\big)$$

◎　◎　◎

蒂蒂「成功完成『和的形式』了！」

我「接下來只要把 $\sin mx\ \sin nx$ 代進去積分就可以了。」

蒂蒂「學、學長。剛才蒂蒂把 $\alpha = mx$、$\beta = nx$ 代入，終於計算出答案囉！」

$$
\begin{aligned}
&\int_0^{2\pi} \sin mx \sin nx \, dx \\
&= \int_0^{2\pi} \frac{1}{2} \big(\cos(mx - nx) - \cos(mx + nx) \big) \, dx && \text{由積化和差公式} \\
&= \int_0^{2\pi} \frac{1}{2} \big(\cos(m - n)x - \cos(m + n)x \big) \, dx && \text{提出 } x \\
&= \frac{1}{2} \int_0^{2\pi} \big(\cos(m - n)x - \cos(m + n)x \big) \, dx && \text{將 } \frac{1}{2} \text{ 提到積分外} \\
&= \frac{1}{2} \underbrace{\int_0^{2\pi} \cos(m - n)x \, dx}_{①} - \frac{1}{2} \underbrace{\int_0^{2\pi} \cos(m + n)x \, dx}_{②} && \text{因為「積分的線性」}
\end{aligned}
$$

我「哦哦，算出答案了！」

蒂蒂「嘿嘿。將『積的形式』的積分，改寫成『和的形式』的積分，然後運用『積分的線性』，成功算到這裡。接著再將①與②個別擊破就好！」

$$
\begin{aligned}
① &= \int_0^{2\pi} \cos(m-n)x \, dx \\
&= \left[\frac{\sin(m-n)x}{m-n} \right]_0^{2\pi} && \text{積分（？）} \\
&= \frac{\sin 2\pi(m-n)}{m-n} - \frac{\sin 0(m-n)}{m-n} \\
&= 0 - 0 \\
&= 0
\end{aligned}
$$

$$
\begin{aligned}
② &= \int_0^{2\pi} \cos(m+n)x \, dx \\
&= \left[\frac{\sin(m+n)x}{m+n} \right]_0^{2\pi} && \text{積分} \\
&= \frac{\sin 2\pi(m+n)}{m+n} - \frac{\sin 0(m+n)}{m+n} \\
&= 0 - 0 \\
&= 0
\end{aligned}
$$

我「咦？」

蒂蒂「你沒看錯喔。兩個都是，計算結果讓人出乎意料。

$$\sin(\pi \text{ 的整數倍}) = 0$$

所以可以知道

$$
\begin{aligned}
\sin 2\pi(m-n) &= 0 \\
\sin 0(m-n) &= 0 \\
\sin 2\pi(m+n) &= 0 \\
\sin 0(m+n) &= 0
\end{aligned}
$$

我也終於明白為什麼村木老師會出這種題目了。看似複雜的積分，經推導後其實可以簡化成 0，真的很有趣耶！」

我「嗯……」

蒂蒂「所以說，結果可以得到

$$\int_0^{2\pi} \sin mx \, \sin nx \, dx = 0$$

這樣的答案。這就是問題 5-1 的解答對吧，學長！」

我「太可惜了！真的只差一點點喔，蒂蒂！」

蒂蒂「咦？」

5.4 蒂蒂的失誤

我「①的積分有個很大的失誤。」

$$\begin{aligned} ① &= \int_0^{2\pi} \cos(m-n)x \, dx \\ &= \left[\frac{\sin(m-n)x}{m-n} \right]_0^{2\pi} \qquad \textbf{積分（？）} \end{aligned}$$

蒂蒂「沒有失誤喔，學長，我有確實驗算過了。因為『積分是微分的反運算』，將 $\cos(m-n)x$ 積分後的結果微分，可以得到原本的 $\cos(m-n)x$，我有驗算過了……」

$$\begin{aligned}\frac{d}{dx}\frac{\sin(m-n)x}{m-n} &= \frac{\cos(m-n)x}{m-n}\cdot\frac{d}{dx}(m-n)x \quad \text{合成函數的微分}\\ &= \frac{\cos(m-n)x}{\cancel{m-n}}\cdot\cancel{(m-n)}\\ &= \cos(m-n)x\end{aligned}$$

我「蒂蒂，不對喔。積分本身沒有問題。我說的可惜，指的是蒂蒂『忘了條件』。」

蒂蒂「條件……是指什麼？」

我「蒂蒂看到

$$\cos(m-n)x$$

時，就直接把它積分成了

$$\frac{\sin(m-n)x}{m-n}$$

對吧？但蒂蒂忽略了一個很重要的『條件』喔。」

蒂蒂「條件……啊！不能除以零？」

我「沒錯。只有 $m=n$ 的時候，$\cos(m-n)$ 的積分不會是 $\frac{\sin(m-n)x}{m-n}$。因為 $m=n$ 的時候，分母 $m-n$ 會變成 0。」

蒂蒂「如、如果 $m=n$

$$\cos(m-n)x = \cos 0x = \cos 0 = 1$$

所以積分後會得到 x……」

我「沒錯，蒂蒂。問題 5-1 的

$$\int_0^{2\pi} \sin mx \; \sin nx \; dx = \cdots$$

在計算過程中，會出現 $\cos(m-n)x$ 的積分沒錯，但如果就這樣直接積分，分母會出現 $m-n$。所以說，在回答問題 5-1 時，$m=n$ 的情況須分開處理。」

蒂蒂「須分開處理的積分……居然是這樣。」

我「蒂蒂計算出來的結果

$$\int_0^{2\pi} \sin mx \; \sin nx \; dx = 0$$

在 $m \neq n$ 的情況下是正確答案喔。不過，在 $m=n$ 的情況下就不正確了。讓我們重新計算一次 $m=n$ 時的情況吧。只有①的數值會改變，②在 $m=n$ 的時候仍等於 0。這是因為問題 5-1 中，均設有 m 與 n 皆為 1 以上整數的條件，所以 $m+n$ 絕對不會等於 0。」

$$\begin{aligned}
&\int_0^{2\pi} \sin mx \; \sin nx \; dx \\
&= \frac{1}{2}\underbrace{\int_0^{2\pi} \cos(m-n)x \; dx}_{①} - \frac{1}{2}\underbrace{\int_0^{2\pi} \cos(m+n)x \; dx}_{②=0} \quad \text{由 p.234}
\end{aligned}$$

$$
\begin{aligned}
① &= \int_0^{2\pi} \cos(m-n)x \, dx \\
&= \int_0^{2\pi} \cos 0x \, dx && \text{因為 } m = n \\
&= \int_0^{2\pi} 1 \, dx && \text{因為 } \cos 0x = \cos 0 = 1 \\
&= \Big[x \Big]_0^{2\pi} && \text{積分} \\
&= 2\pi - 0 \\
&= 2\pi
\end{aligned}
$$

蒂蒂「所以說，$m = n$ 時，最後的積分結果是 π 嗎？」

$$
\int_0^{2\pi} \sin mx \sin nx \, dx = \frac{1}{2} \cdot \underbrace{2\pi}_{①} - \frac{1}{2} \cdot \underbrace{0}_{②} = \pi
$$

我「嗯，沒錯。$m = n$ 時，答案就是 π。」

解答 5-1（蒂蒂的「卡片」）

$$
\int_0^{2\pi} \sin mx \sin nx \, dx = \begin{cases} \pi & m = n \text{ 時} \\ 0 & m \neq n \text{ 時} \end{cases}
$$

蒂蒂「我、我……」

我「真的很可惜啊。」

蒂蒂「我成了『忘記條件的蒂蒂』了……」

我「失誤的只有 $m = n$ 一個地方而已不是嗎？為了驗算積分結果，妳還微分了答案不是嗎？」

她咬著嘴唇，應該真的很不甘心吧。

蒂蒂「我、我要反省！為了之後不要再答錯，要好好反省才行……」

我「哦哦！」

蒂蒂「我在計算 $\cos(m-n)x$ 的積分時失誤了。不過，我真正的失誤並不在積分計算本身，而是在面對 m 與 n 等代數時的心態。」

我「面對代數時的心態？」

蒂蒂「就是呢，在我知道要計算 $\cos(m-n)x$ 的積分時，我只想到『因為 cos 的積分是 sin，所以可以計算出答案！』但這時候，我幾乎沒有去在意 m 與 n 等代數。」

我「原來如此。」

蒂蒂「我太大意了。因為它們寫成了 m 與 n 的樣子，所以我完全沒想到這兩個數的數值可能相同。太可惜了……」

我「沒關係，蒂蒂，還有挽回名譽的機會！」

蒂蒂「咦？」

我「就是啊，我一直在想，為什麼村木老師會出這個題目。不過，剛才聽到蒂蒂的『反省』之後我就懂了。妳看，這次的問題形式不是很不一樣嗎？這很可能是重點。也就是說，老師在測試我們會不會在解完問題之後就停下來。」

蒂蒂「不、不好意思，我不大懂你的意思。」

我「這個計算是 $\sin mx \ \ \sin nx$ 的定積分。不過，我們的手邊有 sin 與 cos 對吧？這表示……我們還能寫出其他問題！」

蒂蒂「原來如此！總共有四種類題對吧！」

- $\sin mx \ \ \sin nx$
- $\cos mx \ \ \cos nx$
- $\sin mx \ \ \cos nx$
- $\cos mx \ \ \sin nx$

我「沒錯。我們剛才算出了 $\sin mx \ \ \sin nx$ 的答案，剩下的三種情況中，如果都從積分 0 到 2π，會發生什麼事呢？」

蒂蒂「原來如此。這樣一定也會出現各種須要分開處理的狀況。這次我一定不會再失誤了！」

元氣少女蒂蒂復活了。

不久後，她便整理出了計算結果 [*3]。

我「完成了呢！」

---

*3 參考章末問題 5-2（p.285）。

蒂蒂「和我們猜想的一樣，真的有要『分開處理』的狀況！」

蒂蒂整理的定積分結果

設 m 與 n 為 1 以上的整數。

▶ $m = n$ 時

$$\int_0^{2\pi} \sin mx \sin nx \, dx = \pi$$

$$\int_0^{2\pi} \cos mx \cos nx \, dx = \pi$$

$$\int_0^{2\pi} \sin mx \cos nx \, dx = 0$$

$$\int_0^{2\pi} \cos mx \sin nx \, dx = 0$$

▶ $m \neq n$ 時

$$\int_0^{2\pi} \sin mx \sin nx \, dx = 0$$

$$\int_0^{2\pi} \cos mx \cos nx \, dx = 0$$

$$\int_0^{2\pi} \sin mx \cos nx \, dx = 0$$

$$\int_0^{2\pi} \cos mx \sin nx \, dx = 0$$

5.5　定積分與面積

整理好定積分結果後，我與蒂蒂盯著它們好一陣子。

我「定積分結果不是 π 就是 0，這點很有趣耶。」

蒂蒂「……學長，說到定積分的值，

$$\int_{\alpha}^{\beta} f(x)\,dx$$

就是指 $y = f(x)$ 圖形中，曲線下方的面積對吧？」

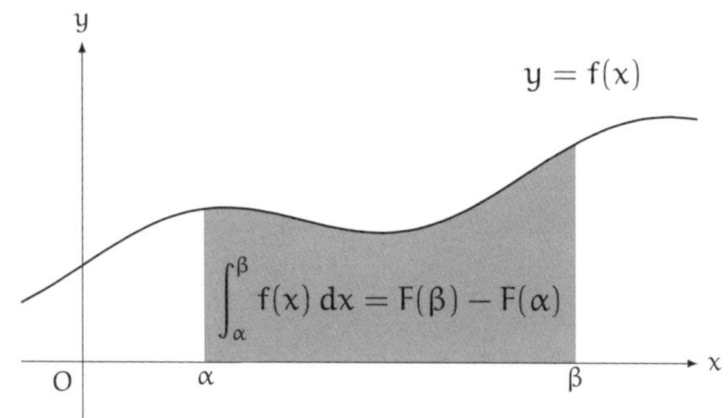

定積分的值與圖形面積

我「是啊。如果曲線跑到 x 軸下方，就會變成負的面積。」

蒂蒂「這樣一來

$$\int_{0}^{2\pi} \sin mx\ \sin nx\,dx$$

的定積分數值，也會等於

$$y = \sin mx \sin nx$$

這條曲線下方的面積嗎？」

我「嗯，是啊。」

蒂蒂「既然在積分的時候必須分開處理，是不是表示 $m = n$ 與 $m \neq n$ 時，曲線形狀會有很大的不同呢？」

我「這個想法很棒！確實如此。來畫畫看 $y = \sin mx \sin nx$ 的圖形吧！」

於是，我們在圖書室的電腦上，試著畫出它的圖形。

蒂蒂「先畫畫看 $m=2$ 與 $n=2$ 時的情況。」

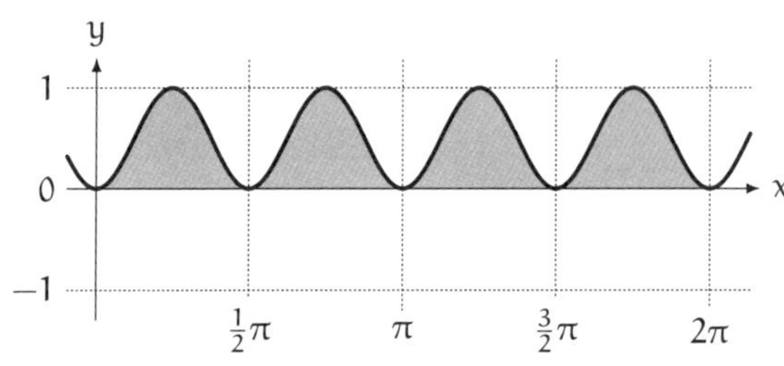

$y=\sin 2x \sin 2x$ **的圖形**

我「嗯，和我想的一樣。$y=\sin 2x \sin 2x$ 的曲線會保持在 x 軸上方。因為

$$\sin 2x \sin 2x = \sin^2 2x \geqq 0$$

所以在 $0 \leqq x \leqq \pi$ 間的面積為正。」

蒂蒂「原來如此，$m=n$ 的條件下，可以得到

$$\sin mx \sin nx = \sin^2 mx \geqq 0$$

所以面積為正。」

我「如果 $m=2$ 而 $n=3$，那麼曲線應該會在 x 軸的上下來來回回才對。」

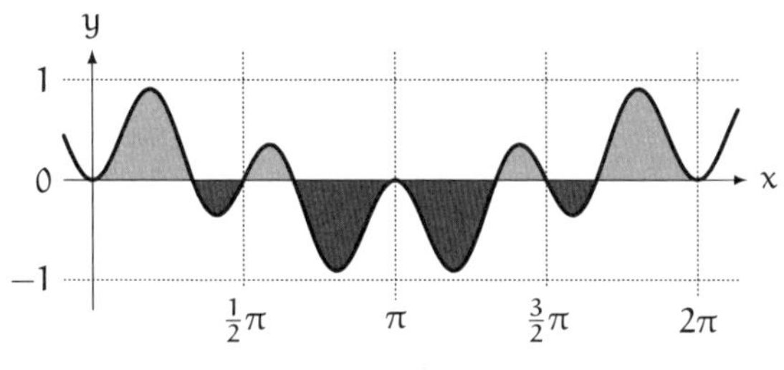

$y = \sin 2x \ \sin 3x$ **的圖形**

蒂蒂「真有趣耶。啊，定積分為 0，就表示曲線在 x 軸上方的面積，以及在 x 軸下方的面積剛好相等對吧？」

我「沒錯，考慮到 $0 \leqq x \leqq 2\pi$ 的範圍，就是這樣。x 軸上方的面積為正，下方的面積為負，是有正負號的面積。」

蒂蒂「試試看 $m = 2$ 且 $n = 10$ 的情況。」

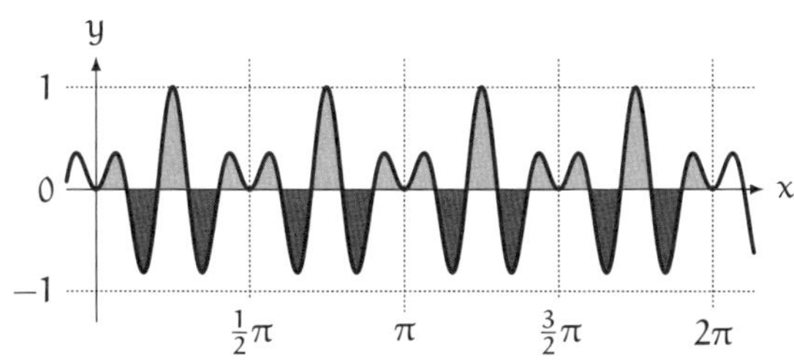

$y = \sin 2x \ \sin 10x$ **的圖形**

我「明確分成了 x 軸上方與下方兩個部分。」

蒂蒂「也來試試看 $\sin mx \ \cos nx$ 的情況！」

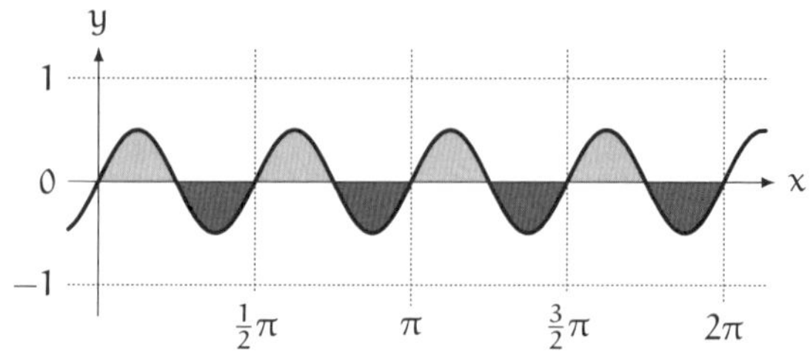

$y = \sin 2x\ \ \cos 2x$ 的圖形

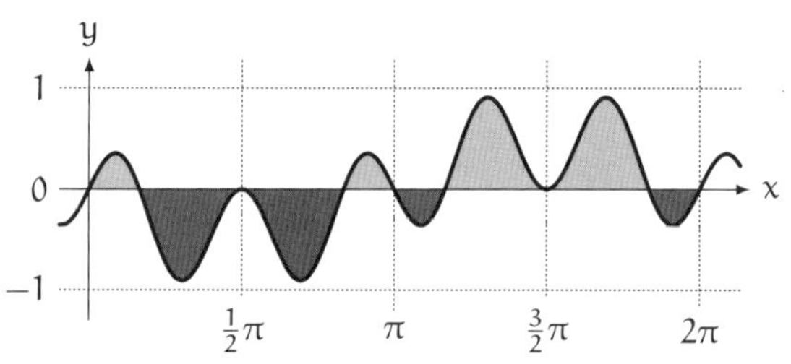

$y = \sin 2x\ \ \cos 3x$ 的圖形

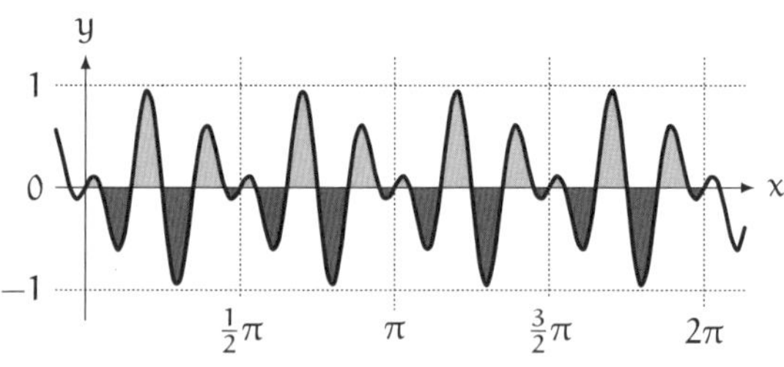

$y = \sin 2x\ \ \cos 1x$ 的圖形

我「雖然我們已經計算出結果，但像這樣由圖觀察 x 軸上方與下方的部分，就更清楚了。」

蒂蒂「是的。這樣我也明白為什麼要分成 $m = n$ 與 $m \neq n$ 的情況。雖然都是函數的乘積，但只有在 $m = n$ 的時候，曲線才會整個保持在 x 軸上方……」

5.6　米爾迦

米爾迦也來了。她手上拿著「卡片」。

我「米爾迦，那該不會是村木老師給的『卡片』吧？」

米爾迦「不是該不會，就是。」

　　她揮了揮手上的『卡片』。

我「哈哈，我知道了。對了，米爾迦。我來猜猜看那張『卡片』上寫了些什麼吧？」

蒂蒂「啊！我也猜得到喔！就是**類題**吧！」

米爾迦「什麼類題？」

我「那張『卡片』應該是計算題形式的題目吧？村木老師很少給我們這樣的卡片。」

蒂蒂「我猜那應該是定積分的計算題吧！」

米爾迦「不，猜錯囉。這不是計算題形式的題目，也不是定積分，只有充滿謎團的數學式。」

蒂蒂「唉呀呀？」

我「怎樣的數學式？」

謎之數學式（米爾迦的「卡片」）

$$\begin{cases} f_0(x) = \dfrac{1}{2}\bigl(f(x) + f(-x)\bigr) \\ f_1(x) = \dfrac{1}{2}\bigl(f(x) - f(-x)\bigr) \end{cases}$$

我們默默地看著「卡片」好一陣子。

蒂蒂「這……究竟是什麼呢？」

我「我還以為一定是定積分的類題呢。」

蒂蒂「我、我也這麼覺得。還以為能在米爾迦學姊解出來之前說出答案呢！……雖然只是想想。」

米爾迦「剛才你們說的定積分是什麼？」

蒂蒂「就是這個。」

蒂蒂整理的定積分結果（再次列出）

設 m 與 n 為 1 以上的整數。

▶ $m = n$ 時	▶ $m \neq n$ 時
$\int_0^{2\pi} \sin mx \sin nx \, dx = \pi$	$\int_0^{2\pi} \sin mx \sin nx \, dx = 0$
$\int_0^{2\pi} \cos mx \cos nx \, dx = \pi$	$\int_0^{2\pi} \cos mx \cos nx \, dx = 0$
$\int_0^{2\pi} \sin mx \cos nx \, dx = 0$	$\int_0^{2\pi} \sin mx \cos nx \, dx = 0$
$\int_0^{2\pi} \cos mx \sin nx \, dx = 0$	$\int_0^{2\pi} \cos mx \sin nx \, dx = 0$

米爾迦「原來如此，是這麼回事啊。」

我「怎麼回事？」

米爾迦「我知道老師給我的這張「卡片」是什麼意思了。」

我「咦？是什麼意思呢？」

米爾迦「補上一些詞語，讓它成為一個問題吧。」

問題 5-3（函數的性質）
給定一實數值函數 f，定義域為實數全體。定義函數 f_0 與 f_1 如下，試說明 f_0 與 f_1 有什麼特殊性質。

$$\begin{cases} f_0(x) = \dfrac{1}{2}\bigl(f(x) + f(-x)\bigr) \\ f_1(x) = \dfrac{1}{2}\bigl(f(x) - f(-x)\bigr) \end{cases}$$

我「嗯，這是……」

蒂蒂「……」

米爾迦「如何？」

蒂蒂「這和積化和差公式有點像呢。」

$$\sin\alpha\sin\beta = \frac{1}{2}\bigl(\cos(\alpha-\beta) - \cos(\alpha+\beta)\bigr)$$

我「不過，問題 5-3 的函數 f 並沒有限定是三角函數喔。以沒有任何特徵的 f 為起點，將 $f(x)$ 與 $f(-x)$ 相加或相減，得到 f 與 f_1 等函數……」

蒂蒂「然後考慮函數 f 與 f_1 的性質……？」

我「關鍵應該在 x 與 $-x$ 吧。舉例來說，$f_0(-x)$ 會長什麼樣子呢？試著計算後可以得到

$$f_0(-x) = \frac{1}{2}\bigl(f(-x) + f(x)\bigr) = f_0(x)$$

所以，$f_0(-x) = f_0(x)$……我知道了！這可以生成偶函數！」

蒂蒂「偶函數？」

偶函數與奇函數

設函數 g 的定義域中，對任意 x 而言，

$$g(-x) = g(x)$$

那麼函數 g 為**偶函數**。

設函數 h 的定義域中，對任意 x 而言，

$$h(-x) = -h(x)$$

那麼函數 g 為**奇函數**。

我「舉例來說，如果 $g(x) = x^2$，那麼 g 為偶函數；如果 $h(x) = x^3$，那麼 h 為奇函數。」

蒂蒂「$\cos(-x) = \cos x$，所以 cos 為偶函數，$\sin(-x) = -\sin x$，所以 sin 是奇函數嗎？」

我「是啊……問題 5-3 中，用給定的 f 來定義 f_0 與 f_1 兩個函數。其中，f_0 就是偶函數喔。因為 $f_0(-x) = f_0(x)$！」

$$
\begin{aligned}
f_0(-x) &= \frac{1}{2}\bigl(f(-x) + f(-(-x))\bigr) && \text{由 } f_0 \text{ 的定義} \\
&= \frac{1}{2}\bigl(f(-x) + f(x)\bigr) && \text{因為 } -(-x) = x \\
&= \frac{1}{2}\bigl(f(x) + f(-x)\bigr) && \text{交換順序} \\
&= f_0(x) && \text{由 } f_0 \text{ 的定義} \\
f_0(-x) &= f_0(x) && \text{所以，} f_0 \text{ 為偶函數}
\end{aligned}
$$

蒂蒂「……原來如此。那麼，$f_1(-x) = -f_1(x)$ 該不會也成立吧？」

我「會成立喔！」

$$
\begin{aligned}
f_1(-x) &= \frac{1}{2}\bigl(f(-x) - f(-(-x))\bigr) && \text{由 } f_1 \text{ 的定義} \\
&= \frac{1}{2}\bigl(f(-x) - f(x)\bigr) && \text{因為 } -(-x) = x \\
&= \frac{1}{2}\bigl(-f(x) + f(-x)\bigr) && \text{交換順序} \\
&= -\frac{1}{2}\bigl(f(x) - f(-x)\bigr) && \\
&= -f_1(x) && \text{由 } f_1 \text{ 的定義} \\
f_1(-x) &= -f_1(x) && \text{所以，} f_1 \text{ 為奇函數}
\end{aligned}
$$

蒂蒂「這表示，米爾迦的『卡片』是……？」

我「就是用函數 $f(x)$ 建構出偶函數與奇函數的方法喔。」

解答例 5-3（函數的性質）

給定一實數值函數 f，定義域為實數全體。定義函數 f_0 與 f_1 如下，此時 f_0 為偶函數，f_1 為奇函數。

$$\begin{cases} f_0(x) = \frac{1}{2}\bigl(f(x) + f(-x)\bigr) & \text{偶函數} \\ f_1(x) = \frac{1}{2}\bigl(f(x) - f(-x)\bigr) & \text{奇函數} \end{cases}$$

米爾迦「用函數 f 建構出偶函數 f_0 與奇函數 f_1。」

我「這還真有趣。」

蒂蒂「不過，這樣讓我有種『So what?』（那又如何？）的感覺……」

米爾迦「我們可以用 f_0 與 f_1 來表示 f，這樣如何？」

用 f_0 與 f_1 來表示 f

$$f(x) = f_0(x) + f_1(x)$$

蒂蒂「呃……」

我「$f_0(x) + f_1(x)$ 確實會是 $f(x)$ 喔？」

$$\begin{aligned}
f_0(x) + f_1(x) &= \frac{1}{2}\big(f(x) + f(-x)\big) + \frac{1}{2}\big(f(x) - f(-x)\big) \\
&= \frac{1}{2}\big(f(x) + f(-x) + f(x) - f(-x)\big) \\
&= \frac{1}{2}\big(f(x) + \cancel{f(-x)} + f(x) - \cancel{f(-x)}\big) \\
&= \frac{1}{2} \cdot 2f(x) \\
&= f(x)
\end{aligned}$$

米爾迦「函數 f 可以表示成偶函數 f_0 與奇函數 f_1 的和。說得精準一點，可以表示成 f_0 與 f_1 的線性組合。」

f 可表示成 f_0 與 f_1 的線性組合

$$\begin{aligned}
f(x) &= a_0 f_0(x) + a_1 f_1(x) \\
&= \sum_{k=0}^{1} a_k f_k(x)
\end{aligned}$$

其中，設

$$\begin{cases} a_0 = 1 \\ a_1 = 1 \end{cases}$$

米爾迦「函數 f 可以表示成偶函數與奇函數這種有對稱性之函數的線性組合，這點相當有趣。」

蒂蒂「對稱性……」

我「雖然只有兩項，卻用到了 Σ 呢。」

$$\sum_{k=0}^{1} \boxed{a_k f_k(x)} = \underbrace{\boxed{a_0 f_0(x)}}_{k=0} + \underbrace{\boxed{a_1 f_1(x)}}_{k=1}$$

米爾迦「之所以使用 Σ，是為了強調『f 可表示成 f_0 與 f_1 的線性組合』這點，與**傅立葉展開**相似。」

我「傅立葉展開？」

5.7 傅立葉展開是什麼

米爾迦「所謂的**傅立葉展開**，是將給定函數 $f(x)$，表示成三角函數的和，如下所示。」

函數 $f(x)$ 的傅立葉展開

$$\begin{aligned} f(x) = (a_0 \cos 0x + b_0 \sin 0x) \\ + (a_1 \cos 1x + b_1 \sin 1x) \\ + (a_2 \cos 2x + b_2 \sin 2x) \\ + (a_3 \cos 3x + b_3 \sin 3x) + \cdots \\ = \sum_{k=0}^{\infty} (a_k \cos kx + b_k \sin kx) \end{aligned}$$

蒂蒂「呃、呃，這是將 k 變成 $k = 0$、1、2、3、…然後分解成 $a_k \cos kx + b_k \sin kx$ 的加總嗎？」

我「每個 $\cos kx$ 都乘上 a_k 這個權重，每個 $\sin kx$ 都乘上 b_k 這個權重，再加總起來是嗎？」

米爾迦「這種由無限個項加總起來的結果，一般稱做**級數**。所以傅立葉展開也叫做傅立葉級數展開。」

我「嗯⋯⋯」

米爾迦「村木老師的『卡片』中，將函數 $f(x)$ 表示成兩個函數 $f_0(x), f_1(x)$ 的線性組合。這裡用到的兩個函數，分別為偶函數 $f_0(x)$ 與奇函數 $f_1(x)$。」

蒂蒂「⋯⋯」

米爾迦「相對於此，傅立葉展開則是將函數 $f(x)$ 表示成無數個函數 $\cos 0x$、$\sin 0x$、$\cos 1x$、$\sin 1x$、$\cos 2x$、$\sin 2x$、$\cos 3x$、$\sin 3x$、⋯的線性組合。這裡為了清楚顯示出其規則，將 x 寫成了 $1x$。傅立葉展開中所使用的無數個函數，皆為三角函數 $\cos kx$ 與 $\sin kx$。」

蒂蒂「請、請等一下。我想確認一下，我們現在討論的是——函數 $f(x)$ 可以用什麼方式表現嗎？」

米爾迦「沒錯。」

蒂蒂「傅立葉展開可以將 $f(x)$ 這個函數，表示成無數個 $\cos kx$ 與 $\sin kx$ 的加總嗎？」

米爾迦「沒錯。函數 $f(x)$ 可以表示成三角函數 $\cos kx$ 與 $\sin kx$ 的線性組合。就像他說的一樣，為每個 $\cos kx$ 乘上權重 a_k，為每個 $\sin kx$ 乘上權重 b_k。這裡的 a_0、b_0、a_1、b_1、a_2、b_2、…叫做**傅立葉係數**。三角函數經傅立葉係數加權後加總，以表示某特定函數，就是傅立葉展開。這也是波的疊加。」

蒂蒂「波的疊加……」

5.8 傅立葉展開的簡單範例

我「舉例來說，假設函數 $f(x)$ 可以寫成

$$f(x) = \sin x + \sin 2x$$

這就是一個簡單的傅立葉展開的例子吧！」

米爾迦「沒錯。這個函數 $f(x)$ 可以寫成

$$\begin{aligned}f(x) &= \sin x + \sin 2x \\ &= (0\cos 0x + 0\sin 0x) \\ &\qquad + (0\cos 1x + \boxed{1}\sin 1x) \\ &\qquad\qquad + (0\cos 2x + \boxed{1}\sin 2x) \\ &\qquad\qquad\qquad + (0\cos 3x + 0\sin 3x) + \cdots\end{aligned}$$

的形式。也就是說，傅立葉係數中，僅 b_1 與 b_2 為 1，其他皆為 0。」

$$f(x) = \sum_{k=0}^{\infty}(a_k \cos kx + b_k \sin kx)$$

k	0	1	2	3	4	5	6	7	…
a_k	0	0	0	0	0	0	0	0	…
b_k	0	1	1	0	0	0	0	0	…

5.9　傅立葉展開與數列

我「也就是說，我們可以透過 a_0、a_1、a_2、…與 b_0、b_1、b_2、…這兩個數列來決定一個函數！舉例來說，剛才的

k	0	1	2	3	4	5	6	7	…
a_k	0	0	0	0	0	0	0	0	…
b_k	0	1	1	0	0	0	0	0	…

數列，就決定了 $\sin 1x + \sin 2x$ 這個函數對吧？」

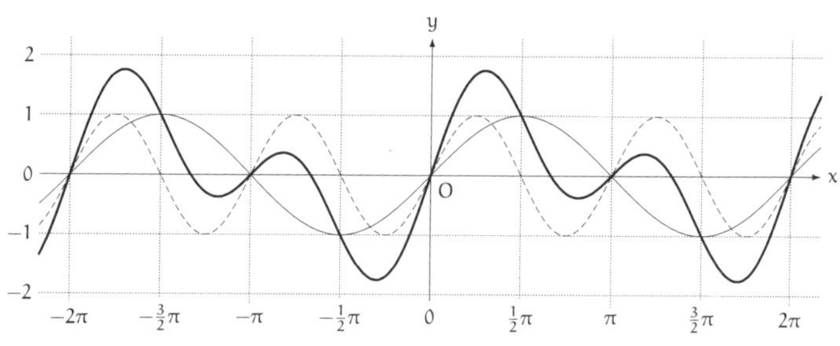

$y = \sin 1x + \sin 2x$

蒂蒂「數列……？」

我「嗯。將傅立葉係數視為數列，那麼這個數列就可以決定一個函數。再舉個例子。

k	0	1	2	3	4	5	6	7	…
a_k	0	0	0	0	0	0	0	0	…
b_k	0	1	1	1	0	0	0	0	…

這個數列就決定了 $\sin 1x + \sin 2x + \sin 3x$ 這個函數。」

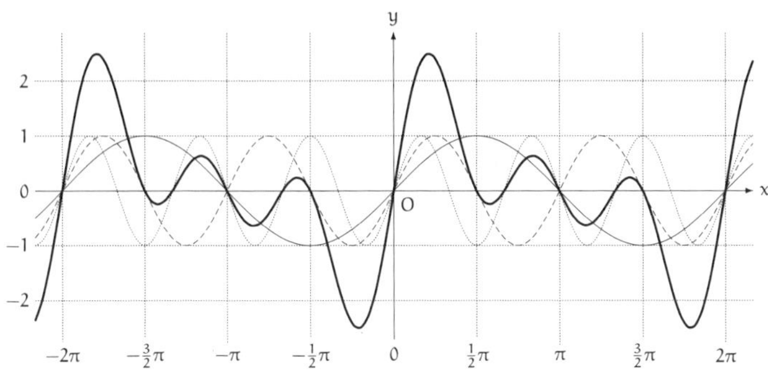

$y = \sin 1x + \sin 2x + \sin 3x$

蒂蒂「這樣啊⋯⋯」

我「也可以考慮一個僅 a_1、a_2、a_3 為 1，其他皆為 0 的數列喔。

k	0	1	2	3	4	5	6	7	…
a_k	0	1	1	1	0	0	0	0	…
b_k	0	0	0	0	0	0	0	0	…

這個數列可以得到 $\cos 1x + \cos 2x + \cos 3x$ 這個函數。」

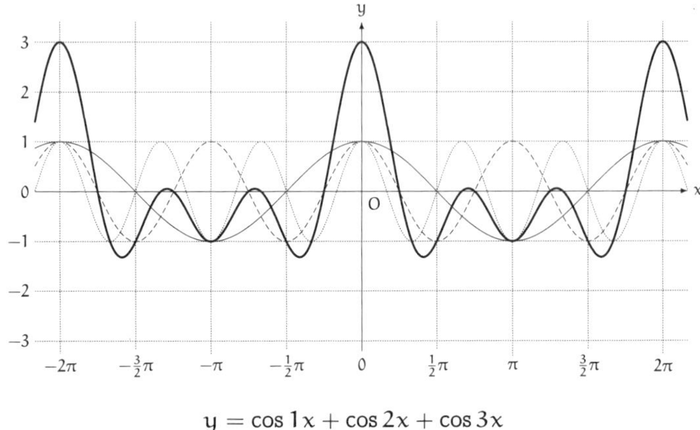

$y = \cos 1x + \cos 2x + \cos 3x$

蒂蒂「形狀很不一樣耶。」

我「再舉其他數列當例子，考慮

k	0	1	2	3	4	5	6	7	…
a_k	0	0	0	0	0	0	0	0	…
b_k	0	1	0	1	0	1	0	0	…

可以得到 $\sin 1x + \sin 3x + \sin 5x$ 這個函數。」

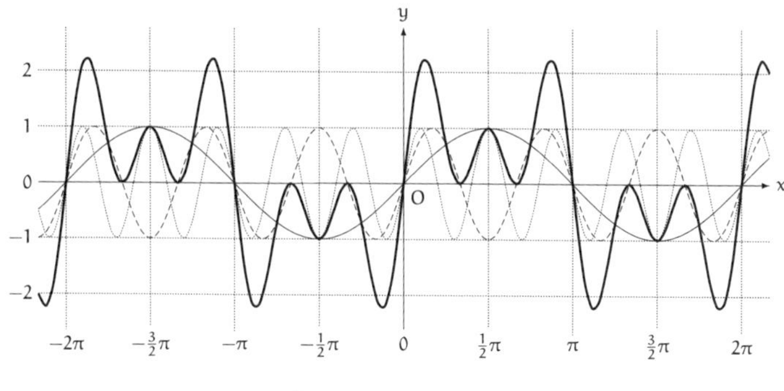

$y = \sin 1x + \sin 3x + \sin 5x$

5.10 延續下去的話……

米爾迦「你前面舉的例子中，都只有出現 0 與 1。試試看這樣的數列。」

k	0	1	2	3	4	5	6	7	$\cdots$
a_k	0	0	0	0	0	0	0	0	$\cdots$
b_k	0	$\frac{1}{1}$	$\frac{1}{2}$	$\frac{1}{3}$	$\frac{1}{4}$	$\frac{1}{5}$	$\frac{1}{6}$	$\frac{1}{7}$	$\cdots$

我「$a_k = 0$、$b_0 = 0$，以及 $b_k = \dfrac{1}{k}$ 對吧？」

蒂蒂「這是什麼樣的函數呢？」

米爾迦「讓我們把波一個個疊加上去，觀察圖形會如何變化吧。」

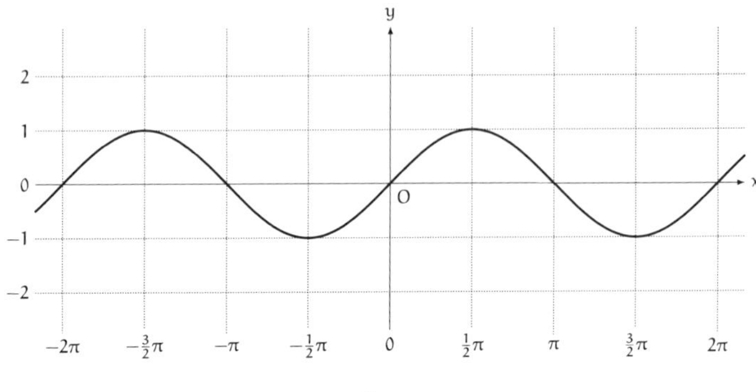

$$y = \frac{1}{1}\sin 1x$$

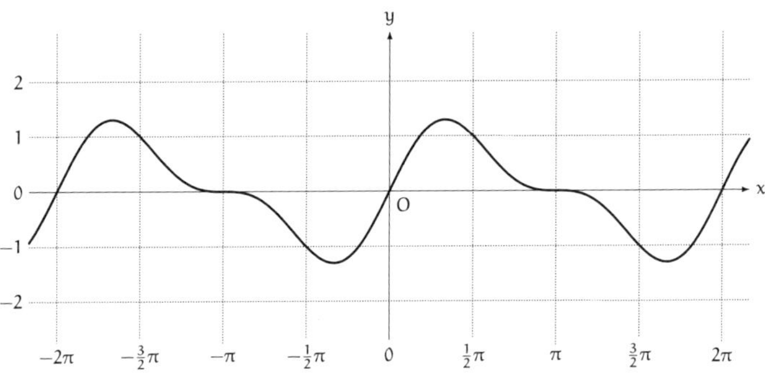

$$y = \frac{1}{1}\sin 1x + \frac{1}{2}\sin 2x$$

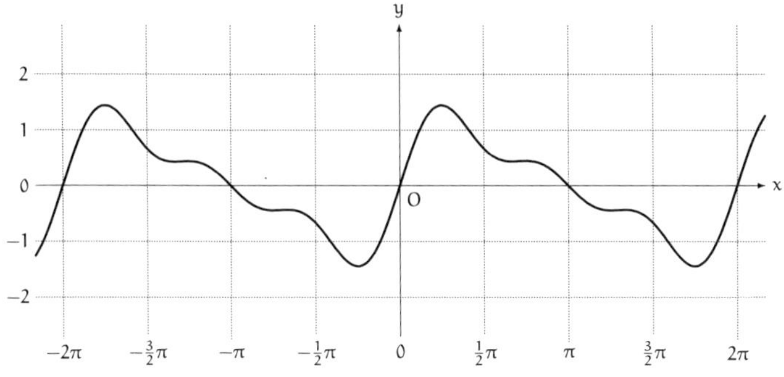

$$y = \frac{1}{1}\sin 1x + \frac{1}{2}\sin 2x + \frac{1}{3}\sin 3x$$

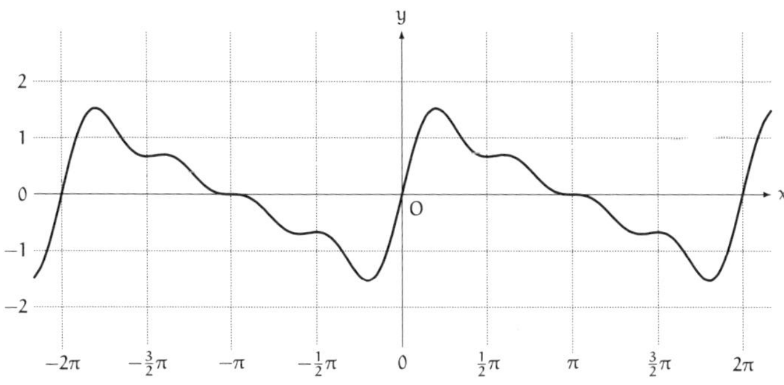

$$y = \frac{1}{1}\sin 1x + \frac{1}{2}\sin 2x + \frac{1}{3}\sin 3x + \frac{1}{4}\sin 4x$$

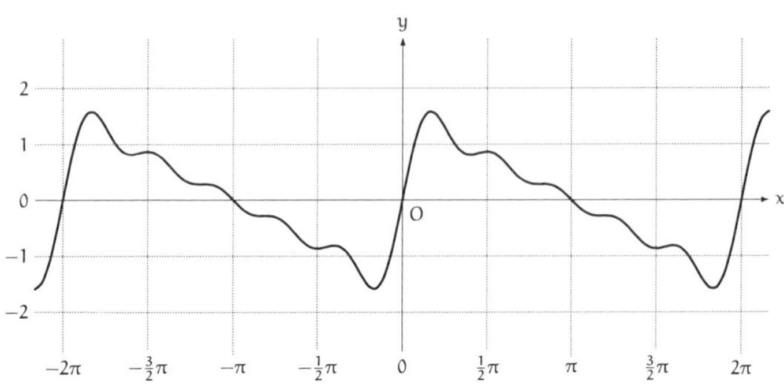

$$y = \frac{1}{1}\sin 1x + \frac{1}{2}\sin 2x + \frac{1}{3}\sin 3x + \frac{1}{4}\sin 4x + \frac{1}{5}\sin 5x$$

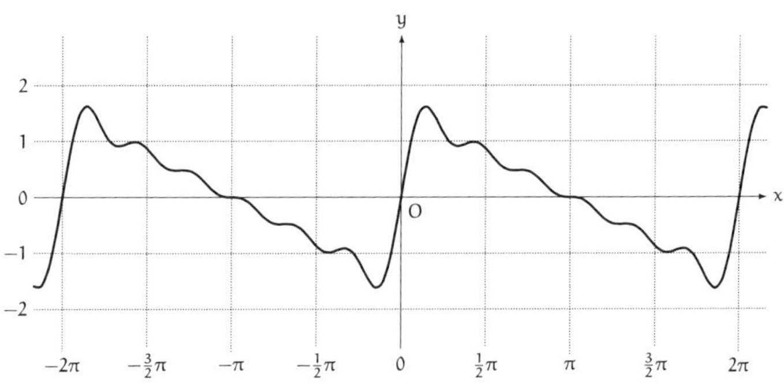

$$y = \frac{1}{1}\sin 1x + \frac{1}{2}\sin 2x + \frac{1}{3}\sin 3x + \frac{1}{4}\sin 4x + \frac{1}{5}\sin 5x + \frac{1}{6}\sin 6x$$

蒂蒂「咦……」

5.11　求出傅立葉係數

我「咦，等一下。傅立葉展開中，將函數表示成三角函數 cos kx 與 sin kx 的線性組合，這個我懂。但該如何求算傅立葉係數 a_0、a_1、a_2、…、b_0、b_1、b_2、…呢？」

蒂蒂「求算？」

我「剛才我們是先決定傅立葉係數，再以此建構出函數，但我也想知道反過來時該怎麼做。也就是說，如果給定函數 f，該如何求出傅立葉係數 a_0、a_1、a_2、…、b_0、b_1、b_2、…。」

米爾迦「這時就該輪到蒂蒂出場了。」

蒂蒂「我、我嗎？輪到我出場？」

蒂蒂指著自己，原本就很大的眼睛睜得更大了。

米爾迦「輪到蒂蒂整理的定積分結果出場。」

蒂蒂整理的定積分結果（再次列出）

設 m 與 n 為 1 以上的整數。

▶ $m = n$ 時

$$\int_0^{2\pi} \sin mx \sin nx \, dx = \pi$$

$$\int_0^{2\pi} \cos mx \cos nx \, dx = \pi$$

$$\int_0^{2\pi} \sin mx \cos nx \, dx = 0$$

$$\int_0^{2\pi} \cos mx \sin nx \, dx = 0$$

▶ $m \neq n$ 時

$$\int_0^{2\pi} \sin mx \sin nx \, dx = 0$$

$$\int_0^{2\pi} \cos mx \cos nx \, dx = 0$$

$$\int_0^{2\pi} \sin mx \cos nx \, dx = 0$$

$$\int_0^{2\pi} \cos mx \sin nx \, dx = 0$$

蒂蒂「傅立葉展開中，出現了 cos 與 sin……」

米爾迦「由這個整理可以看出，定積分的結果不是 π 就是 0。」

蒂蒂「是這樣沒錯。只有 $\sin mx \ \sin nx$ 與 $\cos mx \ \cos nx$ 的定積分結果可能為 π，且只發生在 $m = n$ 的時候。」

米爾迦「也就是說，如果將積分結果整理成表，只有對角線可以看到 π。」

	cos 1x	sin 1x	cos 2x	sin 2x	cos 3x	sin 3x	⋯
cos 1x	π	0	0	0	0	0	⋯
sin 1x	0	π	0	0	0	0	⋯
cos 2x	0	0	π	0	0	0	⋯
sin 2x	0	0	0	π	0	0	⋯
cos 3x	0	0	0	0	π	0	⋯
sin 3x	0	0	0	0	0	π	⋯
⋮	⋮	⋮	⋮	⋮	⋮	⋮	⋱

我「確實如此，還真有趣。」

米爾迦「我們可以用這個事實，將波分解成許多分量。」

蒂蒂「將波分解成——」

我「許多分量？」

米爾迦「由函數 f 決定傅立葉係數的概念，大致上是這樣。舉例來說，如果要求算函數 f 於傅立葉展開時，$\cos 1x$ 的傅立葉係數 a_1，那麼只要將

$$f(x)\cos 1x$$

這個函數的乘積，從 0 積分到 2π 即可。也就計算

$$\int_0^{2\pi} f(x)\cos 1x\,dx$$

答案是多少？」

米爾迦指向我。
這大概是要我思考看看這個計算的意義。

我試著讓頭腦全力運轉。……哦哦！

我「會得到 πa_1 是嗎！所以說

$$a_1 = \frac{1}{\pi}\int_0^{2\pi} f(x)\cos 1x\,dx$$

是這樣嗎？這好厲害！」

蒂蒂「拜、拜託告訴我計算過程。」

米爾迦「若要進行像他一樣的計算，必須仔細分析傅立葉展開的條件才行。為了不受限於這些條件，現在讓我們想想看，有限項的傅立葉展開會是什麼樣子。也就是迷你版的傅立葉展開。」

蒂蒂「迷你版的傅立葉展開？」

5.12　迷你版傅立葉展開

問題 5-4（迷你版傅立葉展開）

設函數 $f(x)$ 可用以下數學式表示。

$$f(x) = a_1 \cos 1x + b_1 \sin 1x + a_2 \cos 2x + b_2 \sin 2x$$

試以三角函數及 $f(x)$，分別表示實數 a_1、a_2、b_1、b_2。

米爾迦「傅立葉展開可寫成以下形式

$$f(x) = \sum_{k=0}^{\infty} (a_k \cos kx + b_k \sin kx)$$

這裡的 $k = 0$、1、2、3、…可對應到所有加總的函數。因為這是無數個函數的加總，所以處理上須特別注意。相較於此，問題 5-4 的迷你版傅立葉展開，則可寫成

$$\begin{aligned} f(x) &= \sum_{k=1}^{2} (a_k \cos kx + b_k \sin kx) \\ &= a_1 \cos 1x + b_1 \sin 1x + a_2 \cos 2x + b_2 \sin 2x \end{aligned}$$

$k = 1$、2，僅對應到 4 個函數。函數 $f(x)$ 能被分解成

$$\cos 1x \text{、} \sin 1x \text{、} \cos 2x \text{、} \sin 2x$$

等 4 個函數的線性組合為前提。讓我們用這個例子，試著理解求算傅立葉係數的概念吧。」

我「以三角函數及 $f(x)$，分別表示實數 a_1、b_1、a_2、b_2 對吧？這確實會用到『蒂蒂整理的定積分結果』（p.242）。」

蒂蒂「我、我還是聽不懂……」

我「試著實際計算積分就明白囉，蒂蒂。首先，函數 $f(x)$ 可以寫成

$$f(x) = a_1 \cos 1x + b_1 \sin 1x + a_2 \cos 2x + b_2 \sin 2x$$

的形式。所以我們可以對

$$f(x) \cos 1x$$

從 0 積分到 2π 喔。」

◎ ◎ ◎

$$\int_0^{2\pi} f(x) \cos 1x \, dx$$

$$= \int_0^{2\pi} \underbrace{(a_1 \cos 1x + b_1 \sin 1x + a_2 \cos 2x + b_2 \sin 2x)}_{=f(x)} \cos 1x \, dx$$

將 $\cos 1x$ 放入括弧內。

$$= \int_0^{2\pi} (a_1 \cos 1x \cos 1x + b_1 \sin 1x \cos 1x$$
$$+ a_2 \cos 2x \cos 1x + b_2 \sin 2x \cos 1x) \, dx$$

運用「積分的線性」，分解成多個積分的和，再將係數提出到積分外。

$$= a_1 \underbrace{\int_0^{2\pi} \cos 1x \cos 1x \, dx}_{①} + b_1 \underbrace{\int_0^{2\pi} \sin 1x \cos 1x \, dx}_{②}$$
$$+ a_2 \underbrace{\int_0^{2\pi} \cos 2x \cos 1x \, dx}_{③} + b_2 \underbrace{\int_0^{2\pi} \sin 2x \cos 1x \, dx}_{④}$$

◎　◎　◎

蒂蒂「啊啊……確實，如果分成①、②、③、④，就可以使用剛才整理的定積分結果！」

米爾迦「只有一個會得到 π。」

蒂蒂「除了 $\int_0^{2\pi} \cos 1x \cos 1x \, dx = \pi$，其他地方都是 0 耶！」

$$
\begin{aligned}
① &= \int_0^{2\pi} \cos 1x \cos 1x \, dx = \pi \\
② &= \int_0^{2\pi} \sin 1x \cos 1x \, dx = 0 \\
③ &= \int_0^{2\pi} \cos 2x \cos 1x \, dx = 0 \\
④ &= \int_0^{2\pi} \sin 2x \cos 1x \, dx = 0
\end{aligned}
$$

我「所以，我們可以把所有會是 0 的項消掉，得到

$$
\begin{aligned}
\int_0^{2\pi} f(x) \cos 1x \, dx &= a_1 \underbrace{\int_0^{2\pi} \cos 1x \cos 1x \, dx}_{①} \\
&= a_1 \pi
\end{aligned}
$$

」

蒂蒂「$f(x)$ cos 1x 積分後，可以得到 $a_1\pi$。」

我「因為 a_1 相當於 cos 1x 的係數嘛。」

蒂蒂「原來如此……！函數 $f(x)$ 乘上 cos 1x，再積分之後，會得到係數的 π 倍，也就是 $a_1\pi$。同樣的，將函數 $f(x)$ 乘上 sin 1x、cos 2x、sin 2x 再積分，會得到 $b_1\pi$、$a_2\pi$、$b_2\pi$ 對吧！」

$$\int_0^{2\pi} \underbrace{(\boxed{a_1} \cos 1x + b_1 \sin 1x + a_2 \cos 2x + b_2 \sin 2x)}_{=f(x)} \cos 1x \, dx = \boxed{a_1}\pi$$

$$\int_0^{2\pi} \underbrace{(a_1 \cos 1x + \boxed{b_1} \sin 1x + a_2 \cos 2x + b_2 \sin 2x)}_{=f(x)} \sin 1x \, dx = \boxed{b_1}\pi$$

$$\int_0^{2\pi} \underbrace{(a_1 \cos 1x + b_1 \sin 1x + \boxed{a_2} \cos 2x + b_2 \sin 2x)}_{=f(x)} \cos 2x \, dx = \boxed{a_2}\pi$$

$$\int_0^{2\pi} \underbrace{(a_1 \cos 1x + b_1 \sin 1x + a_2 \cos 2x + \boxed{b_2} \sin 2x)}_{=f(x)} \sin 2x \, dx = \boxed{b_2}\pi$$

我「嗯，接著再乘上 $\frac{1}{\pi}$，就可以得到 a_1、b_1、a_2、b_2 了！」

解答 5-4（迷你版傅立葉展開）

設函數 $f(x)$ 可用以下數學式表示。

$$f(x) = a_1 \cos 1x + b_1 \sin 1x + a_2 \cos 2x + b_2 \sin 2x$$

此時，實數 a_1、a_2、b_1、b_2 可分別表示如下。

$$a_1 = \frac{1}{\pi}\int_0^{2\pi} f(x) \cos 1x \, dx$$

$$b_1 = \frac{1}{\pi}\int_0^{2\pi} f(x) \sin 1x \, dx$$

$$a_2 = \frac{1}{\pi}\int_0^{2\pi} f(x) \cos 2x \, dx$$

$$b_2 = \frac{1}{\pi}\int_0^{2\pi} f(x) \sin 2x \, dx$$

蒂蒂「我、我大概懂了。乘上 $\cos 1x$ 再積分後，與 $\sin 1x$、$\cos 2x$、$\sin 2x$ 相乘的部分會變成 0，不過，與 $\cos 1x$ 相乘的部分會變成 π……這就是關鍵吧？」

米爾迦「將函數 $f(x)$ 寫成以下形式時，

$$f(x) = a_1 \cos 1x + b_1 \sin 1x + a_2 \cos 2x + b_2 \sin 2x$$

表示這個函數可視為

$$a_1 \cos 1x、b_1 \sin 1x、a_2 \cos 2x、b_2 \sin 2x$$

這 4 個波的疊加，而做為傅立葉係數的 a_1、b_1、a_2、b_2，稱做 $f(x)$ 的分量。

- a_1 為 $f(x)$ 的 $\cos 1x$ 分量。
- b_1 為 $f(x)$ 的 $\sin 1x$ 分量。
- a_2 為 $f(x)$ 的 $\cos 2x$ 分量。
- b_2 為 $f(x)$ 的 $\sin 2x$ 分量。

所謂的傅立葉展開，可以說是用三角函數，將特定函數分解成許多分量。」

我「迷你版傅立葉展開中，只考慮 $k = 1$、2 的情況。若要推廣到一般傅立葉展開，只要令 $k = 0$、1、2、3、…將其一般化就可以了對吧，米爾迦！」

我想到的傅立葉係數求算方法（？）

$$f(x) = \sum_{k=0}^{\infty} (a_k \cos kx + b_k \sin kx)$$

$$a_k = \frac{1}{\pi} \int_0^{2\pi} f(x) \cos kx \, dx \qquad (k = 0、1、2、3、\ldots)$$

$$b_k = \frac{1}{\pi} \int_0^{2\pi} f(x) \sin kx \, dx \qquad (k = 0、1、2、3、\ldots)$$

米爾迦「可惜。」

我「咦？」

米爾迦「不能給 $k=0$ 的情況特別對待。」

我「哇，真的耶！因為是 $\cos 0x \ \cos 0x = 1$ 的積分，所以……」

$$\begin{aligned}
&\int_0^{2\pi} \cos 0x \cos 0x \, dx \\
&= \int_0^{2\pi} 1 \cdot 1 \, dx && \text{因為 } \cos 0x = 1 \\
&= \Big[x \Big]_0^{2\pi} && \text{因為 } \frac{d}{dx} x = 1\text{，故 } x \text{ 為 } 1 \text{ 的反導函數之一} \\
&= 2\pi - 0 \\
&= 2\pi
\end{aligned}$$

蒂蒂「答案不是 π，而是 2π 啊！」

我「sin 方面，因為是 $\sin 0x \ \sin 0x = 0$ 的積分，所以是 0 吧……」

$$\begin{aligned}
&\int_0^{2\pi} \sin 0x \sin 0x \, dx \\
&= \int_0^{2\pi} 0 \cdot 0 \, dx && \text{因為 } \sin 0x = 0 \\
&= \Big[0 \Big]_0^{2\pi} && \text{因為 } \frac{d}{dx} 0 = 0\text{，故為的反導函數之一} \\
&= 0 - 0 \\
&= 0
\end{aligned}$$

米爾迦「所以說，傅立葉係數如下。」

傅立葉展開與傅立葉係數

設函數 $f(x)$ 的傅立葉展開為

$$f(x) = \sum_{n=0}^{\infty} (a_n \cos nx + b_n \sin nx)$$

可得傅立葉係數 a_n、b_n 為

$$\begin{cases} a_0 = \dfrac{1}{2\pi}\displaystyle\int_0^{2\pi} f(x)\,dx \\ b_0 = 0 \\ a_n = \dfrac{1}{\pi}\displaystyle\int_0^{2\pi} f(x)\cos nx\,dx \\ b_n = \dfrac{1}{\pi}\displaystyle\int_0^{2\pi} f(x)\sin nx\,dx \end{cases}$$

（$n = 1$、2、3、⋯）。

我「看來我也忽略了很重要的『條件』呢。」

蒂蒂「唉呀呀……」

米爾迦「給定函數，求算其傅立葉係數，以分析該函數的計算，稱做**傅立葉分析**。有時候我們也會將傅立葉展開中的常數項拿出來，放在最前面，如下所示。」

傅立葉展開與傅立葉係數

設函數 $f(x)$ 的傅立葉展開為

$$f(x) = \frac{a'_0}{2} + \sum_{n=1}^{\infty} (a'_n \cos nx + b'_n \sin nx)$$

可得傅立葉係數 a'_n、b'_n 為

$$\begin{cases} a'_n = \dfrac{1}{\pi}\displaystyle\int_0^{2\pi} f(x) \cos nx \, dx \\ b'_n = \dfrac{1}{\pi}\displaystyle\int_0^{2\pi} f(x) \sin nx \, dx \end{cases}$$

（$n = 0$、1、2、3、⋯）。

5.13 傅立葉展開的意義

蒂蒂張開雙手拚命揮動。

蒂蒂「學長姊們，請等一下⋯⋯我還是有些混亂。傅立葉展開是用三角函數來表示函數。我大概明白我們可以用這種表示方式來表示函數，也知道可以用積分來表示傅立葉係數。但是⋯⋯我還是沒辦法接受！為什麼要特地把函數 $f(x)$ 寫成

$$f(x) = \sum_{k=0}^{\infty} (a_k \cos kx + b_k \sin kx)$$

這種形式呢？我還是完全不懂傅立葉展開的意義。」

就是這個。

這才是蒂蒂。

光是解出答案還不算結束。光是聽懂說明也不算結束。蒂蒂會緊抓著自己無法接受的點，用言語表現出追究到底的決心。

而這些言語——直達了根本性的問題。

米爾迦「嗯……」

蒂蒂「為什麼要特地把函數寫得那麼複雜呢？

$$f(x) = \sum_{k=0}^{\infty} (a_k \cos kx + b_k \sin kx)$$

」

米爾迦「剛好相反喔，蒂蒂。」

蒂蒂「剛好相反……嗎？」

米爾迦「因為想要用單純的事物來表示複雜的事物。」

米爾迦微笑著。

蒂蒂「……」

米爾迦「因為想要用單純的事物表示複雜的事物；想要用好處理的事物表示難處理的事物；想要把糾纏在一起的事物拆解成有條理的事物；想要把混成一團的事物分門別類表示；想要把形狀複雜的事物分解成有對稱性的事物；想要用已知性質的事物表示未知性質的事物。」

蒂蒂「是的……」

米爾迦「傅立葉展開可以將特定函數表示成三角函數的線性組合。如此一來，便能清楚知道該函數性質、擁有什麼樣的對稱性，還可以當成三角函數的線性組合處理，方便許多。這就是傅立葉展開的意義之一。」

蒂蒂「線性組合……是嗎？」

米爾迦「蒂蒂在做 $\sin mx\ \ \sin nx$ 的積分時，是怎麼計算的呢？」

蒂蒂「嗯，我是先將『積的形式』轉換成《和的形式》。」

米爾迦「為什麼要這麼做？」

蒂蒂「因為『和的積分，為積分的和』成立。」

我「妳是指『積分的線性』對吧？」

蒂蒂「咦？」

米爾迦「如果要處理的對象可寫成線性組合，便可用『線性』操作分解該對象。『積的形式』很難積分，所以須改寫成『和的形式』。這麼一來，只要對『cos 函數的和』積分即可。蒂蒂確實有瞭解到線性組合的意義。」

蒂蒂「線性！——矩陣[*4]、期望值[*5]、微分[*6]、積分[*7]……到處都可以看到線性這個詞耶。而且確實，這些都可以分解原本很複雜的算式。原來如此！這樣我就知道傅立葉展開的意義了！」

我「如何表示線性組合，是相當重要的喔。」

米爾迦「人類以數理方式說明物理現象時，會用到微分方程式。微分方程式的解為函數。分析物理現象時，就是在分析那些滿足微分方程式的函數有哪些性質。」

蒂蒂「物理現象……」

我「……」

米爾迦「特別是擁有線性的微分方程式，叫做線性微分方程。線性微分方程的解為函數，且這些解線性組合得到的函數，也是該線性微分方程的解。我們會說某些物理現象滿足『疊加原理』，這也意味著『描述物理現象之函數所滿足的微分方程式，為線性微分方程式』。」

蒂蒂「物理學也會用到傅立葉展開嗎？」

米爾迦「當然。基本上，傅立葉展開就是數學家**傅立葉**在分析熱傳導問題時想出來的工具。起點就是物理學。」

---

*4 參考文獻 [12]《數學女孩秘密筆記：矩陣篇》

*5 參考文獻 [11]《數學女孩秘密筆記：機率篇》

*6 參考文獻 [7]《數學女孩秘密筆記：微分篇》

*7 參考文獻 [8]《數學女孩秘密筆記：積分篇》

傅立葉 [*8]

蒂蒂「啊，是這樣嗎？熱傳導是什麼？」

米爾迦「分析熱如何傳遞出去。」

我「原來如此。熱、聲音、光與無線電波等電磁波……這些物理現象全都可以歸結到相同原理。」

米爾迦「因為數學就是支撐著物理學的語言。」

我「不管是哪種函數，都可以做傅立葉展開嗎？」

米爾迦「在物理學中登場的主要週期函數，都可以做傅立葉展開。但我們很難嚴格描述『使函數能做傅立葉展開的條件』。傅立葉認為，所有波都能做傅立葉展開，當時的數學家並不認同這個想法。但事實上，當時對積分與函數的概念並不明確。為了描述誕生自物理學的傅立葉展開，數

*8 約瑟夫・傅里葉（Joseph Fourier），1768-183。（以 Julien-Léopold Boilly 繪製之肖像畫為基礎，由 A. F. B. Geille 製作的銅版畫）

學家們必須提出更為嚴謹的數學概念。也就是說，物理學成為了數學發展的契機。數學與物理學就這樣，拉著彼此的手前進。」

蒂蒂「就像兩個人合唱一首歌？」

我「就像兩人的聲音，合成為一個和聲？」

我們沉浸在各自的思緒中好一陣子。

突然，蒂蒂高聲喊叫。

蒂蒂「傅立葉展開，就像稜鏡一樣耶。牛頓讓太陽的白光通過稜鏡，色散成大量色光。這與將函數分解成三角函數很相似。」

我「確實如此！」

米爾迦「沒錯。以稜鏡色散光的結果，可顯示出各波長的光的強度分布，叫做**光譜**。函數的傅立葉展開結果，可以用傅立葉係數的數列來表示。這也是一種光譜。太陽光為連續光譜，傅立葉展開為離散光譜。不過，不管是稜鏡還是傅立葉展開，都是將疊加在一起的波分解成光譜的樣子。」

瑞谷老師「放學時間到了。」

圖書室管理者瑞谷老師的宣告，響遍了圖書室的每個角落，也嚇了我們一跳。我們熱衷於討論數學，沒發現時間已經那麼晚了。討論波是什麼的有趣時光，到此告一個段落。不過，我們的探究仍會持續下去——直到彼端、直到永遠。

物理學也沒有捷徑。
如果物理學家也能用數學以外的語言溝通，
那也不錯。
但我們辦不到。
如果想要學習自然界的事物，想要鑑賞、理解自然的美，
就得聽懂自然界的語言。
要窺探自然界的秘密，只有這種方法。
——理察・費曼[*9]

*9 節錄自江澤洋譯《怎樣發現物理定律》（岩波書店）。

第 5 章的問題

●問題 5-1（推導積化和差公式）

試用 $\sin(\alpha+\beta)$、$\sin(\alpha-\beta)$、$\cos(\alpha+\beta)$、$\cos(\alpha-\beta)$，表示以下①～④的式子。

① $\sin\alpha\ \sin\beta$

② $\cos\alpha\ \cos\beta$

③ $\sin\alpha\ \cos\beta$

④ $\cos\alpha\ \cos\beta$

（解答在 p.352）

●問題 5-2（積分）

試計算①～④的積分。設 m 與 n 為 1 以上的整數。

① $\displaystyle\int_0^{2\pi} \sin mx \, \sin nx \, dx$

② $\displaystyle\int_0^{2\pi} \cos mx \, \cos nx \, dx$

③ $\displaystyle\int_0^{2\pi} \sin mx \, \cos nx \, dx$

④ $\displaystyle\int_0^{2\pi} \cos mx \, \sin nx \, dx$

（解答在 p.354）

●問題 5-3（三角函數的乘積）

①～⑥分別是下方哪個函數的圖形？

$y = \cos x \ \cos x$、$y = \sin x \ \cos x$、 $y = \sin x \ \cos 2x$、

$y = \sin x \ \sin x$、 $y = \sin x \ \sin xx$、$y = \sin 2x \ \cos x$

①

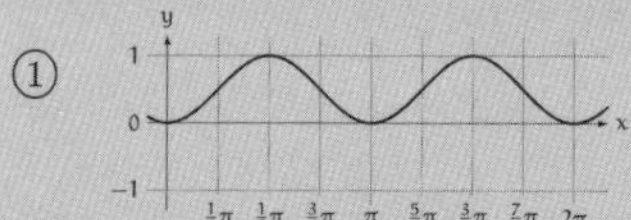

②

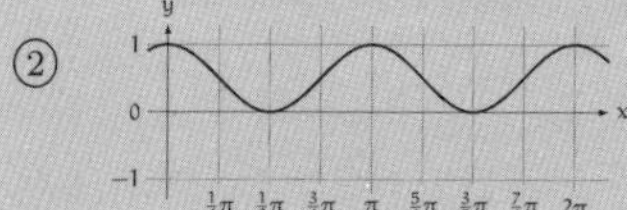

③

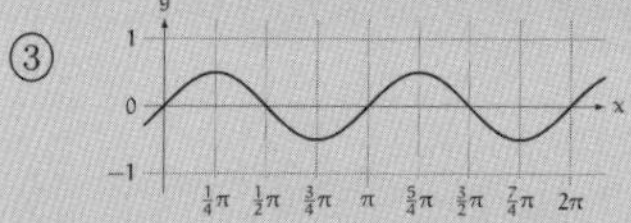

④

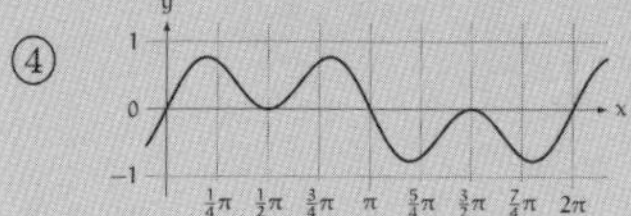

⑤

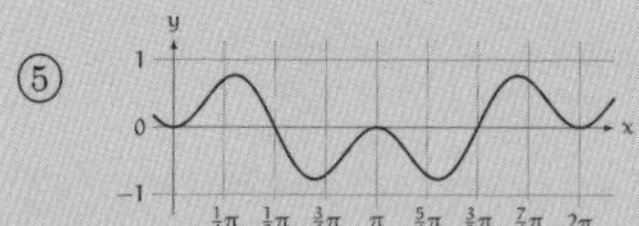

⑥

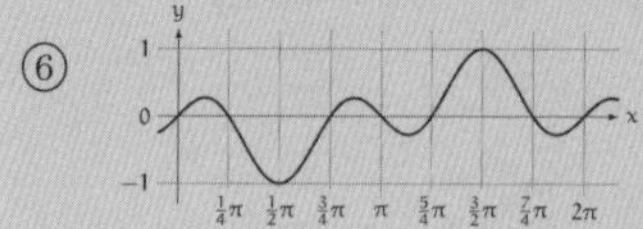

（解答在 p.361）

尾聲

　　某日、某時，在數學資料室。

少女「老師，這是什麼呢？」

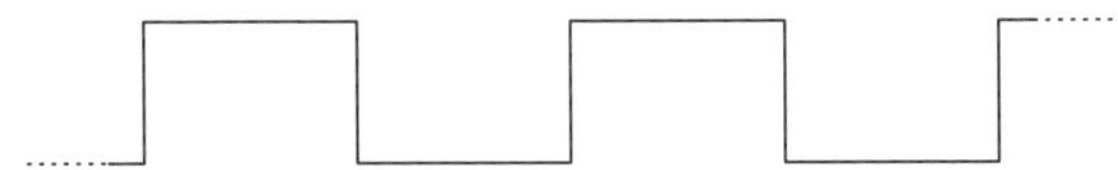

老師「妳覺得是什麼呢？」

少女「ON、OFF、ON、OFF……電腦的數位訊號嗎？」

老師「事實上，這是函數 f 的圖形。函數 f 的式子是這樣。」

$$f(x) = \frac{1}{1}\sin 1x + \frac{1}{3}\sin 3x + \frac{1}{5}\sin 5x + \frac{1}{7}\sin 7x + \cdots$$

少女「咦，明明長得像_┌┐_┌┐_┌，卻能用三角函數來表示嗎？」

老師「嗯，可以用無數個波的疊加來表示。」

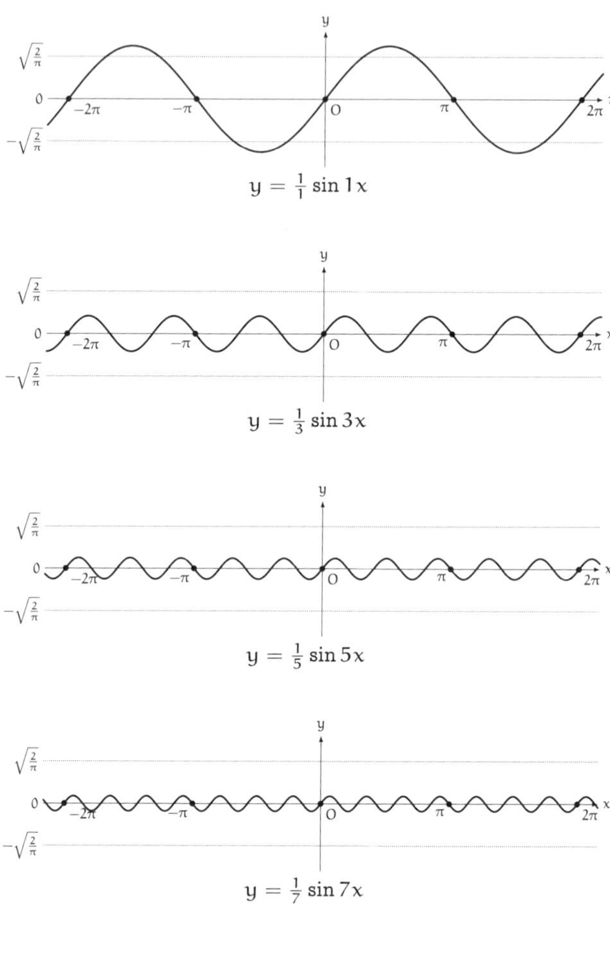

⋮

少女「把這些加起來之後，會得到⊓⊔⊓⊔⊓嗎？」

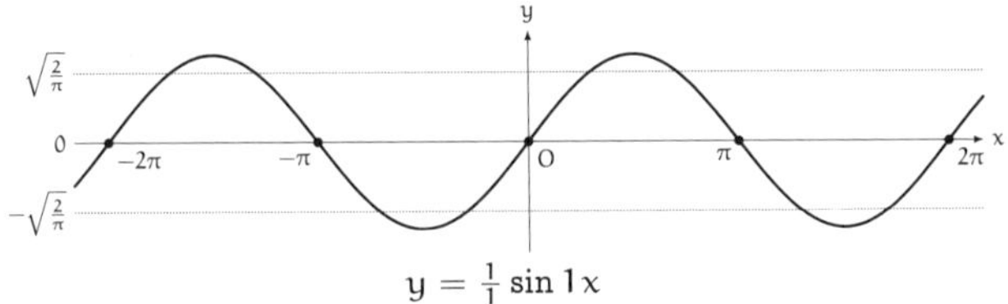

$y = \frac{1}{1}\sin 1x$

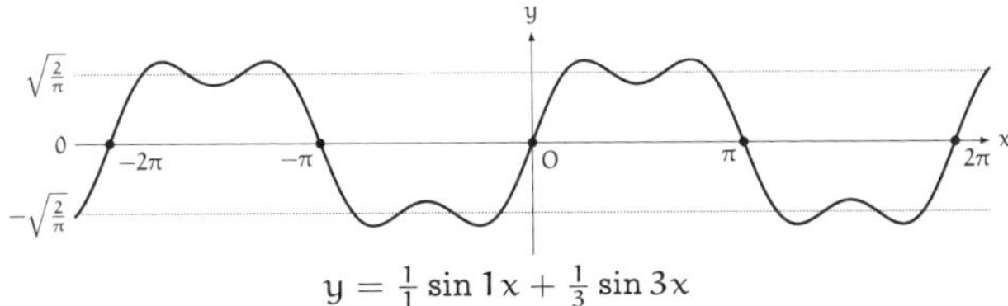

$y = \frac{1}{1}\sin 1x + \frac{1}{3}\sin 3x$

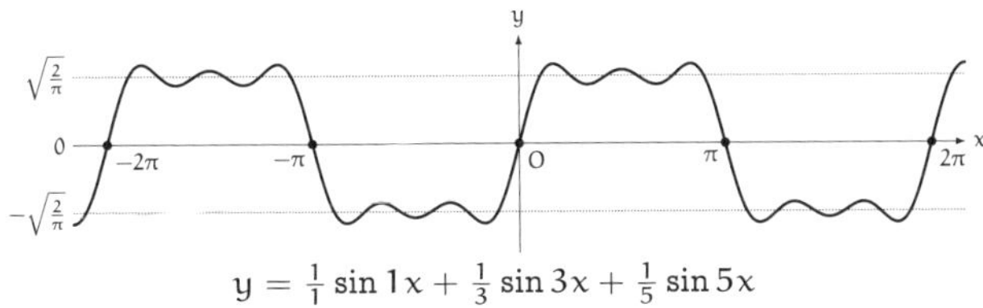

$y = \frac{1}{1}\sin 1x + \frac{1}{3}\sin 3x + \frac{1}{5}\sin 5x$

$\vdots$

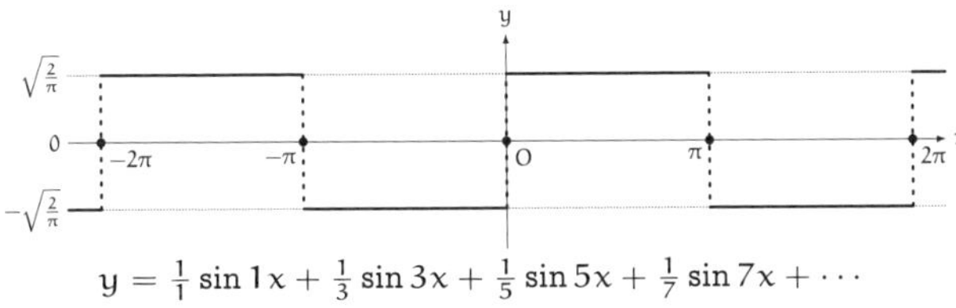

$y = \frac{1}{1}\sin 1x + \frac{1}{3}\sin 3x + \frac{1}{5}\sin 5x + \frac{1}{7}\sin 7x + \cdots$

老師「剛才我們只有列出 sin 部分的加總，但一般來說，會用 $\sin kx$ 與 $\cos kx$ 的線性組合來表示函數 f，也就是傅立葉展開 [*1]。

$$f(x) = \sum_{k=0}^{\infty} (a_k \cos kx + b_k \sin kx)$$

這個式子中，a_0、a_1、a_2、…、b_0、b_1、b_2、…稱做傅立葉係數，剛才的⎍⎍的傅立葉係數是這樣。」

k	0	1	2	3	4	5	6	7	⋯
a_k	0	0	0	0	0	0	0	0	⋯
b_k	0	$\frac{1}{1}$	0	$\frac{1}{3}$	0	$\frac{1}{5}$	0	$\frac{1}{7}$	⋯

少女「傅立葉展開與傅立葉係數……」

老師「把式子重新寫成比較好懂的形式。

$$f(x) = c_0 e_0(x) + c_1 e_1(x) + c_2 e_2(x) + \cdots$$

這裡的函數 $e_0(x)$、$e_1(x)$、$e_2(x)$,…可定義如下。」

$$\begin{aligned} e_0(x) &= \tfrac{1}{\sqrt{2}}、 & e_1(x) &= \sin 1x、 & e_2(x) &= \cos 1x、\\ & & e_3(x) &= \sin 2x、 & e_4(x) &= \cos 2x、\\ & & e_5(x) &= \sin 3x、 & e_6(x) &= \cos 3x、\\ & & &\vdots & &\vdots \end{aligned}$$

*1 參考第 5 章「函數 $f(x)$ 的傅立葉展開」（p.255）。

少女「把 sin 與 cos 統一用 e_n 來表示嗎？」

老師「是啊。將函數 $f(x)$ 傅立葉展開如下時：

$$f(x) = c_0e_0(x) + c_1e_1(x) + c_2e_2(x) + \cdots$$

傅立葉係數 c_0、c_1、c_2,⋯可求算如下。」

傅立葉展開與傅立葉係數

將函數 $f(x)$ 傅立葉展開如下時：

$$f(x) = \sum_{n=0}^{\infty} c_n e_n(x)$$

傅立葉函數 c_n 可求算如下：

$$c_n = \frac{1}{\pi}\int_0^{2\pi} f(x)e_n(x)\,dx$$

（$n = 0$、1、2、3、⋯）。

少女「求定積分是嗎？」

老師「也可以說是求向量內積。」

少女「**向量內積**——為什麼呢？」

老師「先把函數擺在一邊，想想看三維向量 ($\vec{f}$) 的樣子。」

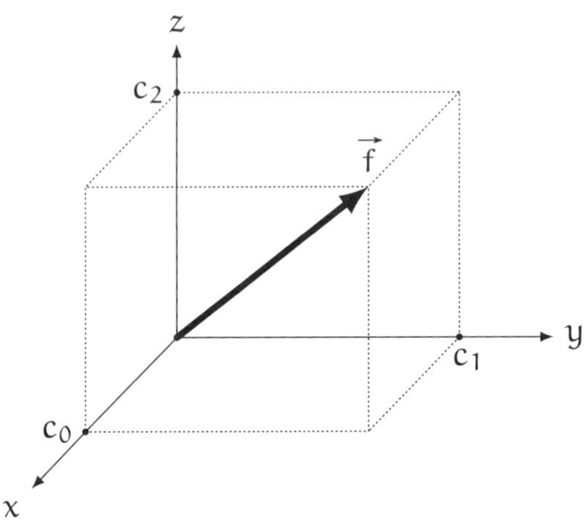

少女「c_0, c_1, c_2 皆為三維向量 $\vec{f}$ 的分量（分量）。」

$$\vec{f} = \begin{pmatrix} c_0 \\ c_1 \\ c_2 \end{pmatrix}$$

老師「是啊，這個向量 $\vec{f}$ 也可以用來表示三維空間 $\mathbb{R}^3$ 中的點。假設我們定義三個向量 $\vec{e_0}$、$\vec{e_1}$、$\vec{e_2}$ 如下：

$$\vec{e_0} = \begin{pmatrix} 1 \\ 0 \\ 0 \end{pmatrix}, \quad \vec{e_1} = \begin{pmatrix} 0 \\ 1 \\ 0 \end{pmatrix}, \quad \vec{e_2} = \begin{pmatrix} 0 \\ 0 \\ 1 \end{pmatrix}$$

」

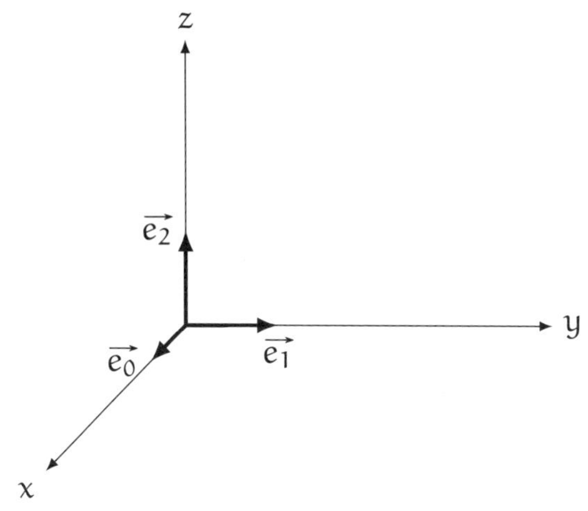

少女「是的。」

老師「如此一來，$\vec{f}$ 就可以表示成 $\vec{e_0}$、$\vec{e_1}$、$\vec{e_2}$ 的線性組合。」

$$\vec{f} = c_0\overrightarrow{e_0} + c_1\overrightarrow{e_1} + c_2\overrightarrow{e_2}$$

少女「這倒也沒錯，確實可以這樣計算。」

$$\begin{aligned}
\vec{f} &= \begin{pmatrix} c_0 \\ c_1 \\ c_2 \end{pmatrix} && \vec{f} \text{ 的分量} \\
&= \begin{pmatrix} c_0 \\ 0 \\ 0 \end{pmatrix} + \begin{pmatrix} 0 \\ c_1 \\ 0 \end{pmatrix} + \begin{pmatrix} 0 \\ 0 \\ c_2 \end{pmatrix} && \text{分解成向量的和} \\
&= c_0 \begin{pmatrix} 1 \\ 0 \\ 0 \end{pmatrix} + c_1 \begin{pmatrix} 0 \\ 1 \\ 0 \end{pmatrix} + c_2 \begin{pmatrix} 0 \\ 0 \\ 1 \end{pmatrix} && \text{向量的純量倍} \\
&= c_0 \vec{e_0} + c_1 \vec{e_1} + c_2 \vec{e_2} && \text{以 } \vec{e_0}, \vec{e_1}, \vec{e_2} \text{ 表示}
\end{aligned}$$

老師「向量 $\vec{f}$ 可視為 $\vec{e_0}$、$\vec{e_1}$、$\vec{e_2}$ 等三個向量，分別乘上 c_0、c_1、c_2 等權重後加總而成。」

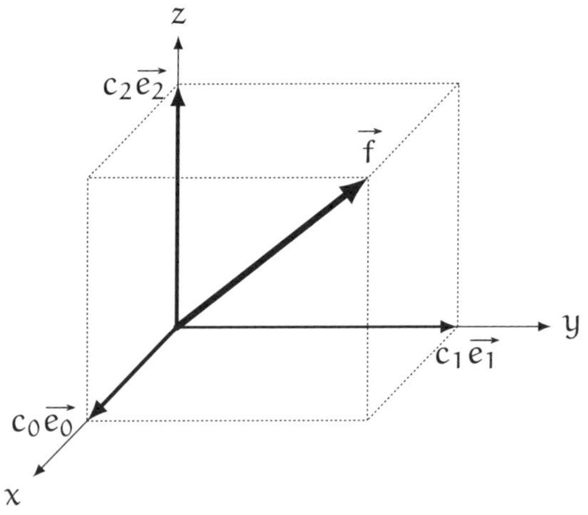

少女「嗯，然後呢……？」

老師「嗯，到這裡，傅立葉展開的函數 $f(x)$ 與向量 $\vec{f}$ 就能寫成相同型式的樣子了。來比較看看吧。」

$$\begin{aligned} \text{函數 } f(x) &= c_0e_0(x) + c_1e_1(x) + c_2e_2(x) + c_3e_3(x) + \cdots \\ \text{向量 } \vec{f} &= c_0\vec{e_0} \quad + c_1\vec{e_1} \quad + c_2\vec{e_2} \end{aligned}$$

少女「是有點像啦——」

老師「若考慮無限維度空間的向量，就更像了。」

$$\begin{aligned} \text{函數 } f(x) &= c_0e_0(x) + c_1e_1(x) + c_2e_2(x) + c_3e_3(x) + \cdots \\ \text{向量 } \vec{f} &= c_0\vec{e_0} \quad + c_1\vec{e_1} \quad + c_2\vec{e_2} \quad + c_3\vec{e_3} \quad + \cdots \end{aligned}$$

少女「老師，但我很難把函數想成向量。」

老師「為什麼呢？」

少女「因為差太多了啊！譬如說，向量有大小與方向，函數卻沒有大小也沒有方向。」

老師「讓我們先來看看向量的內積吧。只要用內積來定義，就能得到函數的大小與方向了。」

少女「用內積來定義？我不懂是什麼意思。」

老師「向量 $\vec{f}$ 的大小 $|\vec{f}|$ 可以用向量的內積表示如下對吧？

$$|\vec{f}| = \sqrt{\vec{f} \cdot \vec{f}}$$

」

少女「啊，這個我知道。假設兩個向量 $\vec{f}$ 與 $\vec{g}$ 的夾角為 θ，那麼內積 $\vec{f} \cdot \vec{g}$ 的定義為：

$$\vec{f} \cdot \vec{g} = |\vec{f}||\vec{g}|\cos\theta$$

$\vec{f}$ 與 $\vec{f}$ 為相同向量，夾角為 0，所以

$$\vec{f}\cdot\vec{f}=|\vec{f}||\vec{f}|\cos\theta$$
$$=|\vec{f}|^2$$

因為 $|\vec{f}|\geqq 0$，故可得到

$$|\vec{f}|=\sqrt{\vec{f}\cdot\vec{f}}$$

」

老師「沒錯。」

少女「不過，這樣還是不知道函數的大小與方向啊。」

老師「這裡讓我們反過來想。不是用向量的大小與角度來定義內積，而是用內積來定義向量的大小與角度。」

少女「用內積來定義——這究竟是怎麼回事啊？我們可以用內積來具體算出向量的大小與角度嗎？」

老師「向量 $\vec{f}$ 的大小 $|\vec{f}|$ 可以用下式定義

$$|\vec{f}|=\sqrt{\vec{f}\cdot\vec{f}}$$

至於方向，若假設兩個向量 $\vec{f}$ 與 $\vec{g}$ 的夾角為 θ，則 θ 可定義如下：

$$\cos\theta=\frac{\vec{f}\cdot\vec{g}}{|\vec{f}||\vec{g}|}$$

所以向量的夾角也可以用向量內積定義如下：

$$\cos\theta=\frac{\vec{f}\cdot\vec{g}}{\sqrt{\vec{f}\cdot\vec{f}}\sqrt{\vec{g}\cdot\vec{g}}}$$

——就是這樣的概念。」

少女「老師，這很有趣耶……」

老師「而且，當兩個向量 $\vec{f}$ 與 $\vec{g}$ 垂直，

$$\vec{f} \cdot \vec{g} = 0$$

也就是說，內積為可用於定義兩個向量的垂直關係。這麼看來，只要定義函數的內積，就可以定義函數的大小與方向。」

少女「好厲害……可是，我還是不知道函數的內積到底是怎麼回事。」

老師「函數 f 與 g 的內積可定義如下。」

$$f \cdot g = \frac{1}{\pi} \int_0^{2\pi} f(x)g(x)\,dx$$

少女「居然是用定積分來定義內積？」

老師「是啊。將可傅立葉展開的函數視為向量，這個定積分視為內積。於是，函數 f 的『大小』，就可以用內積定義為：

$$|f| = \sqrt{f \cdot f} = \sqrt{\frac{1}{\pi} \int_0^{2\pi} f(x)f(x)\,dx}$$

而兩個函數 f 與 g 滿足以下條件時，

$$f \cdot g = \frac{1}{\pi} \int_0^{2\pi} f(x)g(x)\,dx = 0$$

可定義這兩個函數『垂直』。」

少女「老師，為什麼那麼重視垂直呢？」

老師「考慮三維的座標空間 $\mathbb{R}^3$，x 方向、y 方向、z 方向彼此垂直。彼此垂直的方向之間，在一個方向上的移動，不會影響到其他方向。這個特性在分析上相當方便。」

少女「是這樣嗎？」

老師「$\vec{e_0}$、$\vec{e_1}$、$\vec{e_2}$ 這三個向量的組合，有著相當美妙的性質。

- 不管是哪個向量，大小都是 1（規範性）。
  若 $m = n$，則 $\vec{e_m} \cdot \vec{e_n} = 1$。
- 相異的兩個向量彼此垂直（正交性）。
  若 $m \neq n$，則 $\vec{e_m} \cdot \vec{e_n} = 0$。

而且，位於三維空間 $\mathbb{R}^3$ 內的向量 $\vec{f}$，也可以用實數 c_0、c_1、c_2 表示成以下形式：

$$\vec{f} = c_0\vec{e_0} + c_1\vec{e_1} + c_2\vec{e_2}$$

此時，稱 $\vec{e_0}$、$\vec{e_1}$、$\vec{e_2}$ 為三維空間 $\mathbb{R}^3$ 的**規範正交基**之一。」

少女「規範正交基。」

老師「而且，我們可以用內積求出這些分量的值。事實上，以下等式成立。」

$$\begin{cases} \vec{f} \cdot \vec{e_0} = c_0 \\ \vec{f} \cdot \vec{e_1} = c_1 \\ \vec{f} \cdot \vec{e_2} = c_2 \end{cases}$$

少女「用內積求出分量的值？」

老師「假設 $\vec{f}$ 可以寫成這樣的線性組合：

$$\vec{f} = c_0\vec{e_0} + c_1\vec{e_1} + c_2\vec{e_2}$$

此時，試著取它與 $\vec{e_0}$ 的內積。」

$$\begin{aligned} \vec{f} \cdot \vec{e_0} &= (c_0\vec{e_0} + c_1\vec{e_1} + c_2\vec{e_2}) \cdot \vec{e_0} \\ &= c_0 \underbrace{\vec{e_0} \cdot \vec{e_0}}_{=1} + c_1 \underbrace{\vec{e_1} \cdot \vec{e_0}}_{=0} + c_2 \underbrace{\vec{e_2} \cdot \vec{e_0}}_{=0} \\ &= c_0 \end{aligned}$$

少女「哦，這是因為

$$\vec{e_m} \cdot \vec{e_n} = \begin{cases} 1 & (m = n) \\ 0 & (m \neq n) \end{cases}$$

對吧？有規範性與正交性。」

老師「這就是重點。因為有規範性與正交性，所以在內積的表中，只有對角線是 1。」

	$\vec{e_0}$	$\vec{e_1}$	$\vec{e_2}$
$\vec{e_0}$	1	0	0
$\vec{e_1}$	0	1	0
$\vec{e_2}$	0	0	1

少女「原來如此，確實是這樣。」

老師「$\vec{e_0}$、$\vec{e_1}$、$\vec{e_2}$ 為三維空間 $\mathbb{R}^3$ 的規範正交基之一。我們可以把相同的概念套用在可傅立葉展開之函數整體的集合 F 上。」

少女「哦哦哦……！」

老師「讓我們試著寫出函數 e_0、e_1、e_2,…的內積數值吧。可以得到對角線上皆為 1 的表。」

	e_0	e_1	e_2	e_3	e_4	e_5	$\cdots$
e_0	1	0	0	0	0	0	$\cdots$
e_1	0	1	0	0	0	0	$\cdots$
e_2	0	0	1	0	0	0	$\cdots$
e_3	0	0	0	1	0	0	$\cdots$
e_4	0	0	0	0	1	0	$\cdots$
e_5	0	0	0	0	0	1	$\cdots$
$\vdots$	$\vdots$	$\vdots$	$\vdots$	$\vdots$	$\vdots$	$\vdots$	$\ddots$

少女「嗚喔喔……！」

老師「也就是說，e_0、e_1、e_2、…為 F 的規範正交基。我們可以用簡單的計算來證明這點。」

$$e_m \cdot e_n = \frac{1}{\pi}\int_0^{2\pi} e_m(x)e_n(x)\,dx = \begin{cases} 1\ (m = n) \\ 0\ (m \neq n) \end{cases}$$

少女「這——真的很有趣！」

老師「三維空間 $\mathbb{R}^3$ 與可傅立葉展開之函數整體的集合 F，皆可視為向量空間。兩者的對應如下。」

三維空間 $\mathbb{R}^3$	←----→	可傅立葉展開之函數整體的的集合F
$\vec{f}$	←----→	$f(x)$
$\vec{e_0}$、$\vec{e_1}$、$\vec{e_2}$	←----→	e_0、e_1、$e_2, \ldots$
$\vec{f} = c_0\vec{e_0} + c_1\vec{e_1} + c_2\vec{e_2}$	←----→	$f(x) = c_0e_0(x) + c_1e_1(x) + c_2e_2(x) + \cdots$
$\vec{f} \cdot \vec{g}$	←----→	$f \cdot g = \frac{1}{\pi}\int_0^{2\pi} f(x)g(x)\,dx$

老師「在 n 維空間中的點，可以想成是規範正交基 $\vec{e_0}$、$\vec{e_1}$、⋯ $\vec{e_n}$ 的線性組合。同樣的 F 這個無限維空間中的點，可以想成是規範正交基 e_0、e_1、e_2、⋯、e_n 的線性組合，這就是傅立葉展開。」

少女「數學總是那麼抽象化。」

老師「說它很抽象化確實也沒錯，不過這種方式可以將函數視為空間中的點，所以也可以說這是一種具象化。我們可以用三維向量 $\vec{f}$ 的各分量 c_0、c_1、c_2，表示三維空間 $\mathbb{R}^3$ 中的一點。同樣的，我們也可以用函數 f 的傅立葉係數 c_0、c_1、c_2⋯來表示可傅立葉展開之函數整體集合 F 中的一點。」

少女「我們可以由三維向量 $\vec{f}$ 的分量，瞭解到 $\vec{f}$ 的位置。那麼函數 f 的傅立葉係數，也能告訴我們 f 的『位置』嗎？

這個『位置』又是什麼呢？或者問，傅立葉係數有物理意義嗎？」

老師「有喔。傅立葉係數 c_0、c_1、c_2⋯表示規範正交基 e_0、e_1、e_2⋯⋯分別乘上了多少權重。若將函數 f 視為波，那麼傅立葉係數就表示函數 f 含有哪些頻率的波，含量又是多少。」

少女「可以用來研究波的性質是嗎？」

老師「我們不僅能用傅立葉係數求出各頻率的分量，也能透過改變頻率的分量，改變波的形狀。若改變三維空間中的向量分量，點的位置就會跟著改變。同樣的，若改變傅立葉係數，波的性質也會跟著改變。將這個概念應用在聲音訊號的波，就可以製作出調整各頻率分量的等化器、能產生各種聲音的合成器等音響機器。」

少女「原來如此！」

老師「⋯⋯這就是傅立葉展開與內積的關係。」

少女「我覺得定義函數內積的部分特別有趣。

$$f \cdot g = \frac{1}{\pi}\int_0^{2\pi} f(x)g(x)\,dx$$

明明是定積分，卻可以當做內積 $f \cdot g$ 來處理 [*2] ！」

*2 並不是任何函數都可以定義它們的內積。只有符合內積公理之條件的函數，才能視為內積處理。

老師「接著來談談有趣的向量表示方式吧。向量不只能用箭頭表示，寫成 $\vec{\heartsuit}$ 的樣子，也能寫成 $|\heartsuit\rangle$ 這樣。$c_0|e_0\rangle$ 表示向量 $|e_0\rangle$ 的 c_0 倍。這麼一來，向量 $|f\rangle$ 的線性組合就可以寫成這樣：

$$|f\rangle = c_0\,|e_0\rangle + c_1\,|e_1\rangle + c_2\,|e_2\rangle + \cdots + c_n\,|e_n\rangle$$

而內積 $\vec{\heartsuit}\cdot\vec{\spadesuit}$ 則會寫成 $\langle\heartsuit|\spadesuit\rangle$。所以，$|e_0\rangle$、$|e_1\rangle$、$|e_2\rangle$、…、$|e_n\rangle$ 可構成規範正交基之一。若

$$|f\rangle = c_0\,|e_0\rangle + c_1\,|e_1\rangle + c_2\,|e_2\rangle + \cdots c_n\,|e_n\rangle$$

則以下等式成立。

$$\langle e_0|f\rangle = c_0\,\langle e_0|e_0\rangle + c_1\,\langle e_0|e_1\rangle + c_2\,\langle e_0|e_2\rangle + \cdots + c_n\,\langle e_0|e_n\rangle = c_0$$

$$\langle e_1|f\rangle = c_0\,\langle e_1|e_0\rangle + c_1\,\langle e_1|e_1\rangle + c_2\,\langle e_1|e_2\rangle + \cdots + c_n\,\langle e_1|e_n\rangle = c_1$$

$$\langle e_2|f\rangle = c_0\,\langle e_2|e_0\rangle + c_1\,\langle e_2|e_1\rangle + c_2\,\langle e_2|e_2\rangle + \cdots + c_n\,\langle e_2|e_n\rangle = c_2$$

$$\vdots$$

$$\langle e_n|f\rangle = c_0\,\langle e_n|e_0\rangle + c_1\,\langle e_n|e_1\rangle + c_2\,\langle e_n|e_2\rangle + \cdots + c_n\,\langle e_n|e_n\rangle = c_n$$

因為只有對角線上的內積 $\langle e_k|e_k\rangle$ 為 1，其他皆為 0。故可由 $|e_k\rangle$ 與 $|f\rangle$ 的內積 $\langle e_k|f\rangle$，得到 f 的 $|e_k\rangle$ 分量 c_k。也就是說，

$$c_k = \langle e_k|f\rangle \qquad (k = 0、1、2、\ldots、n)$$

」

少女「嗚嗚嗚…數學好難喔！」

老師「乍看之下很複雜，但其實只是還不習慣這些符號而已喔。這叫做狄拉克符號，量子力學中常使用這些符號。」

少女「還以為是數學，結果居然是物理學！」

老師「我們可以用向量 $|\psi\rangle$ 表示量子態，用矩陣 U 與向量 $|\psi\rangle$ 的乘積 $U|\psi\rangle$ 表示量子態的變化，用規範正交基 $|\mathrm{e}_0\rangle$、$|e_1\rangle$、$|e_2\rangle$、…、$|e_\mathrm{n}\rangle$ 來表示量子態的測定結果。量子力學提出了量子態，多種量子態可疊加在一起，就像波一樣。」

少女「波的疊加！」

老師「觀察物理現象，思考該現象的物理模型。而在呈現、分析、研究物理模型時，會用到數學。我們會用函數、微分、積分、向量、內積……等數學語言，來說明物理模型。數學就是一種語言。」

少女「意思就是，物理可以用數學這種語言來描述對吧？」

少女呵呵呵地笑著。

【解答】

A N S W E R S

第 1 章的解答

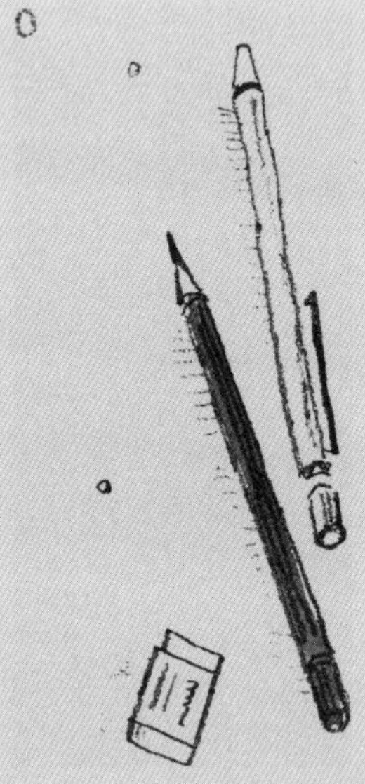

●問題 1-1（波長與週期）

試求下圖正弦波的波長 λ 與週期 T。①表示位置 $x = 0$ cm 的介質於不同時間的位移 y。②表示同一個波在時間 $t = 5$ s 時，不同位置的介質位移 y。

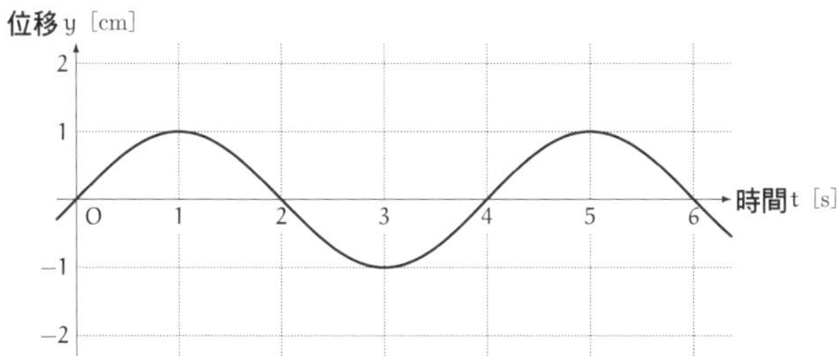

①位置 $x = 0$ cm 的介質於不同時間的位移 y

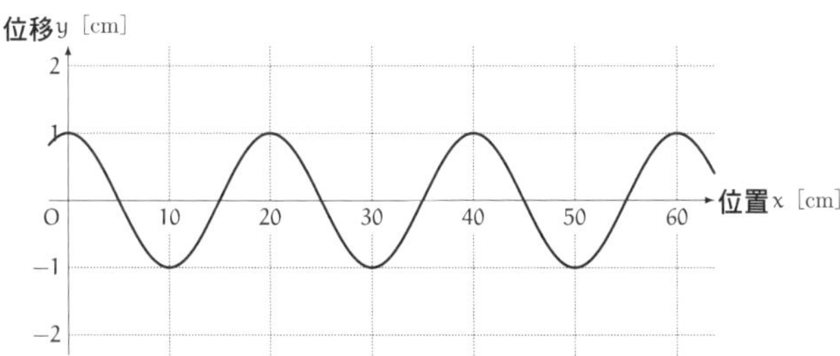

②時間 $t = 5$ s 時，不同位置的介質位移 y

其中，5 s 表示 5 秒。s 來自秒的英語「second」的首字母。

■解答 1-1

看到這種圖的時候「確認軸是什麼」是相當重要的事。

- 圖①的橫軸為時間、縱軸為位移，
  所以是「位移時間關係圖」。
- 圖②的橫軸為位置、縱軸為位移，
  所以是「位移位置關係圖」。

波長為一個波的長度，所以是②的「位移位置關係圖」中，一個波峰與下一個波峰間的長度，也是一個波谷與下一個波谷間的長度。

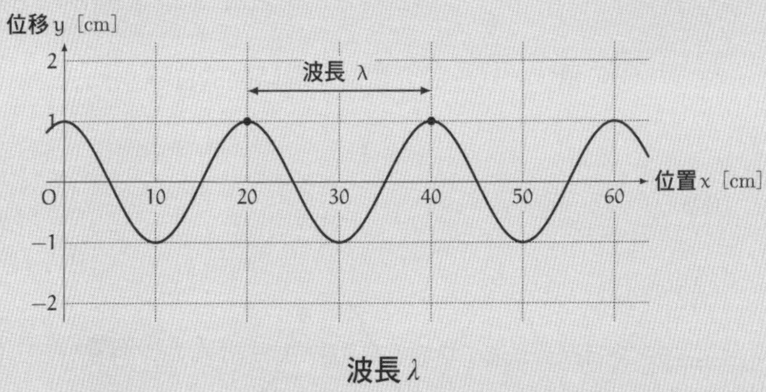

波長 λ

週期為振動一次所花費的時間，所以是①的「位移時間關係圖」中，一個波峰與下一個波峰間的長度，也是一個波谷與下一個波谷間的長度。

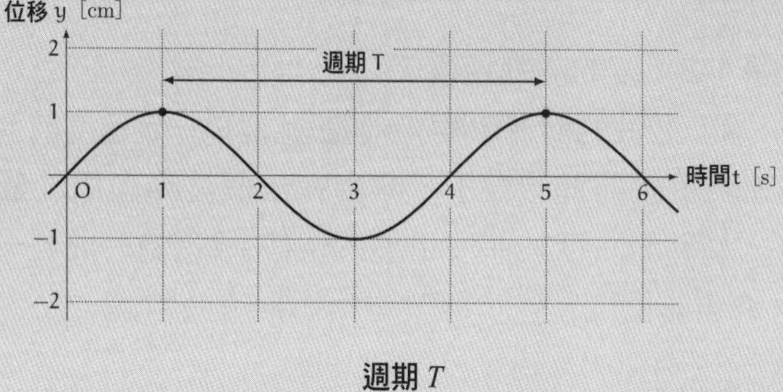

週期 T

答 $\lambda = 20$ cm，T = 4 s

●問題 1-2（波的前進速度）

試求下圖正弦波的前進速度 v。假設此波以一定速度前進。為明確表示波前進的樣子，圖中在一個波峰上標註●記號。①為時間 $t_1 = 12\ s$ 時，介質的位移 y。②為時間 $t_2 = 17\ s$ 時，介質的位移 y。

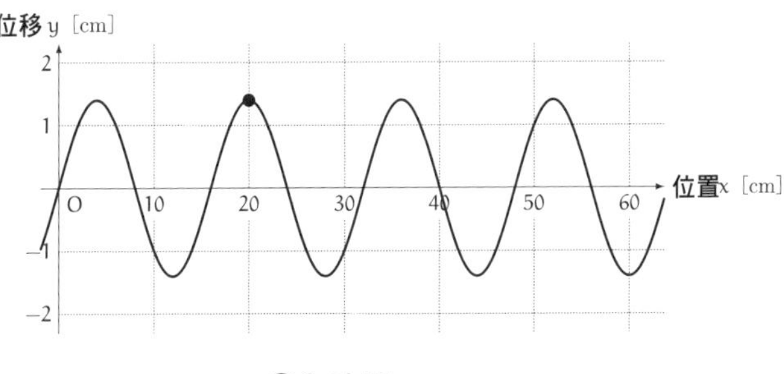

①為時間 $t_1 = 12\ s$

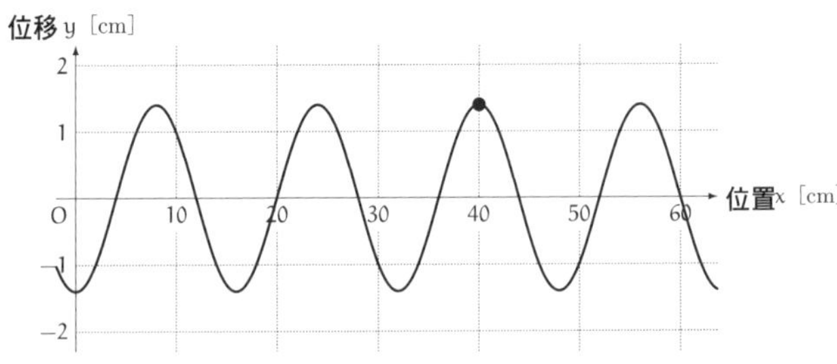

②為時間 $t_2 = 17\ s$

■解答 1-2

波的前進速度為波在單位時間內前進的距離。設時間為 t_1、t_2 時，●記號的位置分別為 x_1、x_2，那麼波的前進速度 v 為：

$$v = \frac{\text{波的前進距離}}{\text{花費時間}} = \frac{x_2 - x_1}{t_2 - t_1}$$

$$\begin{aligned} v &= \frac{x_2 - x_1}{t_2 - t_1} \\ &= \frac{40\,\text{cm} - 20\,\text{cm}}{17\,\text{s} - 12\,\text{s}} \quad \text{由圖看出} \\ &= \frac{20\,\text{cm}}{5\,\text{s}} \\ &= 4\,\text{cm/s} \end{aligned}$$

答 $v = 4$ cm/s

連單位一起計算

物理量的計算中，如果把單位一起放入計算式中，比較不容易出錯。舉例來說，60 km/h（時速 60 km）的物理量可想成這種形式。

$$60\,\mathrm{km/h} = \boxed{60} \times \frac{\boxed{\mathrm{km}}}{\boxed{\mathrm{h}}}$$

解答 1-2 可計算如下，如果要寫得詳細一點，可以寫成這樣：

$$\frac{20\,\mathrm{cm}}{5\,\mathrm{s}} = 4\,\mathrm{cm/s}$$

$$\begin{aligned}\frac{20\,\mathrm{cm}}{5\,\mathrm{s}} &= \frac{\boxed{20} \times \boxed{\mathrm{cm}}}{\boxed{5} \times \boxed{\mathrm{s}}} \\ &= \frac{\boxed{20}}{\boxed{5}} \times \frac{\boxed{\mathrm{cm}}}{\boxed{\mathrm{s}}} \\ &= \boxed{4} \times \boxed{\mathrm{cm/s}} \\ &= 4\,\mathrm{cm/s}\end{aligned}$$

cm/*s* 有時也會寫成 $\mathrm{cm} \cdot \mathrm{s}^{-1}$。

維度分析

物理量的種類可以從維度的角度來分辨。

波的前進速度為波的前進距離（長度）除以時間後得到的數值。我們可以用大寫字母 L 表示長度（Length），用 T 表示時間（Time），故速度的維度可表示如下：

$$[\text{速度}] = [LT^{-1}]$$

學到波的前進速度為 $\frac{\lambda}{T}$ 時，可以試著分析它的維度。$\frac{\lambda}{T}$ 這個物理量為長度除以時間，其維度確實為 $[LT^{-1}]$。

維度相同，不代表是相同的物理量。但維度不同時，一定是不同的物理量，故可用來確認兩個物理量是否相同。

用維度來分析物理量的方法，稱做維度分析。

●問題 1-3（位移時間關係圖）

設一正弦波以一定速度 $v = 5$ m/s 沿著 x 軸正向前進。時間 $t = 0$ s 時，「位移位置關係圖」如下，試求波的波長 λ 與週期 T。另外，試描繪出位置 $x = 50$ m 的「位移時間關係圖」。

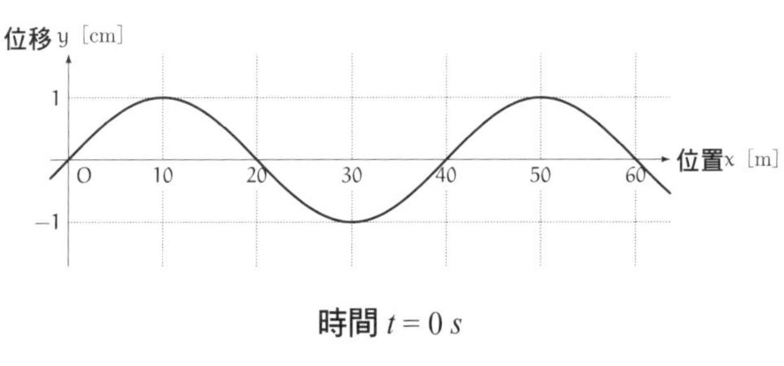

時間 $t = 0$ s

■解答 1-3

由「位移位置關係圖」可以知道，在位置 10 m 的地方有波峰，下個波峰位於 50 m 處，所以這個波的波長 λ 如下：

$$\lambda = 50\,\mathrm{m} - 10\,\mathrm{m} = 40\,\mathrm{m}$$

週期 T 為介質振動一個波所花費的時間。這個波以固定速度 v 前進，故在時間週期 T 內，會前進距離 vT。這段距離等於一個波的長度，即波長，故可得到：

$$\lambda = vT$$

因此，週期 T 為：

$$\begin{aligned} T &= \frac{\lambda}{v} \\ &= \frac{40\,\text{m}}{5\,\text{m/s}} \\ &= \frac{40}{5} \times \frac{\text{m} \times \text{s}}{\text{m}} \\ &= 8 \times \frac{\cancel{\text{m}} \times \text{s}}{\cancel{\text{m}}} \\ &= 8\,\text{s} \end{aligned}$$

位置 $x = 50$ m 處的「位移時間關係圖」如下所示：

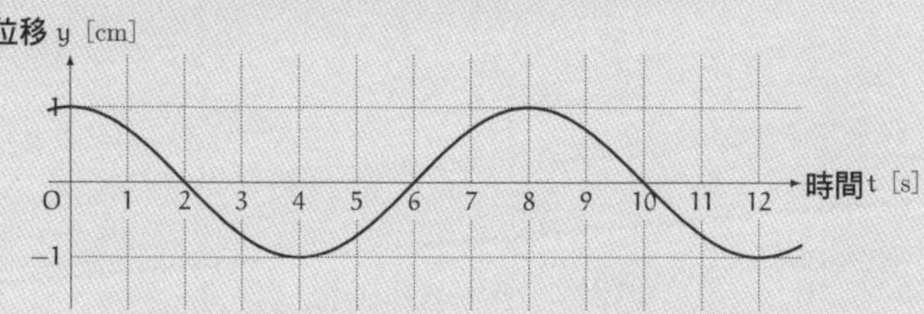

位置 $x = 50$ m 處的「位移時間關係圖」

答 $\lambda = 40$ m，$T = 8$ s

補充

p.316 列出了時間 $t = 0$ s 到 7 s 的「位移位置關係圖」。請注意位置 $x = 50$ m 處的介質運動。虛線表示時間 $t = 0$ s 時的圖形。

p.317 則列出了位置 $x = 50$ m 處的「位移時間關係圖」。圖中以●符號表示時間 $t = 0$ s 到 7 s 的位移。

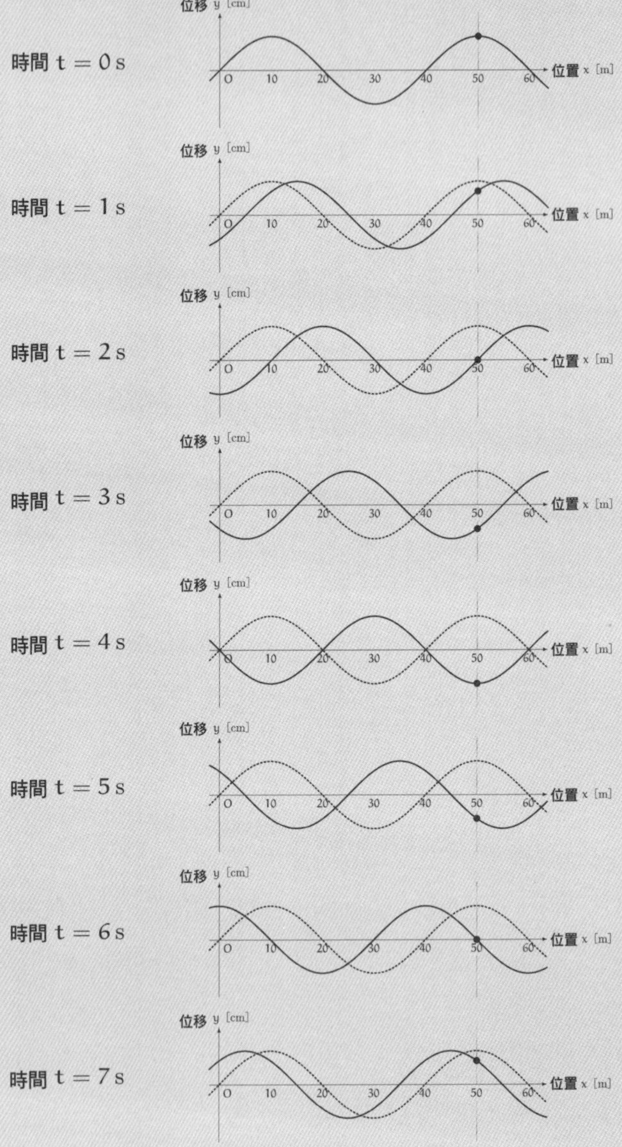

時間 t = 0 s
時間 t = 1 s
時間 t = 2 s
時間 t = 3 s
時間 t = 4 s
時間 t = 5 s
時間 t = 6 s
時間 t = 7 s
位移 y [cm]
位置 x [m]
O
10
20
30
40
50
60

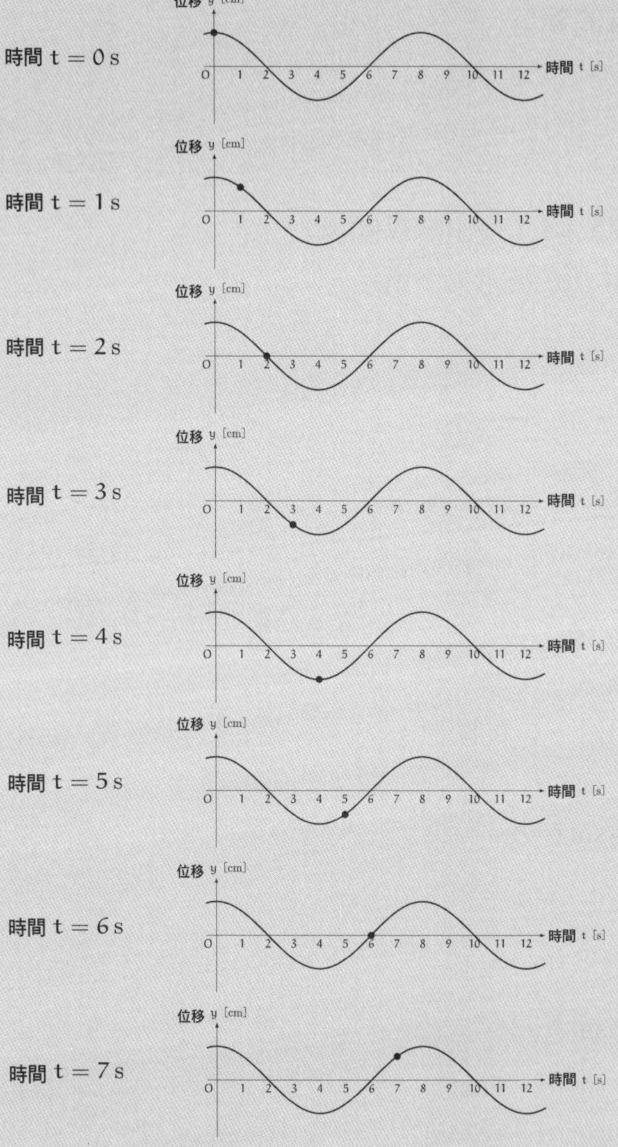
時間 t = 0 s
時間 t = 1 s
時間 t = 2 s
時間 t = 3 s
時間 t = 4 s
時間 t = 5 s
時間 t = 6 s
時間 t = 7 s
位移 y [cm]
時間 t [s]
O
1
2
3
4
5
6
7
8
9
10
11
12

第 2 章的解答

●問題 2-1（畫出關係圖）

$y = \sin\ \theta$ 的圖形如下所示。

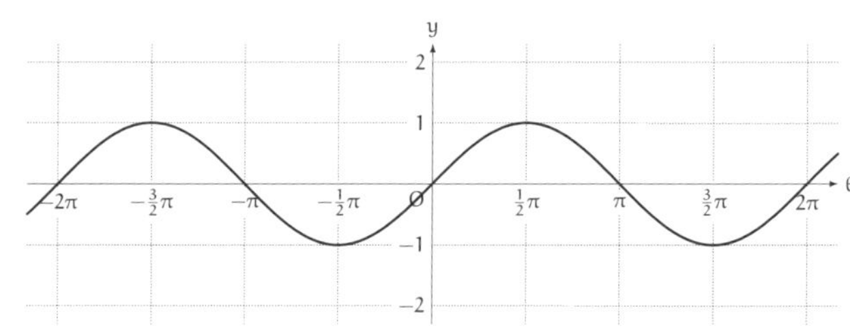

$y = \sin\theta$

$y = \sin\ \theta$

試畫出①～⑨的圖形。

① $y = -\sin\theta$

② $y = \sin(-\theta)$

③ $y = \frac{1}{2}\ \sin\theta$

④ $y = -2\sin 3\theta$

⑤ $y = \sin\frac{\theta}{2}$

⑥ $y = \sin(\theta + 123\pi)$

⑦ $y = \sin(\theta + 1234\pi)$

⑧ $y = \sin(\theta + \frac{\pi}{2})$

⑨ $y = \cos\theta$

■解答 2-1

① $y = -\sin\theta$ 的曲線為 $y = \sin\theta$ 曲線上下顛倒後的樣子。

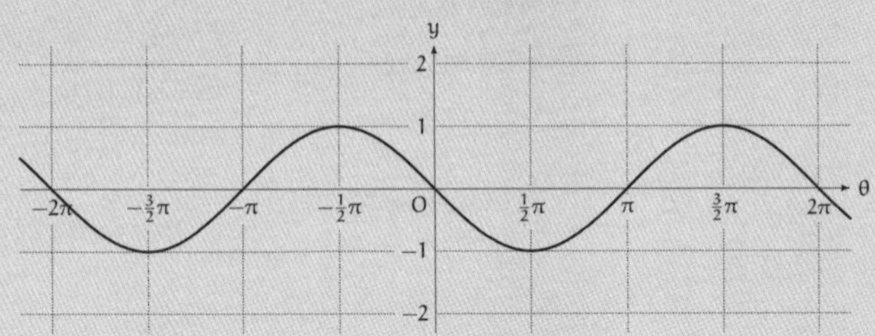

$y = -\sin\theta$

② $y = \sin(-\theta)$ 的曲線為 $y = \sin\theta$ 曲線左右相反後的樣子，與①$y = -\sin\theta$ 的曲線相同。

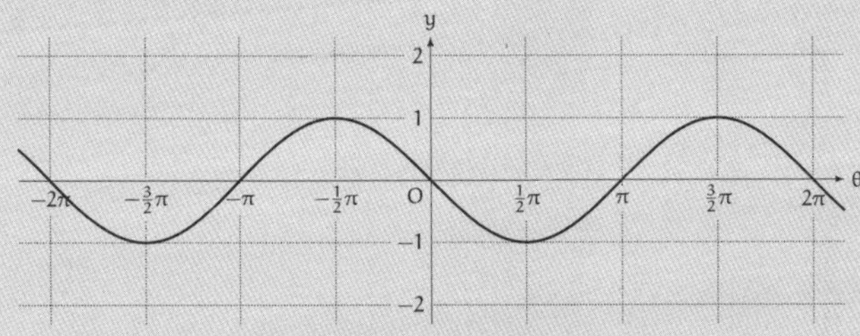

$y = \sin(-\theta)$

③ $y=\frac{1}{2}\sin\theta$ 的曲線為 $y=\sin\theta$ 曲線的振幅變為原本的 $\frac{1}{2}$ 倍後的樣子。

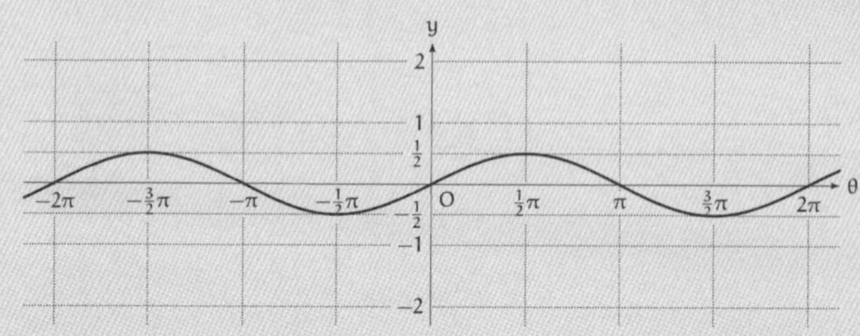

$y=\frac{1}{2}\sin\theta$

④ $y=-2\sin 3\theta$ 的曲線為 $y=\sin\theta$ 曲線上下顛倒、振幅變為原本的 2 倍、一定區間內的波的數量變為原本的 3 倍後的樣子。

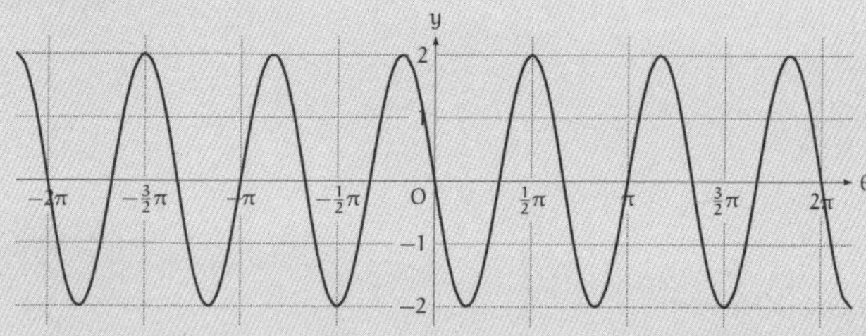

$y=-2\sin 3\theta$

⑤　$y = \sin \dfrac{\theta}{2}$ 的曲線為 $y = \sin \theta$ 曲線在一定區間內的波的數量變為原本的 $\dfrac{1}{2}$ 倍後的樣子。

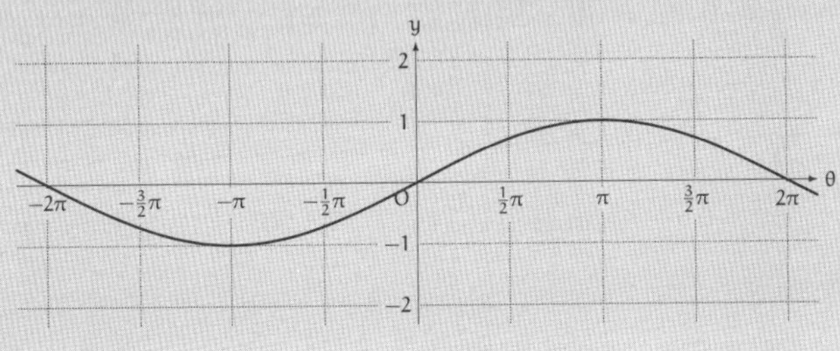

$y = \sin \frac{\theta}{2}$

⑥ $y = \sin(\theta + 123\pi)$ 的曲線為 $y = \sin\theta$ 曲線往左移 123π 後的樣子，不過這與往左移 π 後的樣子相同。

這是因為，$y = \sin\theta$ 曲線往左或往右移 2π 後，就會與原本的 $y = \sin\theta$ 曲線剛好重合，而 $123\pi = 61 \times 2\pi + \pi$。若移動 123π，就相當於移動 π。也就是說，⑥的曲線與⑥ $y = \sin(\theta + \pi)$ 的曲線相同。

另外，這條曲線也與① $y = -\sin\theta$、② $y = \sin(-\theta)$ 曲線相同。

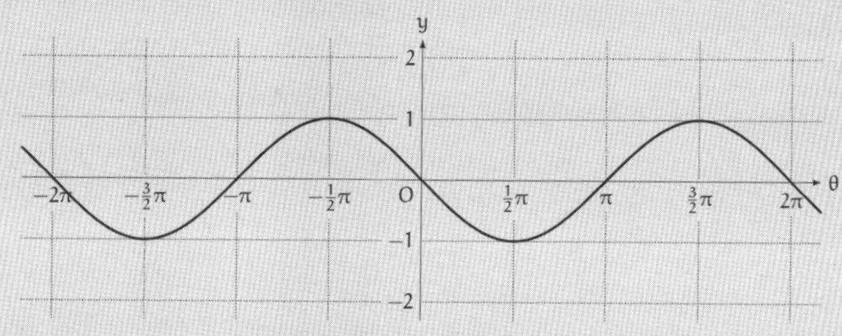

$y = \sin(\theta + 123\pi)$

⑦ $y=\sin(\theta+1234\pi)$ 的曲線為 $y=\sin\theta$ 曲線往左移 1234π 後的樣子，不過這與 $y=\sin\theta$ 曲線相同。

這是因為，$y=\sin\theta$ 曲線往左或往右移 2π 後，就會與原本的 $y=\sin\theta$ 曲線剛好重合，而 $1234\pi=617\times2\pi$。若移動 1234π，就相當於沒有移動。

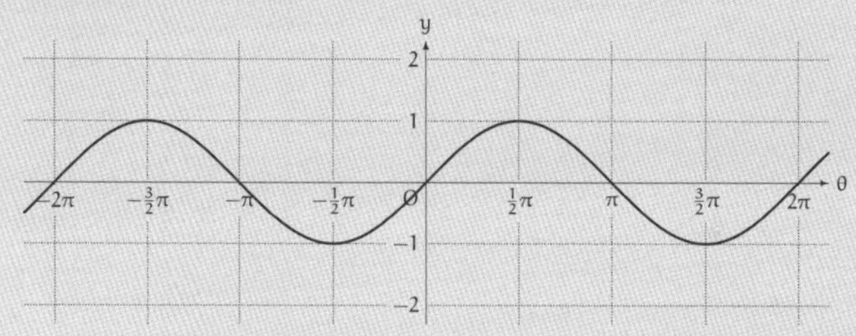

$y=\sin(\theta+1234\pi)$

⑧ $y=\sin\left(\theta+\dfrac{\pi}{2}\right)$ 的曲線為 $y=\sin\theta$ 曲線往左移 $\dfrac{\pi}{2}$ 後的樣子。

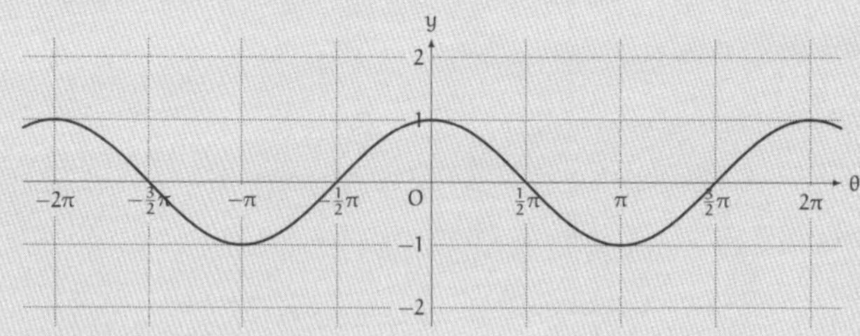

$y=\sin(\theta+\frac{\pi}{2})$

⑨ $y = \cos\theta$的曲線與$y = \sin(\theta + \frac{\pi}{2})$的曲線相同。

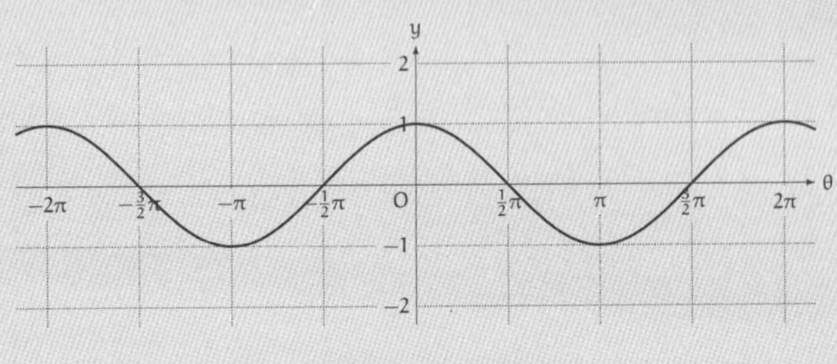

$y = \cos\theta$

補充

像是⑥、⑦、⑧這種寫成

$$y = \sin（\theta + 常數）$$

形式的函數，在判斷它的曲線是$y = \sin\theta$曲線往左或往右移動時，相當容易出錯，請特別注意。

以$y = \sin(\theta + \frac{\pi}{2})$為例。因為$\frac{\pi}{2} > 0$，常讓人以為是$y = \sin\theta$圖形往右（$\theta$軸的正向）移動後得到的圖形，但這是錯覺。

讓我們用具體的數值確認看看吧。將$\theta = 0$代入$y = \sin(\theta + \frac{\pi}{2})$，得到$y = \sin(0 + \frac{\pi}{2}) = 1$，所以$y = \sin(\theta + \frac{\pi}{2})$曲線會通過$(\theta, y) = (0,1)$的點。而這個點可以視為$y = \sin\theta$曲線的$(\theta, y) = (\frac{\pi}{2}, 1)$這個點往左（$\theta$軸的負向）移動後的結果。

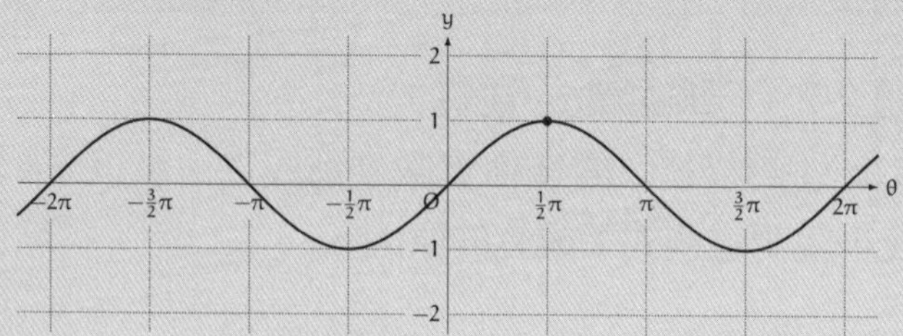

$$y = \sin\theta$$

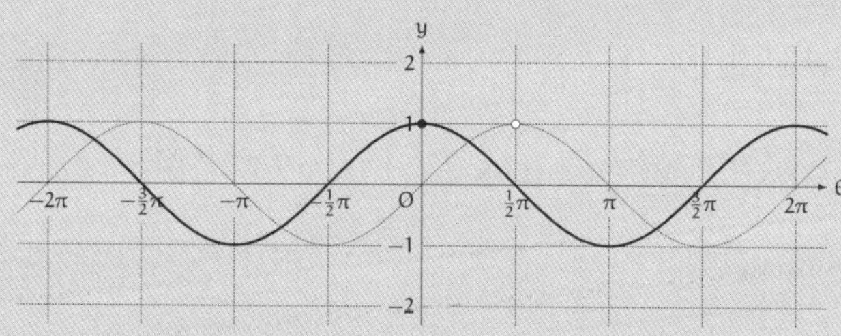

$$y = \sin(\theta + \frac{\pi}{2})$$

●問題 2-2（三角函數的性質）

以下①～④的描述，對任何實數 θ 都成立。試以 cos 與 sin 的定義，說明這些式子成立的原因。

① $\cos(-\theta) = \cos\theta$ 且 $\sin(-\theta) = -\sin\theta$

② $-1 \leqq \cos\theta \leqq 1$ 且 $-1 \leqq \sin\theta \leqq 1$

③ $\cos\theta = \sin(\theta + \frac{\pi}{2})$

④ $\cos^2\theta + \sin^2\theta = 1$

其中，$\cos^2\theta + \sin^2\theta$ 為 $(\cos\theta)^2 + (\sin\theta)^2$ 之意。

■解答 2-2

首先確認 $\cos\theta$ 與 $\sin\theta$ 的定義。$\cos\theta$ 與 $\sin\theta$ 可以用單位圓（以圓點為圓心，半徑為 1 的圓）圓周上的點 P 座標（$\cos\theta, \sin\theta$）定義。設 θ 為 x 軸正向與線段 OP 的夾角。

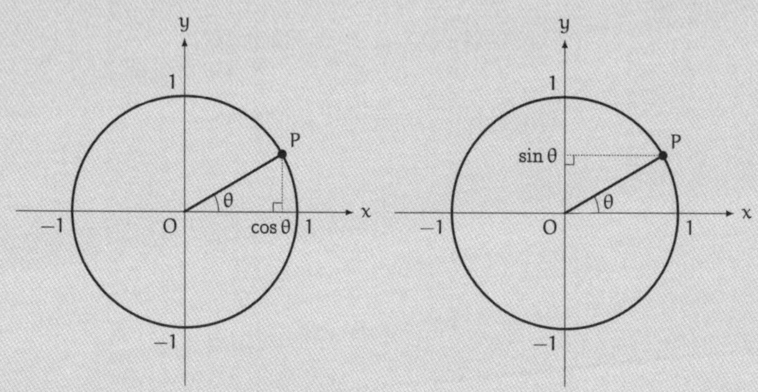

$\cos\theta$ **與** $\sin\theta$

以下將依照這個定義，思考問題①～④。

① 在單位圓的圓周上，取與 x 軸正向夾角為 $-\theta$ 的點 $Q(\cos(-\theta), \sin(-\theta))$。

此時，點 Q 以 x 軸為對稱軸的對稱位置為點 $P(\cos\theta, \sin\theta)$。因此，點 Q 與點 P 的座標有以下關係：

$$\cos(-\theta) = \cos\theta \quad x \text{ 座標的值}$$

$$\sin(-\theta) = -\sin\theta \quad y \text{ 座標的值}$$

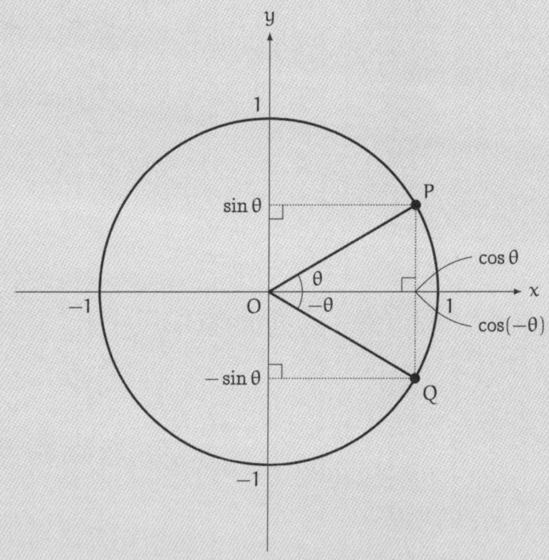

$\cos(-\theta) = \cos\theta$ 且 $\sin(-\theta) = -\sin\theta$

② 設單位圓圓周上任意點為 (x, y)。因為單位圓圓心為點 $(0, 0)$，半徑為 1，所以

$$-1 \leqq x \leqq 1 \quad 且 \quad -1 \leqq y \leqq 1$$

故以下關係成立。

$$-1 \leqq \cos\theta \leqq 1 \quad 且 \quad -1 \leqq \sin\theta \leqq 1$$

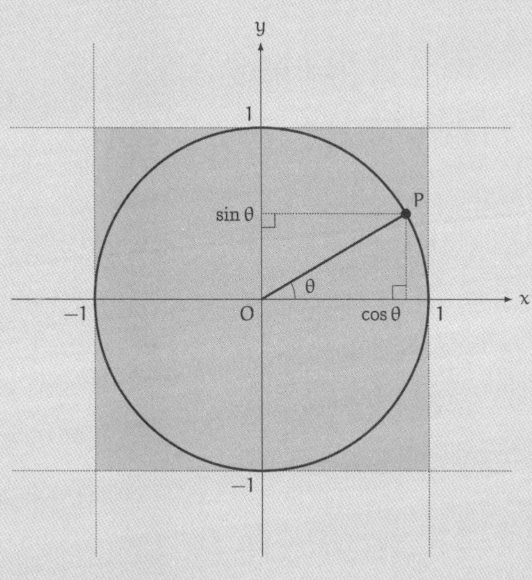

$-1 \leqq \cos\theta \leqq 1$ **且** $-1 \leqq \sin\theta \leqq 1$

③ 從單位圓圓周上的某點 P，在圓周上逆時鐘旋轉 $\frac{\pi}{2}$ 到點 R。此時點 P 的 x 座標值與點 R 的 y 座標值相等，因為線段 OP 與 y 軸正向的夾角會等於 θ。故以下等式成立。

$$\cos\theta = \sin(\theta + \tfrac{\pi}{2})$$

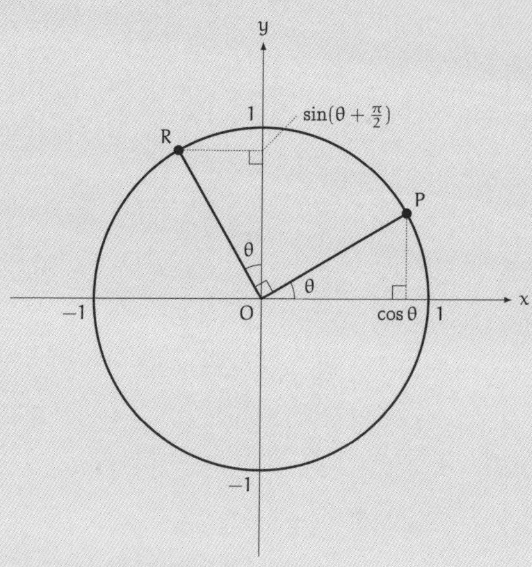

$$\cos\theta = \sin(\theta + \tfrac{\pi}{2})$$

④　因為單位圓半徑為 1，所以圓周上某點 $P(x, y)$ 符合以下等式。

$$x^2 + y^2 = 1^2$$

故以下等式成立。

$$\cos^2\theta + \sin^2\theta = 1$$

$\cos^2\theta + \sin^2\theta = 1$ 也可以用畢氏定理說明，如下圖中的直角三角形。

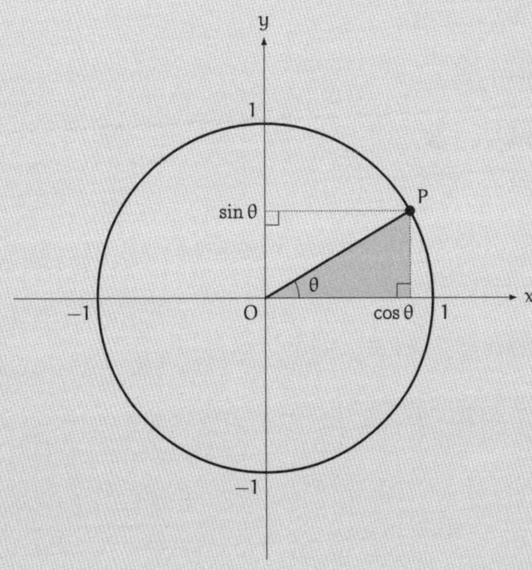

$\cos^2\theta + \sin^2\theta = 1$

●問題 2-3（波的前進方向與速度）

設有一個波，其位置 x 在時間 t 時的位移 y，能用以下數學式表示。

$$y = A\sin\left(2\pi\frac{t}{T} - 2\pi\frac{x}{\lambda}\right)$$

試回答以下問題。其中，A、T、λ 皆為不會因位置或時間改變之正的常數。

①試求此波的週期。
②試求此波的波長。
③這個波會往 x 軸的正向前進還是往負向前進？
④試求此波的速度 v。

提示：這個波的數學式與第 2 章 p.77 中出現的數學式

$$y = A\sin\left(2\pi\frac{x}{\lambda} - 2\pi\frac{t}{T}\right)$$

並不相同，請特別注意。

■解答 2-3

為了瞭解波的樣子，讓我們先試著畫出

$$y = A\sin\left(2\pi\frac{t}{T} - 2\pi\frac{x}{\lambda}\right)$$

的「位移時間關係圖」與「位移位置關係圖」吧。

①（週期）令 $x = 0$，則給定的波的數學式會變成：

$$y = A\sin\left(2\pi\frac{t}{T}\right)$$

故可得到位置 $x = 0$ 處的「位移時間關係圖」。

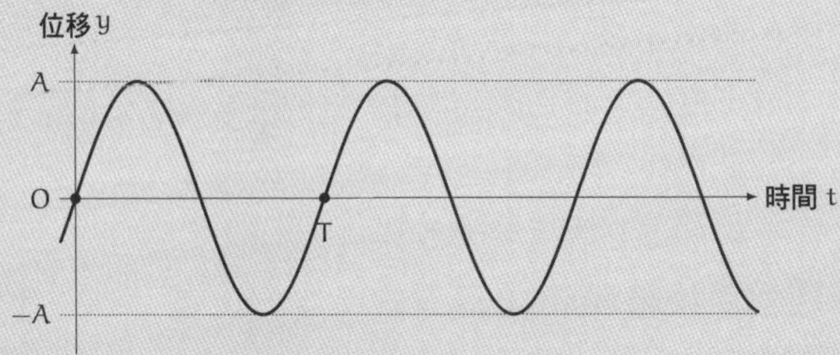

位置 $x = 0$ 處的「位移時間關係圖」

由此可以得知，此波的週期為 T。

②（波長）令 $t=0$，則給定的波的數學式會變成：

$$y = A\sin\left(-2\pi\frac{x}{\lambda}\right) = -A\sin\left(2\pi\frac{x}{\lambda}\right)$$

故可得到時間 $t=0$ 時的「位移位置關係圖」。

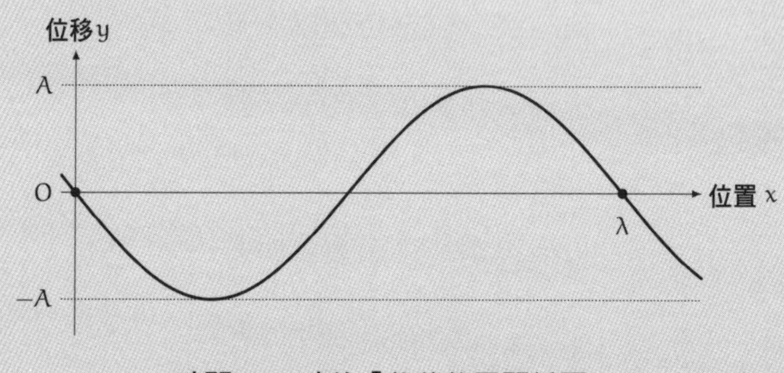

時間 $t=0$ 時的「位移位置關係圖」

由此可以得知，此波的波長為 λ。

③（波的前進方向）

請觀察「位移與時間關係圖」中，位置 $x=0$「稍後時間」的位移，再對照「位移位置關係圖」，便可得知波的前進方向。這個波朝著 x 軸的正向前進。

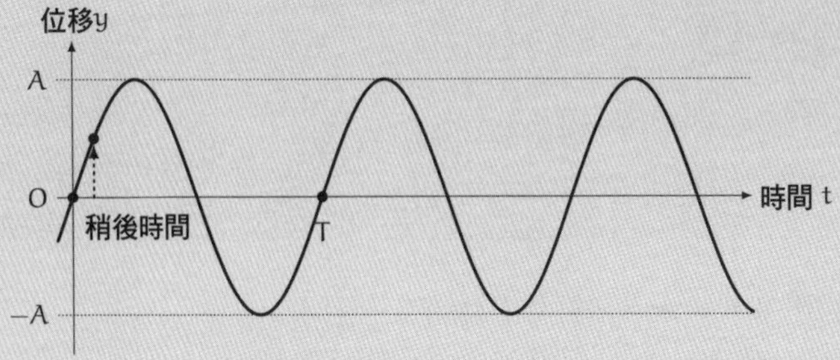

觀察「位移與時間關係圖」中，於「稍後時間」的位移

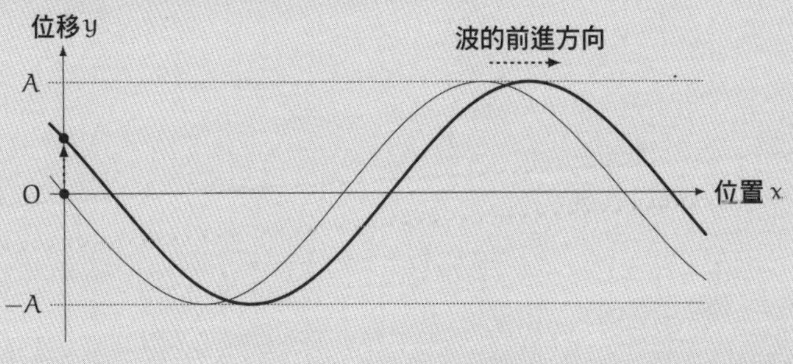

對照「位移位置關係圖」

④（波的前進速度） 這個波在時間 T 內前進了距離 λ，故波的前進速度為 $v=\dfrac{\lambda}{T}$。

第 3 章的解答

●問題 3-1（水面波的干涉）

下圖為水面於某時間點的樣子。圖中以實線的圓表示 S_1、S_2 兩個波源產生的波中，位移最大的地方，以虛線的圓表示位移最小的地方。

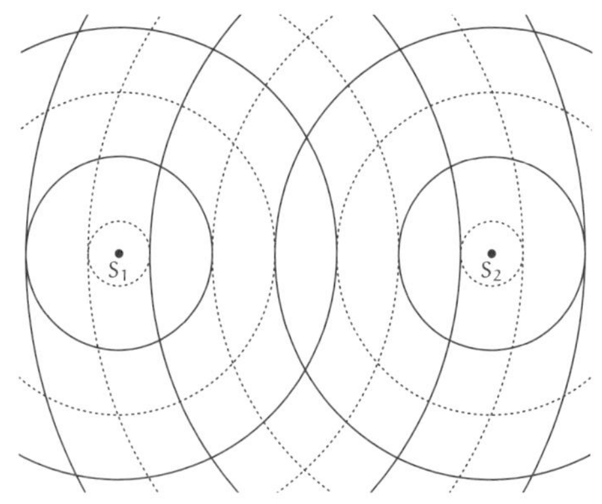

請在圖中合成波位移最大的各點標上●符號，在合成波位移最小的各點標上○符號。

另外，假設波在前進時，振幅不會衰減。

■解答 3-1

來自兩個波源的波，位移皆最大的地方，即為合成波位移最大的地方，故須在各實線圓的交點與切點標上●符號。

同樣的，兩個波源的波，位移皆最小的地方，即為合成波位移最小的地方，故須在各虛線圓的交點與切點標上○符號。

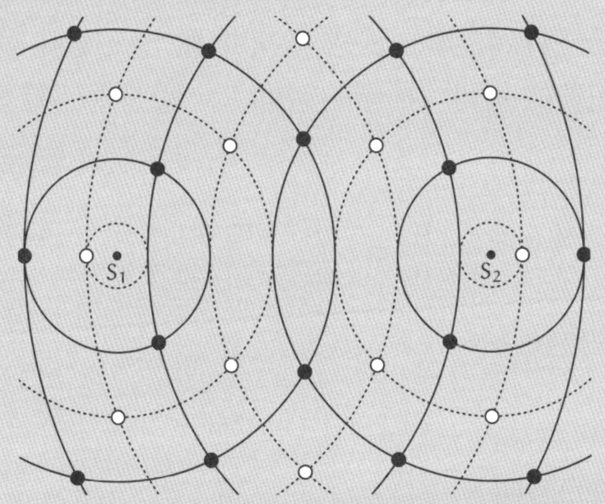

●符號為合成波位移最大處，○符號為位移最小處

問題 3-2（拍頻）

聲量小且頻率不同的兩個聲音合在一起後，聽起來會像是一個聲量反覆變化的聲音，就像這樣：

…嗚哇**啊啊啊**嗯嗯…嗚哇**啊啊啊**嗯嗯…嗚哇**啊啊啊**嗯嗯…

這種現象稱做**拍頻**。試求一次拍頻「…嗚哇啊啊啊嗯嗯…」花費的時間（拍頻的週期）。假設兩個聲音的頻率 f_1, f_2 分別為：

$$\begin{cases} f_1 = 441\,\text{Hz} & \text{（每秒振動 441 次）} \\ f_2 = 440\,\text{Hz} & \text{（每秒振動 440 次）} \end{cases}$$

合成波的振動為：

$$\sin 2\pi f_1 t + \sin 2\pi f_2 t$$

試求拍頻的週期。

提示：請使用三角函數的和差化積公式

$$\sin\alpha + \sin\beta = 2\sin\frac{\alpha+\beta}{2}\cos\frac{\alpha-\beta}{2}$$

計算出合成波，再分析波的振幅會如何變化。

■解答 3-2

運用三角函數的和差化積公式，計算合成波。

$$\begin{aligned}\sin 2\pi f_1 t + \sin 2\pi f_2 t &= 2\sin\left(\frac{2\pi f_1 t + 2\pi f_2 t}{2}\right)\cos\left(\frac{2\pi f_1 t - 2\pi f_2 t}{2}\right) \\ &= 2\sin\left(2\pi\frac{f_1 + f_2}{2}t\right)\cos\left(2\pi\frac{f_1 - f_2}{2}t\right) \\ &= \underbrace{2\cos\left(2\pi\frac{f_1 - f_2}{2}t\right)}_{①}\underbrace{\sin\left(2\pi\frac{f_1 + f_2}{2}t\right)}_{②}\end{aligned}$$

這裡的①為頻率等於

$$\frac{f_1 - f_2}{2} = \frac{441\,\text{Hz} - 440\,\text{Hz}}{2} = 0.5\,\text{Hz}$$

的波。這是每 1 秒振動 0.5 次，即 2 秒振動 1 次（週期為 2 秒）的緩慢振動，使聲音的振幅產生變化。

而②則是頻率等於

$$\frac{f_1 + f_2}{2} = \frac{441\,\text{Hz} + 440\,\text{Hz}}{2} = 440.5\,\text{Hz}$$

的波。

合成波的振動波形如下圖所示。其中，440.5 Hz 的振動難以實際描繪出來，故圖中把 440.5 Hz 的波長畫得比較寬。①的波則以虛線表示。

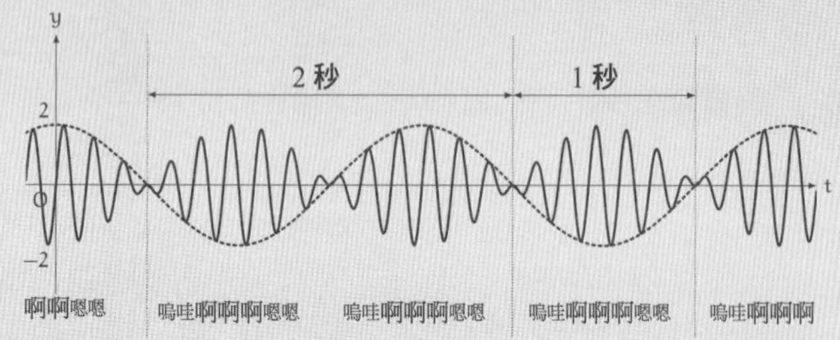

使振幅產生變化的波①，週期為頻率 $\frac{f_1 - f_2}{2} = 0.5$ 的倒數，2 秒。這段時間內，會產生兩次拍頻，故一次拍頻「嗚哇啊啊啊嗯嗯」花費的時間（拍頻週期）為 1 秒。

答　拍頻的週期為 1 秒

補充

設兩個聲音的頻率分別為 f_1、f_2，一般來說，當 f_1 與 f_2 數值相近時，拍頻的頻率 $f_{拍頻}$如下：

$$f_{拍頻} = |f_1 - f_2|$$

而拍頻的週期 $T_{拍頻}$則是

$$T_{拍頻} = \frac{1}{f_{拍頻}} = \frac{1}{|f_1 - f_2|}$$

合成波的頻率 $f_{合成波}$為

$$f_{合成波} = \frac{f_1 + f_2}{2}$$

這個 $f_{合成波}$為兩個波的頻率 f_1、f_2 的平均。

我們周遭的「拍頻」

在合奏前的調音時，若兩個樂器的音高只有些微差異（頻率只有些微差異），就會聽到「拍頻」。

此外，寺廟鐘聲響起時，也會發出「嗚嗡……嗚嗡……」這種獨特的聲音，這也是「拍頻」。

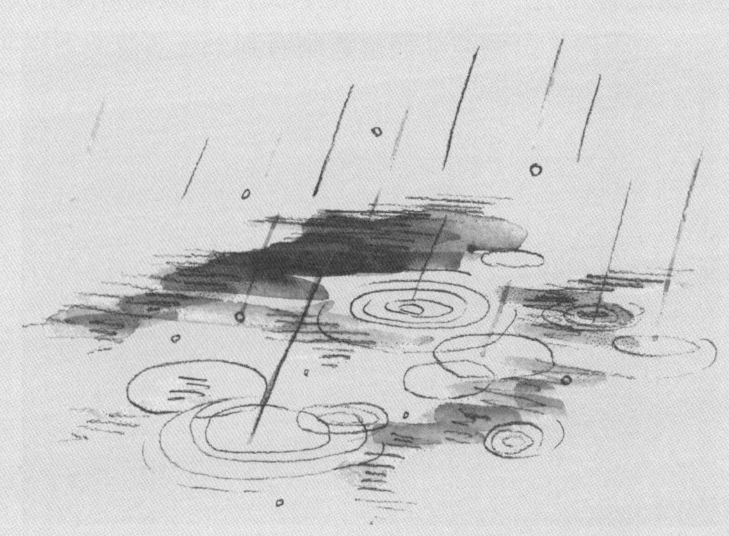

第 4 章的解答

●問題 4-1（觀測者靠近聲源時的都卜勒效應）

假設觀測者以一定速度 v 靠近靜止的聲源。設聲源發出的聲音頻率為 f，試求觀測者觀測到的聲音頻率 f'。其中，音速為 V，且 $V > v$。

提示：設觀測者觀測到的波的週期為 T'，那麼觀測到的聲音頻率 f' 為

$$f' = \frac{「觀測到的波的個數」}{「觀測花費的時間」} = \frac{1}{T'}$$

觀測到的波的週期 T' 等於「觀測到一個波時花費的時間」，也等於「一個波前通過觀測者到下一個波前通過觀測者之間經過的時間」。

■解答 4-1

以下為聲源靜止，聲音以速度 V 接近觀測者，觀測者以速度 v 接近聲源的示意圖。設波長為 λ，圖中以同心圓表示相同相位。

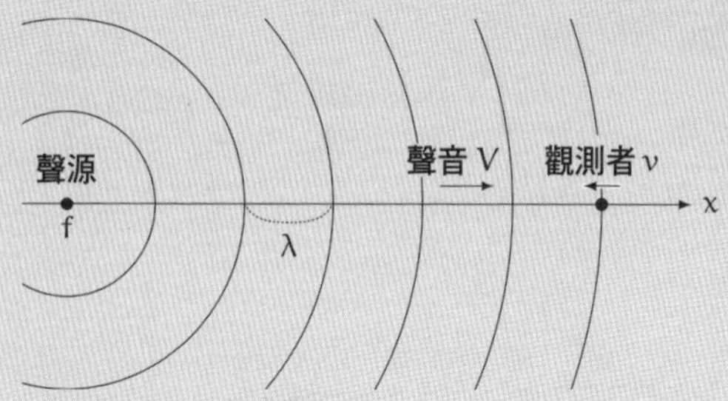

波前之間會保持 λ 的間隔，以音速 V 朝觀測者前進。觀測者以速度 v 朝著聲源前進，故觀測者相對於波前的相對速度為 $V+v$。這裡假設觀測者所觀測的聲音週期為 T'，因為波前間隔為 λ，所以

$$\frac{\lambda}{T'} = V + v$$

設聲源聲音的週期為 T，因為 $\lambda = VT$，所以

$$\frac{VT}{T'} = V + v$$

進一步得到

$$\frac{1}{T'} = \frac{V+v}{VT}$$

因為 $f' = \frac{1}{T'}$ 且 $f = \frac{1}{T}$，故可得到

$$f' = \frac{V+v}{V}f$$

答 $f' = \frac{V+v}{V}f$

補充（都卜勒效應的整理）

設音速為 V，聲源聲音的頻率為 f，觀測者觀測到的聲音頻率為 f'。另假設聲源速度為 v_s，觀測者速度為 v_0，且 $v_s < V$、$v_0 < V$[*1]。

① 若觀測者靜止，聲源以速度 v_s 靠近
則以下等式成立（參考 p.185）。

$$f' = \frac{V}{V - v_s} f$$

此時波源會移動，故與聲源靜止時觀測到的波長不同。在波源的前方，波長會變得比聲源的波長短；而在波源的後方，波長會變得比聲源的波長還要長。

② 若聲源靜止，觀測者以速度 v_o 靠靠近
則以下等式成立（參考 p.342）。

$$f' = \frac{V + v_o}{V} f$$

此時波源不移動，波長無變化，但觀測者觀測到的頻率會改變。因為單位時間內觀測者通過的波前個數與之前不同。

③ 若聲源以速度 v_s、觀測者以速度 v_o 彼此靠近，那麼考慮上述①、②，可以得到以下等式。

$$f' = \frac{V + v_o}{V - v_s} f$$

---

*1 v_s 的 s 為 source（源頭）的首字母，v_o 的 o 為 observer（觀測者）的首字母。

●問題 4-2（楊格的實驗）

下方為楊格的實驗（參考 p.208）示意圖，通過雙狹縫 S_1, S_2 的光波，會在 x 軸的屏幕上形成干涉條紋。為簡化說明，假設兩個波相位相同。干涉條紋中，原點 O 上方第一條亮線位於點 P，與原點距離 h（$h > 0$）。L 遠大於 d、h（$d << L$ 且 $h << L$）時，光的波長 λ 近似於

$$\lambda \fallingdotseq \frac{d}{L}h$$

試說明為什麼能得到這個近似式。

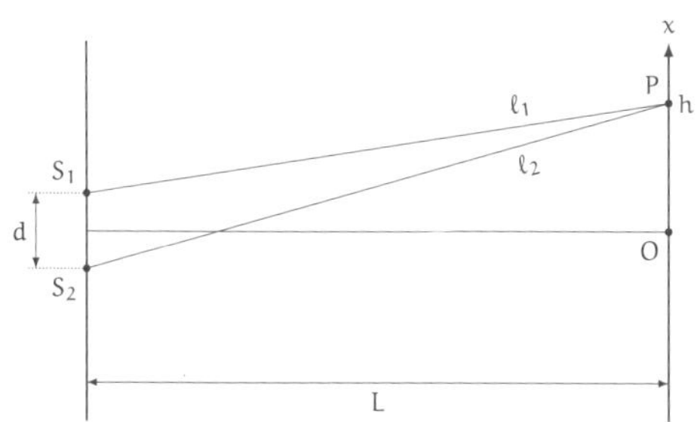

提示：必要時，可使用以下條件。假設 ε 為非常小的實數，即 $|\varepsilon| << 1$ 時，對於實數 r 而言，以下近似式成立

$$(1+\varepsilon)^r \fallingdotseq 1 + r\varepsilon$$

其中，ε 這個字母常用來表示很小的數，並沒有什麼特殊意義。

■解答 4-2

兩個同相位的光波在某位置產生建設性干涉，使該位置變得更亮的條件是，該位置與兩個波源的距離差 $\ell_1 - \ell_2$ 為波長 λ 的整數倍，即

$$\ell_1 - \ell_2 = n\lambda \qquad (n = 0、\pm1、\pm2、\pm3、\ldots)$$

原點 O 的 $\ell_1 - \ell_2 = 0$，故原點 O 上方第一條亮線，為 $\ell_1 - \ell_2$ 剛好相差一個波長的位置。即

$$\lambda = \ell_2 - \ell_1$$

（注意 $\ell_2 > \ell_1$）。因此，計算 $\ell_2 - \ell_1$，便可得到波長 λ。

$$\begin{cases} (\ell_1)^2 = L^2 + \left(h - \dfrac{d}{2}\right)^2 \\ (\ell_2)^2 = L^2 + \left(h + \dfrac{d}{2}\right)^2 \end{cases}$$

接著，由畢氏定理可以得到以下等式（參考次頁圖）。

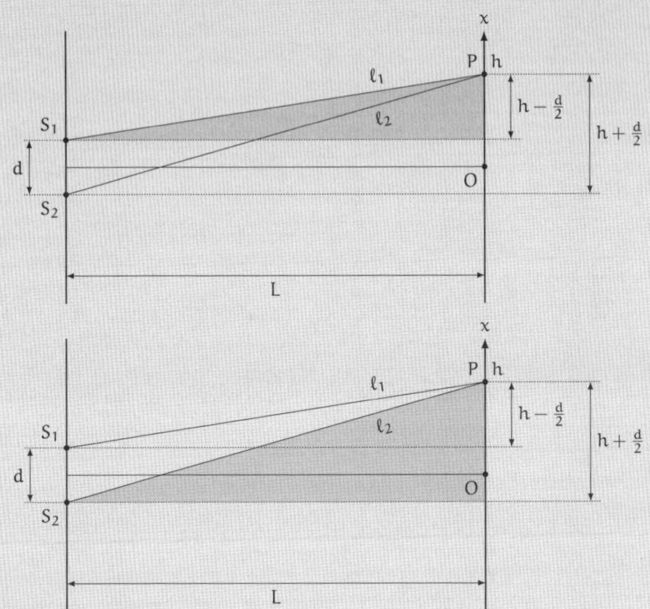

因此，ℓ_1 可變形成以下式子。

$$
\begin{aligned}
\ell_1 &= \sqrt{L^2 + \left(h - \frac{d}{2}\right)^2} \\
&= \sqrt{L^2\left(1 + \left(\frac{h - d/2}{L}\right)^2\right)} && \text{提出 } L^2 \\
&= L\sqrt{1 + \left(\frac{h - d/2}{L}\right)^2} && \text{因為 } L > 0 \text{ 故可提出至根號外} \\
&= L\left(1 + \left(\frac{h - d/2}{L}\right)^2\right)^{\frac{1}{2}} && \text{因為 } \sqrt{\heartsuit} = \heartsuit^{\frac{1}{2}} \\
&= L(1 + \varepsilon)^{\frac{1}{2}} && \text{令 } \varepsilon = \left(\frac{h - d/2}{L}\right)^2
\end{aligned}
$$

由於 $h<<L$ 且 $d<<L$，故 $|\varepsilon|<<1$，可使用以下近似式

$$
(1 + \varepsilon)^{\frac{1}{2}} \fallingdotseq 1 + \frac{1}{2}\varepsilon
$$

此近似式可用於表示 ℓ_1。

$$
\begin{aligned}
\ell_1 &\fallingdotseq L\left(1 + \frac{1}{2}\varepsilon\right) \\
&= L\left(1 + \frac{1}{2}\left(\frac{h - d/2}{L}\right)^2\right)
\end{aligned}
$$

ℓ_2 也可用同樣方式計算出答案，得到以下結果。

$$
\begin{cases}
\ell_1 \fallingdotseq L\left(1 + \dfrac{1}{2}\left(\dfrac{h - d/2}{L}\right)^2\right) = L + \dfrac{1}{2L}\left(h - \dfrac{d}{2}\right)^2 \\
\ell_2 \fallingdotseq L\left(1 + \dfrac{1}{2}\left(\dfrac{h + d/2}{L}\right)^2\right) = L + \dfrac{1}{2L}\left(h + \dfrac{d}{2}\right)^2
\end{cases}
$$

因此

$$\begin{aligned}\lambda &= \ell_2 - \ell_1 \\ &\fallingdotseq \frac{1}{2L}\left(\Big(\underbrace{h+\frac{d}{2}}_{a}\Big)^2 - \Big(\underbrace{h-\frac{d}{2}}_{b}\Big)^2\right) \\ &= \frac{1}{2L}\cdot\underbrace{2h}_{a+b}\cdot\underbrace{d}_{a-b} \qquad \text{使用 } a^2-b^2=(a+b)(a-b) \text{ 之等式} \\ &= \frac{hd}{L}\end{aligned}$$

由以上結果，可以得到光波長 λ 的近似式。

$$\lambda \fallingdotseq \frac{d}{L}h$$

●問題 4-3（折射定律）

如圖所示，在介質 1 中前進的光通過介質 2、介質 3，再進入介質 1。其中，進入介質 2 前的光線，與離開介質 3 的光線平行。為什麼會這樣呢？

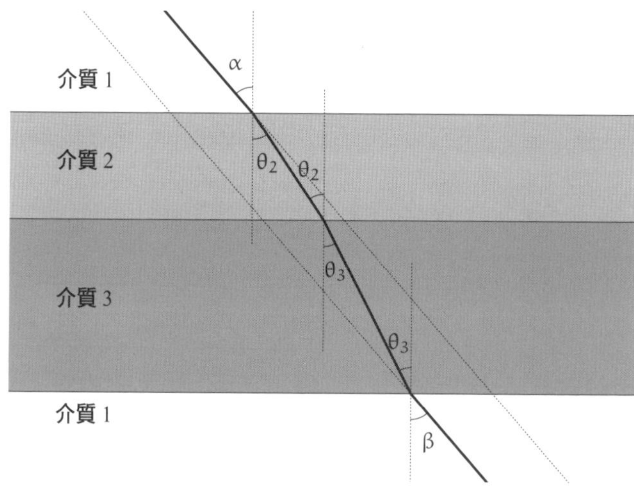

提示：用惠更斯原理與折射定律（參考 p.202）說明射入介質 2 的入射角 α，與從介質 3 射出的折射角 β 相等。

■解答 4-3

設光在介質 1、2、3 中的速度，分別為 v_1、v_2、v_3。那麼由惠更斯原理與折射定律可以知道，以下等式成立。

$$\frac{\sin\alpha}{\sin\theta_2}=\frac{v_1}{v_2}\text{、}\frac{\sin\theta_2}{\sin\theta_3}=\frac{v_2}{v_3}\text{、}\frac{\sin\theta_3}{\sin\beta}=\frac{v_3}{v_1}$$

三式等號左邊彼此相乘，等號右邊彼此相乘，可以得到以下等式。

$$\frac{\sin\alpha}{\sin\theta_2}\cdot\frac{\sin\theta_2}{\sin\theta_3}\cdot\frac{\sin\theta_3}{\sin\beta}=\frac{v_1}{v_2}\cdot\frac{v_2}{v_3}\cdot\frac{v_3}{v_1}$$

約分後可得

$$\frac{\sin\alpha}{\cancel{\sin\theta_2}}\cdot\frac{\cancel{\sin\theta_2}}{\cancel{\sin\theta_3}}\cdot\frac{\cancel{\sin\theta_3}}{\sin\beta}=\frac{v_1}{\cancel{v_2}}\cdot\frac{\cancel{v_2}}{\cancel{v_3}}\cdot\frac{\cancel{v_3}}{v_1}$$

故

$$\frac{\sin\alpha}{\sin\beta}=\frac{v_1}{v_1}=1$$

所以

$$\sin\alpha=\sin\beta$$

考慮變數範圍 $0<\alpha<\frac{\pi}{2}$ 以及 $0<\beta<\frac{\pi}{2}$，可以得到

$$\alpha=\beta$$

因此，進入介質 2 前的光線，與離開介質 3 的光線平行。

第 5 章的解答

●問題 5-1（推導積化和差公式）

試用 $\sin(\alpha+\beta)$、$\sin(\alpha-\beta)$、$\cos(\alpha+\beta)$, $\cos(\alpha-\beta)$，表示以下①～④的式子。

① $\sin\alpha \ \sin\beta$

② $\cos\alpha \ \cos\beta$

③ $\sin\alpha \ \cos\beta$

④ $\cos\alpha \ \cos\beta$

■解答 5-1

題目所求皆位於以下和角公式ㄅ～ㄈ的等號右邊，我們將用這四個等式的和或差求出答案。

$$
\begin{cases}
\sin(\alpha+\beta) = \sin\alpha\cos\beta + \cos\alpha\sin\beta & \cdots ㄅ \\
\sin(\alpha-\beta) = \sin\alpha\cos\beta - \cos\alpha\sin\beta & \cdots ㄆ \\
\cos(\alpha+\beta) = \cos\alpha\cos\beta - \sin\alpha\sin\beta & \cdots ㄇ \\
\cos(\alpha-\beta) = \cos\alpha\cos\beta + \sin\alpha\sin\beta & \cdots ㄈ
\end{cases}
$$

①由 $\frac{ⓒ-ⓜ}{2}$ a 可得到 $\sin\alpha\ \sin\beta$。

$$\sin\alpha\sin\beta=\frac{\cos(\alpha-\beta)-\cos(\alpha+\beta)}{2}$$

②由 $\frac{ⓜ+ⓒ}{2}$ 可得到 $\cos\alpha\ \cos\beta$。

$$\cos\alpha\cos\beta=\frac{\cos(\alpha+\beta)+\cos(\alpha-\beta)}{2}$$

③由 $\frac{ⓑ+ⓟ}{2}$ 可得到 $\sin\alpha\ \cos\beta$。

$$\sin\alpha\cos\beta=\frac{\sin(\alpha+\beta)+\sin(\alpha-\beta)}{2}$$

④由 $\frac{ⓑ-ⓟ}{2}$ 可得到 $\cos\alpha\sin\beta$。

$$\cos\alpha\sin\beta=\frac{\sin(\alpha+\beta)-\sin(\alpha-\beta)}{2}$$

另外，即使交換③的 α 與 β，也可以由 $\frac{ⓑ+ⓟ}{2}$ 求出。

$$\begin{aligned}\cos\alpha\sin\beta&=\sin\beta\cos\alpha\\&=\frac{\sin(\beta+\alpha)+\sin(\beta-\alpha)}{2}\\&=\frac{\sin(\alpha+\beta)-\sin(\alpha-\beta)}{2}\end{aligned}$$

●問題 5-2（積分）

試計算①～④的積分。設 m 與 n 為 1 以上的整數。

① $\displaystyle\int_0^{2\pi} \sin mx \sin nx \, dx$

② $\displaystyle\int_0^{2\pi} \cos mx \cos nx \, dx$

③ $\displaystyle\int_0^{2\pi} \sin mx \cos nx \, dx$

④ $\displaystyle\int_0^{2\pi} \cos mx \sin nx \, dx$

■解答 5-2

用積化和差公式，將題目改變成和的形式再計算。記得 $m = n$ 與 $m \neq n$ 的情況要分開處理。

①

$$
\begin{aligned}
&\int_0^{2\pi} \sin mx \sin nx \, dx \\
&= \int_0^{2\pi} \frac{1}{2}\big(\cos(mx - nx) - \cos(mx + nx)\big)\, dx && \text{由積化和差公式} \\
&= \int_0^{2\pi} \frac{1}{2}\big(\cos(m-n)x - \cos(m+n)x\big)\, dx && \text{提出 } x \\
&= \frac{1}{2}\int_0^{2\pi} \big(\cos(m-n)x - \cos(m+n)x\big)\, dx && \text{將 } \frac{1}{2} \text{ 提出至積分外} \\
&= \frac{1}{2}\underbrace{\int_0^{2\pi} \cos(m-n)x \, dx}_{ㄅ} - \frac{1}{2}\underbrace{\int_0^{2\pi} \cos(m+n)x \, dx}_{ㄆ} && \text{由「積分的線性」}
\end{aligned}
$$

考慮到除以零的狀況，須將ㄅ中 $m = n$ 與 $m \neq n$ 的情況分開處理。$m = n$ 時

$$
\begin{aligned}
ㄅ &= \int_0^{2\pi} \cos(m-n)x \, dx \\
&= \int_0^{2\pi} \cos 0x \, dx \\
&= \int_0^{2\pi} 1 \, dx \\
&= \Big[x\Big]_0^{2\pi} \\
&= 2\pi - 0 \\
&= 2\pi
\end{aligned}
$$

m ≠ n時

$$
\begin{aligned}
ㄅ &= \int_0^{2\pi} \cos(m-n)x\,dx \\
&= \left[\frac{\sin(m-n)x}{m-n}\right]_0^{2\pi} \\
&= \frac{\sin 2\pi(m-n)}{m-n} - \frac{\sin 0(m-n)}{m-n} \\
&= 0-0 \\
&= 0
\end{aligned}
$$

因為 $m+n \neq 0$，所以ㄆ不須要分開處理。

$$
\begin{aligned}
ㄆ &= \int_0^{2\pi} \cos(m+n)x\,dx \\
&= \left[\frac{\sin(m+n)x}{m+n}\right]_0^{2\pi} \\
&= \frac{\sin 2\pi(m+n)}{m+n} - \frac{\sin 0(m+n)}{m+n} \\
&= 0-0 \\
&= 0
\end{aligned}
$$

因此

$$
\begin{aligned}
\int_0^{2\pi} \sin mx \sin nx\,dx &= \frac{ㄅ}{2} - \frac{ㄆ}{2} \\
&= \begin{cases} \pi & (m = n \text{時}) \\ 0 & (m \neq n \text{時}) \end{cases}
\end{aligned}
$$

②

$$
\begin{aligned}
&\int_0^{2\pi} \cos mx \cos nx \, dx \\
&= \int_0^{2\pi} \frac{1}{2}\big(\cos(mx-nx)+\cos(mx+nx)\big)\,dx && \text{由積化和差公式} \\
&= \int_0^{2\pi} \frac{1}{2}\big(\cos(m-n)x+\cos(m+n)x\big)\,dx && \text{提出 } x \\
&= \frac{1}{2}\int_0^{2\pi} \big(\cos(m-n)x+\cos(m+n)x\big)\,dx && \text{將 } \tfrac{1}{2} \text{ 提出至積分外} \\
&= \underbrace{\frac{1}{2}\int_0^{2\pi} \cos(m-n)x\,dx}_{㋐} + \underbrace{\frac{1}{2}\int_0^{2\pi} \cos(m+n)x\,dx}_{㋑} && \text{由「積分的線性」}
\end{aligned}
$$

使用①的計算中的ㄅ與ㄆ，可以得到以下結果：

$$
\begin{aligned}
\int_0^{2\pi} \cos mx \cos nx \, dx &= \frac{ㄅ}{2} + \frac{ㄆ}{2} \\
&= \begin{cases} \pi & (m = n\text{時}) \\ 0 & (m \neq n\text{時}) \end{cases}
\end{aligned}
$$

③

$$\int_0^{2\pi} \sin mx \cos nx \, dx$$

$$= \int_0^{2\pi} \frac{1}{2}\left(\sin(mx+nx) + \sin(mx-nx)\right) dx \qquad \text{由積化和差公式}$$

$$= \int_0^{2\pi} \frac{1}{2}\left(\sin(m+n)x + \sin(m-n)x\right) dx \qquad \text{提出 } x$$

$$= \frac{1}{2}\int_0^{2\pi} \left(\sin(m+n)x + \sin(m-n)x\right) dx \qquad \text{將 } \frac{1}{2} \text{ 提出至積分外}$$

$$= \underbrace{\frac{1}{2}\int_0^{2\pi} \sin(m+n)x \, dx}_{㉠} + \underbrace{\frac{1}{2}\int_0^{2\pi} \sin(m-n)x \, dx}_{㉢} \qquad \text{由「積分的線性」}$$

因為 $m+n \neq 0$，所以㉠不須要分開處理。

$$
\begin{aligned}
㉠ &= \int_0^{2\pi} \sin(m+n)x \, dx \\
&= -\left[\frac{\cos(m+n)x}{m+n}\right]_0^{2\pi} \\
&= -\left(\frac{\cos 2\pi(m+n)}{m+n} - \frac{\cos 0(m+n)}{m+n}\right) \\
&= -\left(\frac{1}{m+n} - \frac{1}{m+n}\right) \\
&= 0
\end{aligned}
$$

考慮到除以零的狀況，須將㉢中 $m = n$ 與 $m \neq n$ 的情況分開處理。

m = n 時

$$
\begin{aligned}
ⓒ &= \int_0^{2\pi} \sin(m-n)x\,dx \\
&= \int_0^{2\pi} \sin 0x\,dx \\
&= \int_0^{2\pi} 0\,dx \\
&= 0
\end{aligned}
$$

m ≠ n 時

$$
\begin{aligned}
ⓒ &= \int_0^{2\pi} \sin(m-n)x\,dx \\
&= -\left[\frac{\cos(m-n)x}{m-n}\right]_0^{2\pi} \\
&= -\left(\frac{\cos 2\pi(m-n)}{m-n} - \frac{\cos 0(m-n)}{m-n}\right) \\
&= -\left(\frac{1}{m-n} - \frac{1}{m-n}\right) \\
&= 0
\end{aligned}
$$

故可得到

$$
\begin{aligned}
\int_0^{2\pi} \sin mx \cos nx\,dx &= \frac{ⓑ}{2} + \frac{ⓒ}{2} \\
&= 0
\end{aligned}
$$

④將③的 m 與 n 交換即可，故可得到

$$\int_0^{2\pi} \cos mx \sin nx \, dx = 0$$

設 m 與 n 為 1 以上的整數。

▶ $m = n$ 時

$$\int_0^{2\pi} \sin mx \sin nx \, dx = \pi$$

$$\int_0^{2\pi} \cos mx \cos nx \, dx = \pi$$

$$\int_0^{2\pi} \sin mx \cos nx \, dx = 0$$

$$\int_0^{2\pi} \cos mx \sin nx \, dx = 0$$

▶ $m \neq n$ 時

$$\int_0^{2\pi} \sin mx \sin nx \, dx = 0$$

$$\int_0^{2\pi} \cos mx \cos nx \, dx = 0$$

$$\int_0^{2\pi} \sin mx \cos nx \, dx = 0$$

$$\int_0^{2\pi} \cos mx \sin nx \, dx = 0$$

●問題 5-3（三角函數的乘積）

①～⑥分別是下方哪個函數的圖形？

$y = \cos x \cos x$、　$y = \sin x \cos x$、　$y = \sin x \cos 2x$、

$y = \sin x \sin x$、　$y = \sin x \sin 2x$、　$y = \sin 2x \cos x$

①

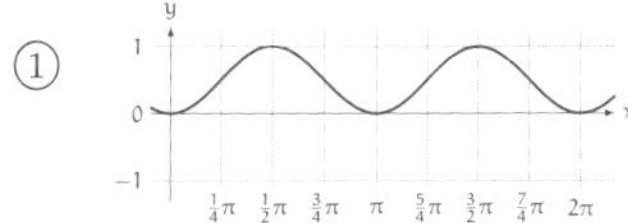

②

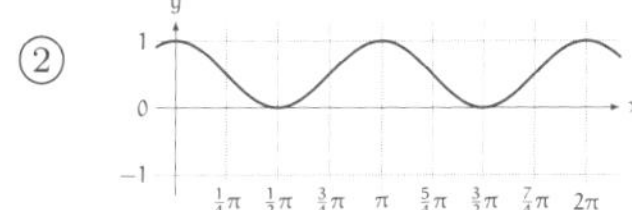

③

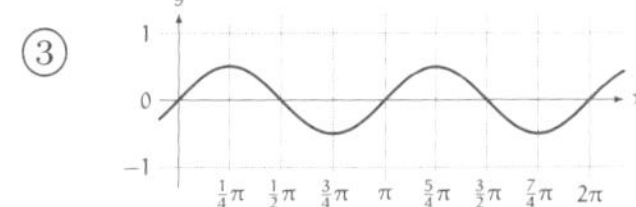

④

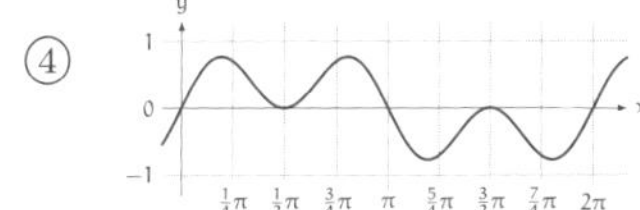

⑤

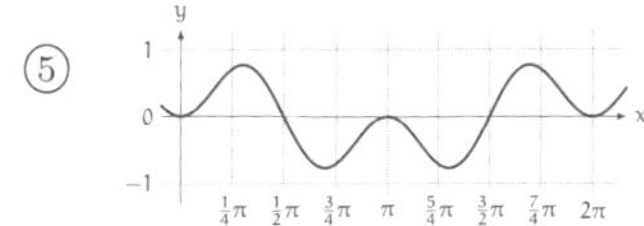

⑥

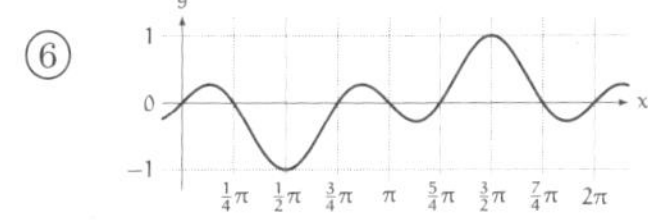

■解答 5-3

為了抓住選項中各函數的特徵，可先做出下表。

x	0	$\frac{1}{4}\pi$	$\frac{1}{2}\pi$	$\frac{3}{4}\pi$	π	$\frac{5}{4}\pi$	$\frac{3}{2}\pi$	$\frac{7}{4}\pi$	2π
$\cos x$	+	+	0	−	−	−	0	+	+
$\sin x$	0	+	+	+	0	−	−	−	0
$\cos 2x$	+	0	−	0	+	0	−	0	+
$\sin 2x$	0	+	0	−	0	+	0	−	0
$\cos x \cos x$	+	+	0	+	+	+	0	+	+
$\sin x \cos x$	0	+	0	−	0	+	0	−	0
$\sin x \cos 2x$	0	0	−	0	0	0	+	0	0
$\sin x \sin x$	0	+	+	+	0	+	+	+	0
$\sin x \sin 2x$	0	+	0	−	0	−	0	+	0
$\sin 2x \cos x$	0	+	0	+	0	−	0	−	0

對照此表與圖①～⑥，可推得次頁答案。

①
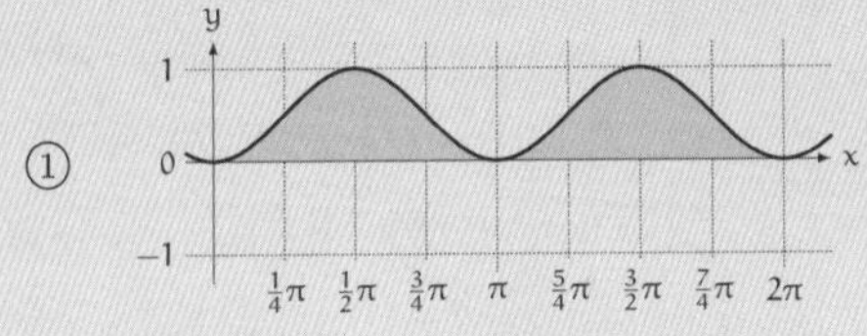

$y = \sin x \sin x$

②
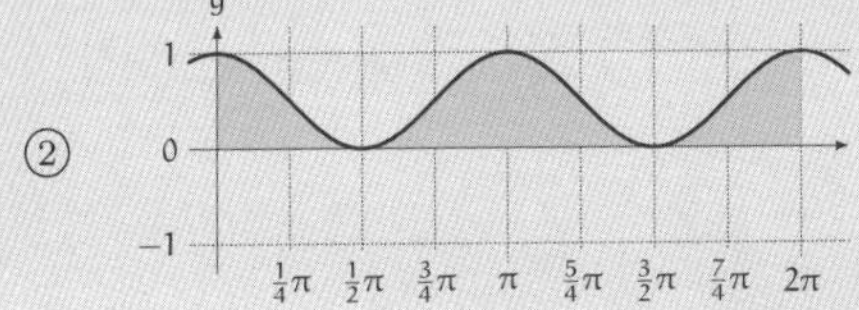

$y = \cos x \cos x$

③
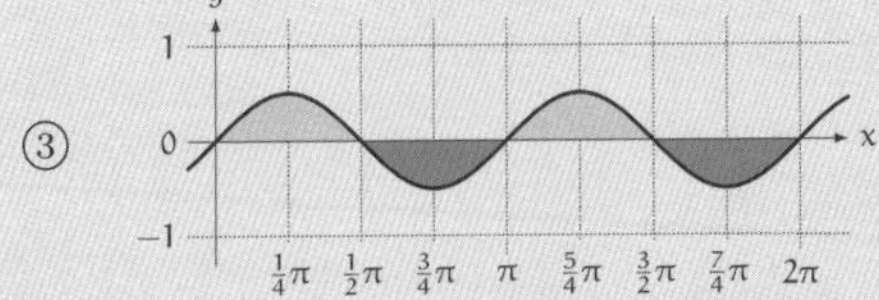

$y = \sin x \cos x$

④
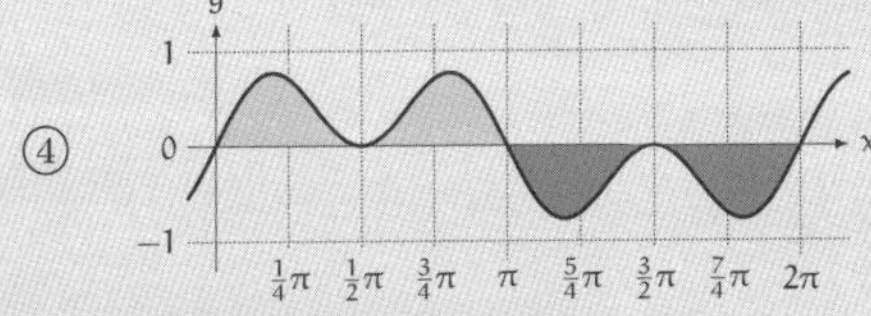

$y = \sin 2x \cos x$

⑤
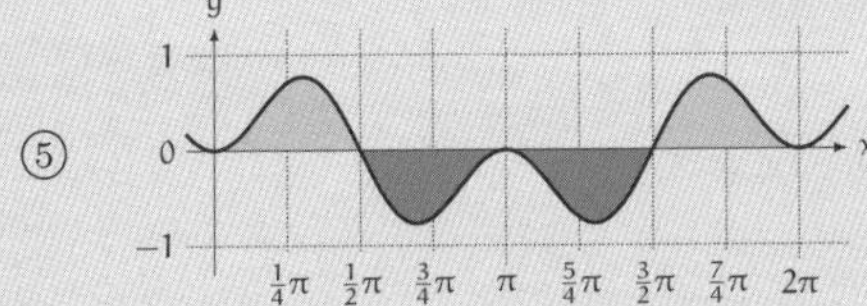

$y = \sin x \sin 2x$

⑥
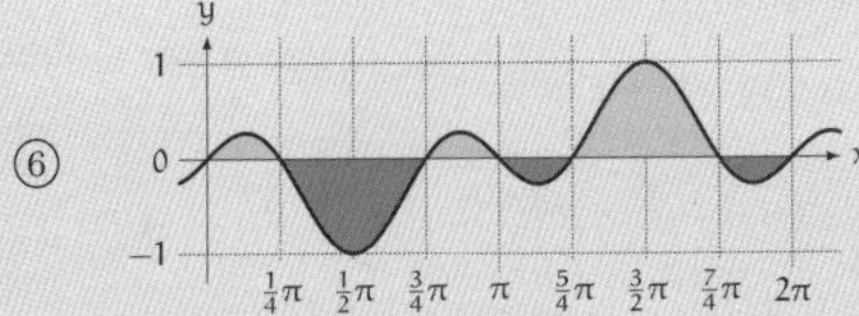

$y = \sin x \cos 2x$

補充

解題方式有很多種，製表思考只是其中一種方式而已。從曲線與 x 軸的位置關係、最大值與最小值、對稱性、波峰與波谷的個數等，都可以得到許多解題線索。

重要的是，透過哪些方法捕捉到函數與曲線的特徵。

給想多思考一點的你

除了本書的數學＆物理雜談外，為了「想多思考一些」的你，我們特別準備了一些研究問題。本書中不會寫出答案，且答案可能不只一個。

請試著獨自研究，或者找其他有興趣的夥伴，一起思考這些問題吧。

第 1 章　波是什麼

●研究問題 1-X1（波的測量）

以下儀器都可測量波的物理量。試思考看看，這些儀器測量的是什麼物理量，又是用什麼方式測量，再查查看這些儀器實際的運作方式。

- 噪音計（聲波）
- 波浪計（海波）
- 地震儀（地震波）

●研究問題 1-X2（聲音是波）

以下與聲音有關的描述中，哪些與「聲音是波」有關呢？試思考看看。

- 周圍太吵時，戴上耳塞會安靜許多。
- 電話的通話對象聲音太小，調高音量後才聽得到。
- 用降噪耳機聽音樂時，就算音量不大也聽得很清楚。

●研究問題 1-X3（海嘯）

近海海浪的前進速度與水深有關，越淺的地方，海浪前進的速度越慢。這被認為是海嘯造成大規模災害的重要原因之一。試思考其原因。

第 2 章　以數學式及圖形表示波

●研究問題 2-X1（描繪圖形）

第 2 章中的「我」與由梨用 cos 與 sin 描繪出了各種圖形。請你也試著徒手，或者用電腦畫畫看這些圖形。可以用圖畫紙，也可以用影印紙，試著用各種不同方式畫出這些圖吧。

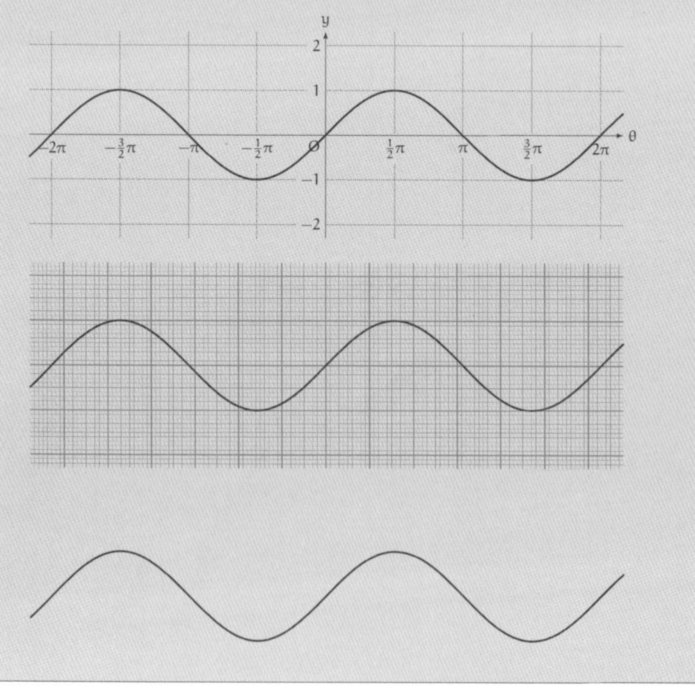

●研究問題 2-X2（波的數學式）

下方的 $f(t, x)$、$g(t, x)$ 分別為 p.77、p.332 中的波的數學式，稍加變形後的結果。請自由研究 f 與 g 這兩個函數所表示的波之間有什麼關係。

$$\begin{cases} f(t,x) = A\sin\left(2\pi\dfrac{x}{\lambda} - 2\pi\dfrac{t}{T} + \psi\right) \\ g(t,x) = A\sin\left(2\pi\dfrac{t}{T} - 2\pi\dfrac{x}{\lambda} + \phi\right) \end{cases}$$

其中，ψ 與 ϕ 為不隨著時間 t 與位置 x 改變的常數。

●研究問題 2-X3（數位的波的疊加）

如下表所示，有三個僅由 0 與 1 兩個數值構成的數列〈a_n〉、〈b_n〉、〈c_n〉。另有一個一般項為

$$S_n = a_n + b_n + c_n$$

的數列〈S_n〉。

n	0	1	2	3	4	5	6	7	8	⋯
a_n	0	1	0	1	0	1	0	1	0	⋯
b_n	0	0	1	1	0	0	1	1	0	⋯
c_n	0	0	0	0	1	1	1	1	0	⋯
S_n	0	1	1	2	1	2	2	3	0	⋯

這個數列〈S_n〉有什麼性質呢？請自由思考。

另外，如果不只 0、1 兩個數值，而是推廣到 −1、0、1 等三個數值，會發現什麼有趣的性質呢？再來，如果數列個數超過三個又會如何呢？請自由思考。

第 3 章　波的重疊

●研究問題 3-X1（摩爾紋）

假設有兩個透明塑膠片，上面皆有條紋圖樣，不過兩個塑膠片的條紋間隔不同。若將這兩片塑膠片疊在一起，會得到有規則的圖樣變化，如下圖所示。

這種圖樣稱做摩爾紋，又稱干涉條紋。

第 3 章的章末問題 3-2（p.171）介紹了聲音的「拍頻」。摩爾紋就像是空間中的「拍頻」一樣。

出版品的印刷過程中，有時候會因為網點的重疊而印出非預期中的圖樣，此時產生的摩爾紋便相當惱人。

另一方面，平面設計中，有時會刻意重疊各種規則圖樣，產生摩爾紋，營造出藝術效果。

請試著實際做出摩爾紋，自由研究摩爾紋的變化。

●研究問題 3-X2（週期與角速度）

試尋找「旋轉中的東西」，並看看它的週期 T 是多少。如果它的運動可視為等速率圓周運動，算算看它的角速度 ω 是多少，其中

$$\omega = \frac{2\pi}{T}$$

以下列出幾個旋轉的例子。

- 傳統時鐘的指針
- 跑動中汽車的輪胎
- 摩天輪
- 靜止衛星的公轉
- 地球的自轉
- 行星的公轉

●研究問題 3-X3（聲音辨識）

現代電腦可以將人類聲音轉換成文句，或者依照人類的聲控指示做事，這種技術叫做**聲音辨識**。不過，每個人的聲音都不一樣，說話速度、說話方式也不一樣，即使是說同一個單字，聲波波形也不會一致。那麼，電腦該如何提取出聲波的資訊，又該如何處理這些資訊，以識別聲音呢？

第 4 章　光的探究

●研究問題 4-X1（光纖）
光纖是傳遞光的纖維，資訊通訊時會用到光纖，醫療用內視鏡（光纖內視鏡）、某些光影裝飾品也會用到光纖。光有直線前進的性質，但光纖即使彎曲也能傳遞光。試思考其原因，並查查看實際情況和你想像的情況是否相同。

●研究問題 4-X2（我們的能量）
第 4 章正文中，米爾迦提到「地球上幾乎所有的活動，能量來源都是陽光」。我們平常使用的能量，究竟從何而來呢？以電能為例，發電方法就有很多種（水力、火力、風力、太陽能、核能……），有沒有哪些能量並非來自太陽光呢？

●研究問題 4-X3（比光還快的資訊傳遞）

一般認為，資訊的傳遞速度不可能比真空中的光速還要快[*1]。不過，如果在長棒的一端用力一推，長棒的運動就會瞬間傳遞到另一端。這麼看來，移動長棒的一端時，資訊傳遞到另一端的速度應可比光速快才對。這之間有什麼奇怪的地方呢？

---

*1　真空中的光速 c 為 299792458 m/*s*（定義數值）。

第 5 章　傅立葉展開

●研究問題 5-X1（倍角公式與傅立葉展開）

三角函數的和角公式如下

$$\cos(\alpha+\beta)=\cos\alpha\cos\beta-\sin\alpha\sin\beta$$

若令 $\alpha=\beta=x$，則可得到倍角公式如下

$$\cos 2x=\cos^2 x-\sin^2 x$$

另外，將 $\sin^2 x=1-\cos^2 x$ 代入，可以得到

$$\cos 2x=2\cos^2 x-1$$

整理後可以得到

$$\cos^2 x=\frac{1}{2}+\frac{1}{2}\cos 2x$$

這可以說是 $\cos^2 x$ 的傅立葉展開。試尋找其他有傅立葉展開形式的三角函數公式。

●研究問題 5-X2（用擁有對稱性之函數的線性組合來表示函數）

第 5 章中，米爾迦拿到的「卡片」中，用函數 f 生成有對稱性的函數 f_0、f_1，再用其線性組合來表示 f。其對稱性來源為 1 的平方根，1、μ。

$$\mu = -1$$

這裡會用到以下假設[*2]。

$$\begin{cases} f_0(x) = \frac{1}{2}\big(f(x) + f(\mu x)\big) \\ f_1(x) = \frac{1}{2}\big(f(x) + \mu f(\mu x)\big) \end{cases}, \quad \begin{cases} f_0(\mu x) = f_0(x) \\ f_1(\mu x) = \mu f_1(x) \end{cases}$$

$$f(x) = f_0(x) + f_1(x)$$

那麼，1 的三次方根 1、ω、ω^2 也能做相同的事嗎？若使用以下假設[*3]

$$\omega = \frac{-1 + \sqrt{3}\,i}{2}$$

改用 1 的四次方根 1、i、i^2、i^3，又會如何呢？同樣的——請自由思考。

*2　這裡之所以要另外單獨列出 $\mu = -1$，是為了明示 −1 在式中的哪裡。一般情況下並不會另外單獨列出 $\mu = -1$。

*3　一般常會用 ω 來表示 1 的三次方根，與表示角速度的 ω 無關。

●研究問題 5-X3（傅立葉展開的相似物）

設有四個函數 w_0、w_1、w_2、w_3 定義如下表。

x	0	1	2	3
$w_0(x)$	1	1	1	1
$w_1(x)$	1	1	−1	−1
$w_2(x)$	1	−1	−1	1
$w_3(x)$	1	−1	1	−1

試確認以下①與②是否成立。

①函數 w_0、w_1、w_2、w_3 滿足以下等式。

$$\frac{1}{4}\sum_{x=0}^{3} w_m(x)w_n(x) = \begin{cases} 1 & (m = n) \\ 0 & (m \neq n) \end{cases}$$

②對於以集合 $\{0,1,2,3\}$ 為定義域之任意函數 f，定義 a_0、a_1、a_2、a_3 如下（類似傅立葉係數）。

$$a_n = \frac{1}{4}\sum_{x=0}^{3} f(x)w_n(x)$$

此時，可用 w_0、w_1、w_2、w_3 的線性組合來表示函數 f（類似傅立葉展開）。

$$f(x) = \sum_{k=0}^{3} a_k w_k(x)$$

補充

研究問題 5-X3 也有八個函數的版本如下。

x	0	1	2	3	4	5	6	7
$w_0(x)$	1	1	1	1	1	1	1	1
$w_1(x)$	1	1	1	1	−1	−1	−1	−1
$w_2(x)$	1	1	−1	−1	−1	−1	1	1
$w_3(x)$	1	1	−1	−1	1	1	−1	−1
$w_4(x)$	1	−1	−1	1	1	−1	−1	1
$w_5(x)$	1	−1	−1	1	−1	1	1	−1
$w_6(x)$	1	−1	1	−1	−1	1	−1	1
$w_7(x)$	1	−1	1	−1	1	−1	1	−1

這些函數皆以 Walsh 函數（沃爾什函數）建構而成。Walsh 函數僅取 -1 與 1 兩個值，其線性組合可用於表示其他函數，故常用於電腦中的各種計算。詳情請見參考文獻 [26] 與以下文獻。

- Weisstein, Eric W., “WalshFunction”, Math World-A Wolfram Web Resource. https://mathworld.wolfram.com/WalshFunction.html
- H. F. Harmuth, “Applications of Walsh Functionsin Communications.” IEEES pectrum, Vol. 6, pp. 82-91, 1969.
- J. L. Walsh, “A Closed Setof Normal Orthogonal Functions” American Journal of Mathematics, Vol. 45, No. 1, pp. 5-24, 1923.

後記

雖然由實驗與觀測歸納的結果進行論證，
無法做為一般性結論的證明。
但若要瞭解事物的性質，這是最好的論證方式。
歸納的一般性越強，結論越是有力。
——牛頓[28]

您好，我是結城浩。

感謝您閱讀《數學女孩物理筆記：波的疊加》。

本書介紹了波的數學式、波的疊加與三角函數的性質、光的本質討論以及其發展歷史，還有傅立葉展開。

水面上的水波是相當常見的物理現象，肉眼便可觀察出它是波。但地震、聲音、光等，就比較難理解其波的性質了。在我們嘗試理解水面運動、地震、聲音、光等多種物理現象時，從「波」這個統一的角度分析它們，有著很重要的意義。

實驗與觀測是物理學中不可或缺的元素，在分析、表現物理現象時，數學這個語言常扮演著重要角色。本書就用到了三角函數、微分、積分、向量、數列等多種數學工具。

如果你也能和由梨、蒂蒂、米爾迦，以及「我」一樣，體驗到波的有趣之處，享受用數學表現、分析物理現象的過程，那就太棒了。

本書是將ケイクス（cakes）網站上，《數學女孩秘密筆記》第 141 回至第 150 回的連載重新編輯後，以《數學女孩物理筆記》的形式推出的作品。

目前《數學女孩》已有三個系列。

- **《數學女孩物理筆記》**系列，是以平易近人的物理學為題材，用對話形式寫成的故事。
- **《數學女孩秘密筆記》**系列，是以平易近人的數學為題材，用對話形式寫成的故事。
- **《數學女孩》**系列，是以更廣泛、更深入的數學知識為題材寫成的故事。

不論是哪個系列，都是幾名國中生或高中生之間的數學雜談&物理學雜談。歡迎您多多支持。

本書使用 *LATEX2ε* 及 Euler 字型（AMS Euler）排版。排版過程中參考了由奧村晴彥老師寫作的《*LATEX2ε* 美文書作成入門》，書中的作圖則使用了 OmniGraffle、TikZ、TEX2img 等軟體完成。在此表示感謝。

感謝下列名單中的各位，以及許多不願具名的人們，在寫作本書時幫忙檢查原稿，並提供了寶貴意見。當然，本書內容若有錯誤皆為筆者之疏失，並非他們的責任。

（敬稱省略）
秋田麻早子、安福智明、井川悠佑、
石井雄二、石宇哲也、稻葉一浩、上原隆平、
植松彌公、大畑良太、岡內孝介、岡西利尚、
梶田淳平、郡茉友子、杉田和正、高井實、
田中健二、中山琢、平田敦、藤田博司、
梵天寬鬆（medaka-college）、前野昌弘、
前原正英、增田菜美、松森至宏、三國瑤介、
村井建、森木達也、山田泰樹。

感謝負責本書編輯工作的 SB Creative 友保健太副編輯長。

感謝所有在寫作本書時支持我的讀者們。

感謝我最愛的妻子和兒子們。

感謝您閱讀本書到最後。

那麼，我們就在下一本書中見面吧！

結城浩

參考文獻與建議閱讀

最後我想說的是，除了我的發現、我的主張之外，
光的本質還有許多未知之處，可供後人繼續探究。
後人探究的結果，將為這本著作補充缺乏之處。
我在此表示感謝之意。
——惠更斯[29]

建議閱讀

[1] 江沢洋、東京物理サークル 編著，《物理なぜなぜ事典 增補新版②——場の理論から宇宙まで》，日本評論社，ISBN 978-4-535-78927-2，2021 年。
學習物理時碰到的各種疑問，可在這本讀物中找到解答。（本書參考了蝙蝠能在黑暗中飛行、波動的各種性質等內容）

[2][3] 愛因斯坦、英費爾德著，吳鴻 譯，《物理之演進》，臺灣商務，ISBN 9789570517613，2002 年。
人類如何建構出解釋自然界現象的觀念呢？本書用平易近人的方式描繪出人類建構這些觀念的過程。（與本書有關的內容，包括光的粒子說、波動說、光電效應等）

[4] Gale E. Christianson 著，Owen Gingerich 等人編輯，《Isaac Newton And the Scientific Revolution》，Oxford University Press，ISBN 978-0195092240，1996 年。

描述牛頓受到伽利略、笛卡兒的影響，學習數學、開創微積分學、發現運動定律、萬有引力定律等過程的簡潔傳記。

數學女孩秘密筆記、物理筆記

[5] 結城浩 著，陳朕疆 譯，《數學女孩物理筆記：牛頓力學》，世茂，ISBN 9786267172117，2023 年。

研究丟球的過程，學習位置、速度、加速度的關係。並透過牛頓運動方程式、萬有引力定律、力學能守恆、功與能量的關係等，學習做為物理學基礎的牛頓力學。

[6] 結城浩 著，陳朕疆 譯，《數學女孩秘密筆記：數列廣場篇》，世茂，ISBN 9789869283748，2016 年。

說明平方數數列、等差數列、等比數列、費氏數列等具體數列，運用階差數列、加總等工具，研究數列的規律，讓讀者進一步認識數列的書籍。以平易近人的方式說明表示加總的符號 Σ、數列的極限，以及為什麼 0.999... = 1。

[7] 結城浩 著，衛宮紘 譯，《數學女孩秘密筆記：微分篇》，世茂，ISBN 9789869317870，2016 年。

從點的位置與速度的圖形開始，透過具體的計算學習微分的讀物。（與本書有關的內容包括位置、速度、三角函數、簡諧運動等）

[8] 結城浩 著，衛宮紘 譯，《數學女孩秘密筆記：積分篇》，世茂，ISBN 9789578799257，2018 年。

由速度、距離等日常生活中的例子學習積分的讀物。（與本書有關的內容包括位置、速度、定積分與面積的關係、積分的線性等）

[9] 結城浩 著，陳朕疆 譯，《數學女孩秘密筆記：向量篇》，世茂，ISBN 9789869425117，2017 年。

透過大量的圖與例子學習向量的讀物。（與本書有關的內容包括向量的和、差、內積、以內積定義的函數間角度等）

[10] 結城浩 著，陳朕疆 譯，《數學女孩秘密筆記：圓圓的三角函數篇》，世茂，ISBN 9789865779955，2015 年。

從 cos、sin 等基礎開始學習三角函數的讀物。（與本書有關的內容包括 sin 曲線、cos 與 sin 的定義、三角函數與直角三角形間的關係、向量的基礎、和角公式等）

[11] 結城浩 著，衛宮紘 譯，《數學女孩秘密筆記：機率篇》，世茂，ISBN 9789865408831，2022 年。

從機率的基礎開始，透過條件機率、集合與機率的關係、偽陽性與偽陰性問題、機率誕生的契機——默勒的問題等，以平易近人方式說明什麼是機率的讀物。（與本書有關的內容包括期望值的線性等）

[12] 結城浩 著，衛宮紘 譯，《數學女孩秘密筆記：矩陣篇》，世茂，ISBN 9789865408190，2020 年。

學習矩陣的基本計算，思考複數與矩陣的關係，透過座標平面將線性變換視覺化，幫助讀者瞭解矩陣功用的讀物。（與本書有關的內容包括矩陣乘積與線性等）

教科書、參考書

[13] 吉田弘幸 著，《はじめて学ぶ物理学［上］——学問としての高校物理》，日本評論社，ISBN 978-4-535-79821-2，2019 年。

以著重邏輯的方式，解說高中物理學內容精華的參考書。（與本書有關的內容包括圓周運動、簡諧運動、波的傳播、疊加原理、都卜勒效應等）

[14] 吉田弘幸 著，《はじめて学ぶ物理学［下］——学問としての高校物理》，日本評論社，ISBN 978-4-535-79822-9，2019 年。

同上（下冊）。（與本書有關的內容包括光波的干涉、波粒二相性等）

[15] 小形正男 著，《振動、波動》，裳華房，ISBN 978-4-7853-2088-1，1999 年。

以大學生為對象的教科書。（本書參考了整體內容）

[16] 前野昌弘，《よくわかる量子力学》，東京圖書，ISBN 978-4-489-02096-4，2011 年。

量子力學的參考書。（本書參考了光的波動性與粒子性等部分）

[17] 藤田博司 著，《「集合と位相」をなぜ学ぶのか——数学の基礎として根付くまでの歴史》，技術評論社，ISBN 978-4-7741-9612-1，2018 年。

以傅立葉理論為契機，描述積分、實數等概念以及其歷史發展，藉此瞭解數學的共通語言「集合與拓樸」的參考書。（本書參考了傅立葉級數與傅立葉展開的部分）

[18] 國友正和 等人 著，《改訂版 物理》，數研出版，2020 年。

[19] 國友正和 等人 著，《改訂版 高等学校 物理 II》，數研出版，2007 年。

[20] 三浦登 等人 著，《改訂 物理》，東京書籍株式會社，2020 年。

[21] 山本明利、左卷健男 編著，《新しい高校物理の教科書》，講談社，ISBN 978-4-06-257509-6，2006 年。

跳脫教科書檢定的框架，重視物理故事性的教科書。

[22] 平尾淳一 著，《総合的研究 物理［物理基礎・物理］》，旺文社，ISBN 978-4-01-034100-1，2018 年。

大學考試用的參考書。

[23] 理查・費曼、羅伯・雷頓、馬修・山德士著，鄭以禎、李精益、吳玉書、師明睿 譯，《費曼物理學講義 II：電磁與物質》，天下文化，ISBN 9789864794362，2018 年。

以與讀者聊天的方式寫成，讀起來很輕鬆的教科書。另外，可以在網路上閱讀其英文版 [*1]。（本書參考了整體內容）

[24] Timothy Gowers、June Barrow-Green、Imre Leader 著，《The Princeton Companion to Mathematics》，Princeton University Press，ISBN 9780691118802，2008 年。

從各個角度整理數學發展過程的綜合事典。（本書第 5 章中，米爾迦拿到的「卡片」內容便是參考此書）

*1 https://www.feynmanlectures.caltech.edu/

[25] 小暮陽三 著，《なっとくするフーリエ変換》，講談社，ISBN 978-4-06-154520-5，1999 年。

具體描述傅立葉級數、傅立葉變換、傅立葉分析等計算的參考書。（本書第 5 章與尾聲的內容參考了此書）

[26] Donald E. Knuth 著，《The Art of Computer Programming, Volume 4A: Combinatorial Algorithms, Part 1》，Addison-Wesley Professional，ISBN 978-0201038040，2014 年。

解說與組合有關的各種演算法。（本書研究問題 5-X3 中提到的 Walsh 函數參考了此書）

[27] 森口繁一、宇田川銈久、一松信 著，《岩波 数学公式 II 級数・フーリエ解析》，岩波書店，ISBN 978-4-00-005508-6，1987 年。

歷史性文書

[28] 牛頓著，島尾永康 譯，《光学》，岩波書店，ISBN 978-4-00-339041-2，1983 年。

牛頓進行的光的實驗記錄。（本書第 4 張中的「稜鏡實驗」參考了此書）

[29] Huygens 著，安藤正人、鼓澄治、穐山恒男、中山章元 譯，《光についての論考》，收錄於 科学名著 第 II 期 10（20）《ホイヘンス》，朝日出版社，ISBN 978-4-255-88033-4，1989 年。

討論光的直進、反射、折射、大氣中的轉彎、冰州石的雙折射、可聚集或分散光線之透鏡或面鏡的形狀。並非將光的反射與折射現象視為前提，而是從更根本的前提說明惠更斯原理。並用這個原理說明冰州石的複折射現象。另外，英語版已於 Project Gutenberg 上免費公開。請搜尋「Treatise on Light by Christiaan Huygens by Project Gutenberg」。

[30] Fourier 著，西村重人 譯，高瀨正仁 監譯、解說，《フーリエ 熱の解析的理論》，朝倉書店，ISBN 978-4-254-11156-9，2020 年。

說明解熱傳播問題時使用的理論，為傅立葉的主要著作。

索引

八劃

九劃

十劃

十一劃

十二劃

十三劃

十四劃

十五劃

十六劃

十七劃

十八劃

Note

Note

國家圖書館出版品預行編目資料

數學女孩物理筆記 : 波的疊加 / 結城浩作 ;
陳朕疆譯. -- 初版. -- 新北市 : 世茂出版有
限公司, 2024.03
面； 公分. -- (數學館 ; 45)
ISBN 978-626-7172-94-0(平裝)

1.CST: 波動 2. CST: 物理學

332.27 112022058

數學館45

數學女孩物理筆記：波的疊加

作　　者／結城浩
審　　訂／陸亭樺
譯　　者／陳朕疆
編　　輯／陳怡君
主　　編／楊鈺儀
封面設計／林芷伊
出 版 者／世茂出版有限公司
負 責 人／簡泰雄
地　　址／(231)新北市新店區民生路19號5樓
電　　話／(02)2218-3277
傳　　真／(02)2218-3239（訂書專線）
劃撥帳號／19911841
戶　　名／世茂出版有限公司
單次郵購總金額未滿500元（含），請加80元掛號費
世茂官網／www.coolbooks.com.tw
排版製版／辰皓國際出版製作有限公司
印　　刷／世和彩色印刷股份有限公司
初版一刷／2024年3月

ＩＳＢＮ／978-626-7172-94-0
ＥＩＳＢＮ／9786267172933（PDF）9786267172926（EPUB）
定　　價／480元